H. König

Neuere Methoden zur

Analyse von Tensiden

Mit 132 Abbildungen

Springer-Verlag
Berlin · Heidelberg · New York 1971

Dr. Hans König

Professor für Analytische Chemie an der Johannes-Gutenberg-Universität Mainz
Leiter der Analytischen Abteilung der Blendax-Werke GmbH, Mainz

ISBN-978-3-540-05581-5 e-ISBN-13: 978-3-642-65270-7
DOI: 10.1007/978-3-642-65270-7

Vorwort

Das vorliegende Buch ist hervorgegangen aus meiner Habilitationsschrift "Untersuchungen zur Analyse von Tensiden", Mainz 1970. Es entstand in der Absicht, dem in der Praxis tätigen Analytiker einen Überblick über die neueren Methoden der Tensid-Analyse zu geben, die in den letzten Jahren besonders durch den Einsatz und die Weiterentwicklung physikalischer Analysenverfahren entstanden sind. Dabei wurde die Anordnung des Stoffes so getroffen, daß sie im wesentlichen den in der Praxis durchgeführten Analysengängen entspricht, wenn ein vielfältiges Gemisch von Tensiden aufgetrennt, identifiziert und quantitativ bestimmt werden soll.

Auf eine Darstellung der gesamten Literatur zur Analytik der Tenside, die zu einem großen Teil nur noch historische Bedeutung besitzt, konnte um so eher verzichtet werden, als sie seit fast 10 Jahren in dem Werk von Hummel in deutscher Sprache vorliegt.

Die in diesem Band beschriebenen umfangreichen eigenen Arbeiten wurden in den Analytischen Laboratorien der Blendax-Werke in Mainz durchgeführt. Den Blendax-Werken bin ich für die mir gegebenen Möglichkeiten zur Durchführung dieser Arbeiten zu Dank verpflichtet. Herrn Dr. J. Heimann-Trosien danke ich für die Unterstützung, die er stets meinen Arbeiten zuteil werden ließ.

Die Aufnahme der Kernresonanzspektren wurde von uns im Institut für Anorganische Chemie und Kernchemie der Universität Mainz mit freundlicher Genehmigung der Herren Prof. Dr. R. Bock und Prof. Dr. H.-J. Eichhoff vorgenommen. Herrn Prof. Dr. Bock möchte ich außerdem für das fördernde Interesse, das er meinen Arbeiten entgegengebracht hat, herzlichen Dank sagen.

Für ihre sorgfältige Mithilfe und ihren unermüdlichen Fleiß bei der Ausführung der experimentellen Arbeiten danke ich herzlich Frau Johanna Bachmann, Frau Christa Fickel, Frau Marianne Grosse und Fräulein Erika Walldorf; letzterer möchte ich auch für ihre bereitwillige Mitarbeit bei der Aufstellung der Tabellen und des Literaturverzeichnisses sowie beim Lesen der Korrekturen danken. Besonderer Dank gebührt Fräulein Hedwig Hornschuh für die hervorragende Ausführung und Gestaltung der Schreibarbeiten, welche die direkte fotomechanische Wiedergabe ermöglicht haben.

Mainz, Februar 1971 H. König

Inhaltsübersicht

Einleitung

Die Chemie der grenzflächenaktiven Verbindungen hat sich in den letzten Jahrzehnten so rasch weiter entwickelt, daß die Analytik dieser Verbindungen kaum Schritt halten konnte mit den zahlreichen neuen Substanzen, die von den präparativ arbeitenden Chemikern synthetisiert wurden. So sind sogar von einigen Tensidklassen, wie z.B. Sulfobernsteinsäurehalbestern, Alkylphosphaten und der gesamten Gruppe der amphoteren Tenside, analytische Arbeiten bisher kaum oder gar nicht in der Literatur erschienen. Auch Arbeiten zur Trennung von Tensidgemischen gleicher Ionenart gibt es nur wenige, und es erschien uns daher von Bedeutung, diesen Trennproblemen unsere Aufmerksamkeit zu widmen. Dabei haben wir versucht, möglichst alle zur Zeit im Handel erhältlichen Tensidklassen, die größere praktische Bedeutung besitzen, zu berücksichtigen.

Aber nicht nur die Trennung von Gemischen mehrerer Tenside wirft eine große Anzahl von Problemen auf, die bisher noch nicht gelöst worden waren, sondern sogar die Einzelbestimmung mancher Tenside bereitet noch immer große Schwierigkeiten, die zum Teil davon herrühren, daß die Handelsprodukte oft eine Vielzahl von Nebenprodukten enthalten. So können z.B. Fettsäure-Eiweißkondensate und manche amphoteren Tenside wegen ihrer komplexen Zusammensetzung kaum analytisch einwandfrei erfaßt werden. Die vorliegende Abhandlung beschäftigt sich daher auch mit Versuchen, diese angeführten Probleme zu lösen.

Die Identifizierung der Tenside erfolgt heute hauptsächlich durch Aufnahme ihrer IR-Spektren. Wegen der großen Bedeutung dieser Methode für die Analytik der Tenside erschien uns eine Überarbeitung und Erweiterung der IR-spektroskopischen Identifizierungsmöglichkeiten erforderlich, wobei besonders Unterscheidungsmöglichkeiten sehr ähnlicher Verbindungen auf Grund ihrer IR-Spektren ausgearbeitet wurden.

Eine weitere Möglichkeit zur Strukturaufklärung organischer Verbindungen, die bisher auf dem Gebiet der Tenside noch kaum genutzt worden ist, bietet die Protonen-Resonanzspektroskopie. Es wurden daher die NMR-Spektren aller Tensidklassen aufgenommen und diskutiert, wobei besonders gezeigt wurde, welche weiteren Möglichkeiten die NMR-Spektroskopie bei der Identifizierung im Vergleich zur IR-Spektroskopie bietet und welche zusätzlichen quantitativen Aussagen auf Grund der Protonen-Resonanzspektren möglich sind.

Methoden zur Trennung und Identifizierung von Tensiden

Methoden zum qualitativen Nachweis von Tensiden

Tenside sind definitionsgemäß stark grenzflächenaktive Stoffe. Ihre Molekeln treten in wässriger Lösung oberhalb einer kritischen Konzentration zu Micellen zusammen, die wegen ihrer starken Hydratation gelöst bleiben und wegen ihrer elektrolytischen Doppelschicht auch nicht koagulieren. Diese Fähigkeit, in Lösung Micellen zu bilden, ist zwar eine eindeutig charakterisierende, aber keineswegs einfach feststellbare Fähigkeit der Tenside.

Die Tenside besitzen aber eine weitere technisch und analytisch wertvolle Fähigkeit: die Solubilisierung schwer löslicher Substanzen. Farbstoffe wie trans-Azobenzol, Dimethylaminoazobenzol oder Phenylazo-ß-naphthol (Sudan I) sind in Wasser so wenig löslich, daß dieses nicht angefärbt wird. Enthält das Wasser jedoch Tenside, insbesondere oberhalb der kritischen Micellbildungskonzentration, dann bewirken diese eine beträchtliche Steigerung der Löslichkeit der Farbstoffe, und die über dem Farbstoff stehende wässrige Schicht beginnt, sich zu färben. Nach einer Arbeit von Hoyt[63] eignet sich ein Dialkyl-amino-anthrachinon-Farbstoff (Brilliant Oil Blue BMA) besonders gut für die qualitative Prüfung auf Tenside. Die Bedeutung dieser Reaktion für die qualitative Prüfung auf Tenside wird durch ihre Unabhängigkeit vom ionischen Charakter des jeweiligen Tensids erheblich gesteigert, da alle Tensidarten dieses Solubilisierungsvermögen besitzen[129].

Methoden zur Klassifizierung von Tensiden

Elektrochemische Verfahren

Für die Analytik der Tenside hat sich ihr elektrochemisches Verhalten als Ordnungsprinzip bestens bewährt und zu der bekannten Einteilung geführt: Anion-, Kation-, Amphotenside und nichtionogene Tenside. Zwar kann die Ladung der Tensidionen durch elektrolytische Abscheidung nach Goldstein[45] festgestellt werden, doch ist dieses Verfahren nach Hummel[66] nicht empfehlenswert. Besonders erschwert wird dabei die Deutung bei Anwesenheit von Fremdionen in der Lösung; diese besitzen höhere Ionenbeweglichkeit und führen meist zu starker Gasentwicklung an den Elektroden, so daß keine ungestörte Abscheidung der grenzflächenaktiven Substanzen stattfinden kann.

Fällung mit entgegengesetzt geladenen Tensidionen

Am verbreitetsten ist heute wohl die gegenseitige Ausfällung entgegengesetzt geladener Tensidionen. Für den Nachweis von Aniontensiden haben sich nach Hummel[66] besonders quaternisierte Äthyleniminderivate, wie Solidogen FGA (Cassella) oder Lauryltrimethylammoniumchlorid (Arquad-Typ von Armour), bewährt. Umgekehrt lassen sich Kationtenside leicht mit Sulfobernsteinsäureestern oder Alkylnaphthalinsulfonaten fällen. Amphotenside verhalten sich in saurer Lösung wie Kationtenside, in alkalischer Lösung wie Aniontenside. Eine Sonderstellung nehmen jedoch Betaine ein, die in saurer Lösung wie Kationtenside reagieren, in alkalischer Lösung jedoch ihren Zwitterion-Charakter beibehalten, also nicht wie Aniontenside reagieren. Aminartige Äthylenoxid-Addukte mit nicht zu hohem Äthoxylierungsgrad sind an ihrem kationischen Verhalten in sauren Lösungen zu erkennen. Die aus grenzflächenaktiven Kationen und Anionen entstandenen Salze sind noch um vieles schwerer wasserlöslich als die aus grenzflächenaktiven Ionen und Farbstoffen entstehenden

Farbsalze und fallen deshalb noch bei außerordentlich hohen Verdünnungen aus. Darauf beruhen nephelometrische Bestimmungsverfahren. Sie sind außerdem in organischen Lösungsmitteln leicht löslich und lassen sich so aus der wässrigen Phase leicht extrahieren. Nach Hummel[66] ist die Fällung mit einem entgegengesetzt geladenen, grenzflächenaktiven Ion immer noch das einfachste Verfahren zur Ermittlung des elektrochemischen Verhaltens ionogener Tenside. Die Fällung kann jedoch leicht dadurch verhindert werden, daß das überschüssige Tensid die an sich wasserunlösliche Kation-Anion-Verbindung in Lösung hält.

Bildung von Farbsalzen

Wir verwenden daher an Stelle entgegengesetzt geladener, grenzflächenaktiver Ionen zum Nachweis von ionogenen Tensiden lieber saure und basische Farbstoffe. Hierüber existiert ein umfangreiches Schrifttum[176,65]. Kationaktive, basische Farbstoffe, wie Methylenblau, Dimidium Bromide und Brillantgrün,bilden mit Anion-Tensiden unlösliche Farblacke, während umgekehrt anionaktive, saure Farbstoffe, wie Brenzcatechinviolett, Bromphenolblau oder Disulphine Blue VN 150, mit Kation-Tensiden Fällungen ergeben. Besonders erwähnenswert ist in diesem Zusammenhang eine Methode von Bürger[14], nach der durch einen einzigen Versuch nicht nur die Ladung des grenzflächenaktiven Ions bestimmt werden kann, sondern mit ziemlicher Sicherheit auch die Anwesenheit nichtionogener Tenside. Die Methode beruht darauf, daß Tensidionen mit entgegengesetzt geladenen Farbstoff-Ionen zu einem Tensid-Farbstoff-Salz zusammentreten, etwa nach folgenden Gleichungen:

$$(\text{Tensid})^- \, \text{Na}^+ \; + \; (\text{Farbstoff})^+ \, \text{Cl}^- \;\rightleftharpoons\; (\text{Tensid}^- \,.\, \text{Farbstoff}^+) \; + \; \text{NaCl} \qquad (1)$$

oder

$$(\text{Tensid})^+ \, \text{Cl}^- \; + \; (\text{Farbstoff})^- \, \text{Na}^+ \;\rightleftharpoons\; (\text{Tensid}^+ \,.\, \text{Farbstoff}^-) \; + \; \text{NaCl} \qquad (2),$$

wobei das Gleichgewicht weitgehend nach rechts verschoben ist. Die entgegengesetzt geladenen Farbstoff-Ionen werden so gewählt, daß das Löslichkeitsprodukt des Farbstoffs in Wasser verhältnismäßig groß - wesentlich größer als das des Tensid-Farbstoff-Salzes - und in der darübergeschichteten organischen Phase (Petroläther) sehr klein ist. Auch die Löslichkeit des Tensid-Farbstoff-Salzes in der organischen Phase soll sehr gering sein. Bürger[14)] verwendet ein Gemisch aus zwei entgegengesetzt geladenen Farbstoffen: Methylenblau und Brenzcatechinsulfophthalein in äquimolaren Mengen. Mit einer sehr verdünnten Lösung dieses Mischindikators wird die Tensidlösung versetzt und mit Petroläther überschichtet, wobei sich zunächst gemäß Gleichung (1) oder (2) ein praktisch wasserunlösliches Tensid-Farbstoff-Salz bildet, das sich vermöge seiner Grenzflächenaktivität an der Grenzfläche Wasser-Petroläther sammelt. Anion-Tenside treten mit dem kationaktiven Methylenblau zusammen und geben eine deutliche Blaufärbung der Grenzschicht, Kation-Tenside treten mit dem anionaktiven, gelben Brenzcatechinsulfophthalein zusammen und geben eine - etwas weniger deutliche - gelbe Grenzschicht. Treten nach dem Durchschütteln des Gemisches Emulsionen an der Grenzfläche auf, dann sind sehr wahrscheinlich nichtionogene Tenside, besonders Äthylenoxid-Addukte, zugegen. Nach Bürger[14)] soll die Höhe der emulgierten Schicht sogar annähernd proportional der Menge an nichtionogenen Tensiden sein.

Hummel[65)] hat diese Methode an 52 verschiedenen Tensiden nachgeprüft und in den meisten Fällen eindeutige Ergebnisse gefunden. Allerdings muß auf strenge Einhaltung der genauen Versuchsbedingungen geachtet werden; vor allem müssen die Tensidlösungen sehr verdünnt sein (ca. 0,05%ig) und einen pH-Wert zwischen 5 und 6 haben, der gegebenenfalls eingestellt werden muß. Die Bürgersche[14)] Methode ist besonders für Anion-Tenside außerordentlich empfindlich (Nachweisgrenze einige) und läßt sich auch quantitativ für Mikrobestimmungen nutzen.

Kation-Tenside geben mit dem Brenzcatechinviolett eine gelbe Grenzschicht, die oft schwer zu erkennen ist. Um die Empfindlichkeit der Reaktion gegen Kation-Tenside zu steigern, macht man sich nach Bürger[14)] die ausgezeichneten komplexbildenden Eigenschaften des Brenzcatechinsulfophthaleins zunutze. Dieses reagiert mit Diphenylzinndichlorid zu einem tiefblauen Chelatkomplex, in dem von den phenolischen OH-Gruppen zum Zinn-Zentralatom Nebenvalenzen ausgehen. Da in dem erwähnten gelben Farbsalz die OH-Funktionen des Brenzcatechinsulfophthaleins noch frei sind, bildet sich nach Zugabe einiger Kristalle Diphenylzinndichlorid zu einer acetonischen oder alkoholischen Lösung des Farbsalzes ein ebenfalls tiefblauer Komplex.

Wichtig bei der Bürgerschen[14)] Methode ist die weitgehende Unlöslichkeit der Tensid-Farbstoff-Salze in der organischen Phase, was bei Einsatz von Petroläther gegeben ist. An sich sind die aus grenzflächenaktiven Ionen und Farbstoffen entstehenden Salze so lipophil, daß sie sich aus ihrer wässrigen Lösung oder Suspension leicht mit organischen Lösungsmitteln wie Chloroform ausschütteln und anschließend colorimetrisch bestimmen lassen. Hierauf beruht eine Anzahl gebräuchlicher quantitativer Analysenverfahren.

Abtrennung der Tenside von anorganischen Verbindungen

Ist nach einer der oben beschriebenen Methoden die Anwesenheit grenzflächenaktiver Substanzen in einem Stoffgemisch nachgewiesen worden, so besteht die nächste Aufgabe bei der Analyse technischer Gemische darin, die Tenside von den grenzflächeninaktiven Substanzen abzutrennen. Das kann bereits je nach Art der inaktiven Beimengungen eine außerordentlich schwierige Aufgabe sein. Allein in Waschmitteln können neben den waschaktiven Substanzen folgende Verbindungen enthalten sein:

1. Waschhilfsmittel:

   Natrium- oder seltener Kaliumkarbonate,
   Silikate, meist Natrium- oder Magnesiumsilikate,
   Orthophosphate, Pyro-, Poly- und Metaphosphate;

2. Andere qualitätssteigernde Verbindungen:

   Perborate, Borsäure- oder Phosphorsäurepuffer,
   anorganische Ionenaustauscher;

3. Streckmittel und Verunreinigungen:

   Chloride, Sulfate, Bikarbonate, Kalk, Kreide,
   feinst gemahlener Sand oder Bims;

4. Zusätze organischer Verbindungen:

   Cellulosederivate, organische Lösungsmittel, Harnstoff,
   Guanidin und deren Salze, höhere aliphatische Alkohole,
   organische Fermente u.a.

Die Analysenmethoden für die anorganischen Bestandteile in Wasch- und Reinigungsmitteln hat Harris[52)] bereits vor mehr als 10 Jahren zusammengestellt und diskutiert. Wegen der großen Zahl organischer Beimengungen in technischen Produkten ist es nicht möglich, allgemeine Methoden zu ihrer Abtrennung und Identifizierung zu geben. In vielen Fällen gelingt jedoch die Trennung durch Wahl geeigneter Lösungsmittel.

Die gebräuchlichste Methode ist die Extraktion mit 95%igem Äthanol, die auch in den DGF-Einheitsmethoden[29] zur Bestimmung der waschaktiven Substanz (WAS) angegeben ist.

Eine direkte Extraktion der Tenside aus verdünnter wässriger Lösung ist nach Hummel[65] wegen der Unsicherheit der quantitativen Extraktion nicht empfehlenswert. Es sollte möglichst immer von der Trockensubstanz ausgegangen werden. Bei sehr niedrigen Gehalten an Tensiden (ppm-Bereich), wie sie z.B. bei Abwasseranalysen vorliegen, kann es allerdings zweckmäßig sein, die Tenside an Aktivkohle oder anderen Adsorbentien zu adsorbieren, um ein Eindampfen zu großer Flüssigkeitsmengen zu vermeiden.

Auch nach unseren Erfahrungen ist es zweckmäßiger, nicht direkt von der zu untersuchenden Substanz, sondern von der Trockensubstanz auszugehen, die man durch azeotrope Destillation mit Benzol, Toluol oder Xylol, anschließendes Abdestillieren des Lösungsmittels und nachfolgendes Trocknen gewinnt. Hat man nur sulfierte Tenside vorliegen, so kann man durch Extraktion der Trockensubstanz mit wasserfreiem Äthanol oder Isopropanol die sogenannte WAS erhalten, ohne daß im allgemeinen weitere Reinigungsprozesse oder Bestimmung von anorganischen Salzen nötig sind. Bei verhältnismäßig hydrophoben Tensiden, wie z.B. den meisten nichtionogenen Verbindungen, kann man die Extraktion statt mit Äthanol sogar mit Chlorkohlenwasserstoffen wie Chloroform, Tetrachlorkohlenstoff oder Trichloräthylen durchführen.

Hat die Extraktion mit Äthanol oder Chlorkohlenwasserstoffen keine ausreichende Trennung organischer von anorganischen Substanzen gebracht, so muß man sie wiederholen, verwendet jetzt aber hydrophilere Lösungsmittel wie Methanol oder Methanol-Wasser-Mischungen. Dabei muß man dann allerdings berücksichtigen, daß Natriumchlorid und andere anorganische Salze schon beträchtlich in Lösung gehen können.

Identifizierung einzelner Tenside oder einfacher Gemische mit chemischen Methoden

Zahlreiche Autoren haben sich bemüht, die Tensid-Analyse nach einem festen Schema auszuführen, sozusagen einen Analysengang auszuarbeiten. So hat Linsenmeyer[90] die oberflächenaktiven Substanzen auf Grund der Löslichkeit ihrer Calciumsalze in acht analytische Hauptgruppen aufgeteilt. Wurzschmitt[176] unterscheidet zur Analyse von Mischungen 14 Gruppen, die auf 14 Reaktionen mit 8 Reagentien zurückgeführt werden. Van der Hoeve[56,57] beschreibt in seinen Arbeiten ein analytisches Schema mit 36 Gruppen, die sich aus der Kombination verschiedener Einzelreaktionen ergeben. Kompliziertere Gemische lassen sich aber nach seiner Vorschrift nicht identifizieren. Kortland und Dammers[83,84] haben als erste ein Analysenschema ausgearbeitet, das die Identifizierung und zum Teil auch schon die quantitative Bestimmung der Komponenten in einfachen Mischungen von Tensiden ermöglicht, und zwar durch Anwendung verschiedener Lösungsmittel-Gemische. Die Autoren benutzen wieder die schon von van der Hoeve[56,57] getroffene Einteilung in drei Hauptgruppen: Anion-, Kation- und nichtionogene Tenside. Für jede Gruppe wird ein gesonderter Analysengang angegeben, der innerhalb gewisser Grenzen auch die Möglichkeit des Vorliegens von Mischungen berücksichtigt. Jedoch versagt die Methode offenbar bei Mischungen, die neben verschiedenen ionogenen auch nichtionogene Tenside enthalten. Nach dem Analysengang von Kortland und Dammers[84] ist es bereits durch einfaches Auswiegen der Fraktionen möglich, einen Überblick über die quantitative Zusammensetzung der untersuchten Mischung zu erhalten. Ein von Hempel und Hintermaier[53] ausgearbeiteter Analysengang ermöglicht, den praktischen Gegebenheiten angepaßt, eine verhältnismäßig rasche Zuordnung der zu analysierenden Substanzen in die einzelnen Grundtypen. Holness und Stone[59] geben ein systematisches Schema für eine halbmikro-qualitative Analyse von Mischungen nur anionaktiver Verbindungen, und zwar mit Hilfe einer Mischung von 2 Farbstoffen (Dimidium Bromide und Disulphine Blue V 200) bei zwei verschiedenen pH-Werten (sauer und alkalisch), wobei sich spezifische Färbungen des Chloroform-Extraktes ergeben. Alle diese Analysenvorschriften liefern aber nur dann befriedigende Resultate, wenn es sich um einheitliche Substanzen oder um Mischungen innerhalb einer der Hauptgruppen - kationaktive, anionaktive, nichtionogene Tenside - handelt. Bei Mischungen dieser Gruppen untereinander treten sehr oft Störungen selbst bei einfachsten Reaktionen auf. Weiter kommt hinzu, daß man im Falle einer positiven Reaktion nicht mit Sicherheit erkennen kann, ob diese durch die Hauptkomponente oder durch Beimischungen verursacht wird.

Auftrennung eines Tensidgemisches nach dem elektrochemischen Verhalten

Unter diesen Bedingungen ist es verständlich, daß man sich schon frühzeitig bemüht hat, eine einfache und sichere Trennung der zu analysierenden grenzflächenaktiven Verbindungen in die 3 Hauptgruppen: Kationaktive, Anionaktive und Nichtionogene durchzuführen, und zwar mit Ionenaustauschern.

Die Adsorption von Tensid-Ionen an Ionenaustauschern, bei denen die Gruppe mit der entgegengesetzten Ladung im Harzgerüst fixiert ist, ist analog der Reaktion eines Tensid-Ions mit einem entgegengesetzt geladenen Farbstoff- oder Tensid-Ion. Das Auswaschen des am Austauscherharz gebundenen Tensids kann mit kleinen Ionen geschehen, welche die gleiche Ladung wie das Tensid-Ion tragen. Am wirksamsten sind bei Anion-Tensiden OH^--Ionen und bei Kation-Tensiden H^+-Ionen.

Die Ionenaustauscher-Trennung erhält eine weitere Bereicherung durch Variationsmöglichkeiten, die sich durch die Anwendung von Ionenaustauschern verschiedener Dissoziationskonstanten oder mit verschiedenem Vernetzungsgrad ergeben. Voluminöse Gegenionen werden an niedrig vernetzten Austauschern leichter festgehalten als an hochvernetzten, man erhält unterschiedliche Selektivität je nach der Ionengröße. Stark basische Anionenaustauscherharze enthalten meist quartäre Ammoniumgruppen:

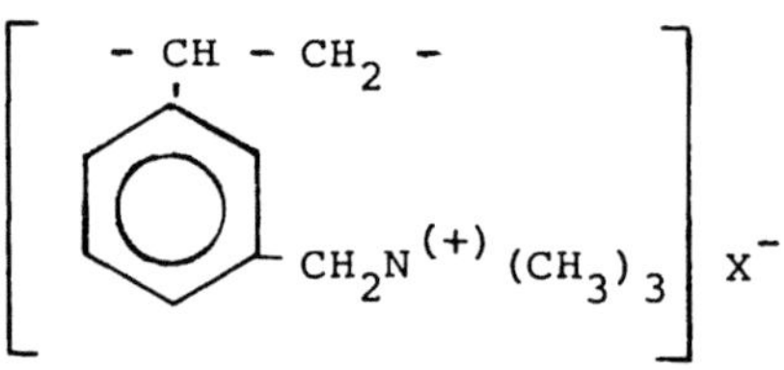

, wobei $X^- = Cl^-$, OH^- usw.,

schwach basische Anionenaustauscherharze enthalten meist aliphatische oder aromatische Aminogruppen:

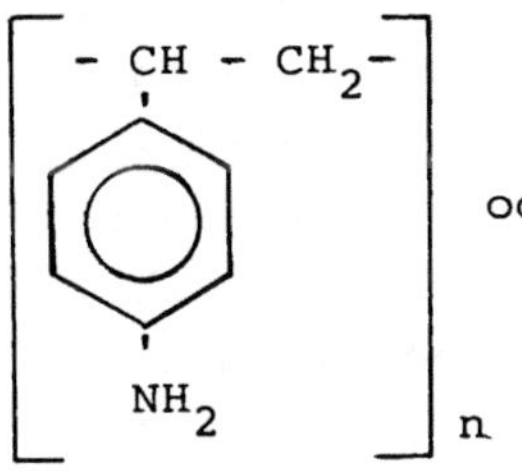

oder

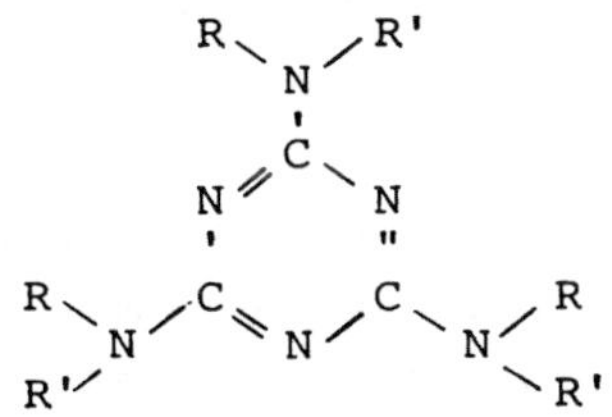

Poly-(p-aminostyrol) Melaminharz

Stark saure Kationenaustauscherharze enthalten meist Sulfonsäuregruppierungen:

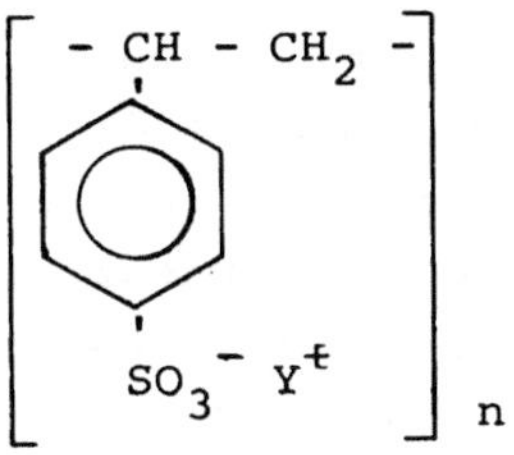

, wobei $Y^+ = Na^+$, H^+ usw.,

sulfoniertes Polystyrol

schwach saure Kationenaustauscher enthalten meist COOH-Gruppen:

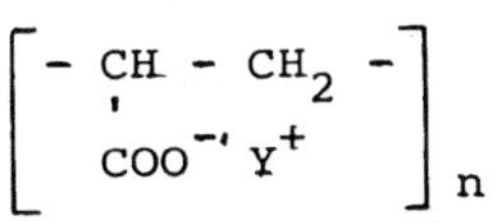

, wobei $Y^+ = Na^+$, H^+ usw.

Copolymere der Acrylsäure

Je nachdem ob man stark oder schwach basische Anionen- oder stark oder schwach saure Kationenaustauscherharze verwendet, ergibt sich eine Selektivität nach der Dissoziationskonstante: starke Ionenaustauscher adsorbieren alle entgegengesetzt geladenen Ionen, schwache nur die Ionen starker Elektrolyte; z.B. bleiben an einem Polyamin zwar Sulfonsäuren hängen, nicht aber Carboxylsäuren.

Als erste setzten Beukenkamp und Riemann[8] Ionenaustauscher zur Bestimmung von Natrium und Kalium in Seifen ein, und Jenkins[70] benutzte den Kationenaustauscher Dowex 50 zur Bestimmung von Seifen in Neutralfett. Neu[108] überführte mit Hilfe von Kationenaustauschern Sulfonate in die freien Säuren und machte sie auf diese Weise der Titration zugänglich. Eine Anwendung von Ionenaustauschern bei der Analyse von Fett-in-Wasser-Emulsionen, die durch Seifen oder synthetische Detergentien stabilisiert sind, beschreiben Green und Mitarbeiter[47]. Winterscheidt[173,174] berichtet über den Einsatz von Austauscherharzen wie Dowex 50, Merck I und III im Rahmen der Analyse von Handelsmustern.

Die entscheidende Erkenntnis für die Anwendung der Ionenaustauschverfahren zur Trennung von Tensidgemischen ist der Einsatz von organischen Lösungsmitteln statt der in der anorganischen Chemie zum Ionenaustausch verwendeten wässrigen Lösungen, da bei grenzflächenaktiven Verbindungen in wässriger Phase Micellen gebildet werden, die den Ionenaustausch störend beeinflussen. Organische Lösungsmittel setzen die Micellbildung dagegen herab.

Weiss und Mitarbeiter[165] und Weeks, Ginn und Baker[163] isolierten den nichtionogenen Anteil aus einer Mischung mit Sulfonat durch Passieren der Lösung über einen Kationenaustauscher und über einen Anionenaustauscher, wobei die nichtionogenen Verbindungen im Durchlauf erschienen. Weiss und Mitarbeiter[165] desorbierten die vorliegenden Alkylarylsulfonate vom Anionenaustauscher (Amberlite IR-4 B) mit einer 2%igen Lösung von Natriumhydroxid in einer Isopropanol-Wasser-Mischung (1:1), wobei sie Ausbeuten von 96 % erhielten. Mit Hilfe einer "batch ion exchange"-Technik trennte Rosen[126] ebenfalls nichtionogene von anionaktiven Stoffen, indem er die wässrig-methanolische Lösung mit dem stark basischen Anionenaustauscher Dowex 1x2 (Chloridform) mehrere Stunden bei Zimmertemperatur rührte.

Hält man nämlich bestimmte Versuchsbedingungen ein, dann ist es zur Abtrennung von Anion-Tensiden nach Rosen[126] nicht notwendig, diese zuvor in die freien Säuren zu überführen, was bei säureempfindlichen Anion-Tensiden von Vorteil ist. Da die Trennwirkung mit abnehmender Perlengröße des Harzes zunimmt, verwendete Rosen ein feinkörniges Harz (200-400 mesh). Alle diese Autoren berücksichtigten aber Seifen und andere Salze von Carbonsäuren nicht.

Voogt[160] entdeckte als erster die Möglichkeit, ein Gemisch von Sulfonat, Seife und Nichtionogenem mit Hilfe von 3 hintereinander angeordneten Austauschersäulen in die 3 Komponenten aufzutrennen. Zu diesem Zweck wurden die Salze in der ersten Säule an Dowex 50-X8 in die freien Säuren überführt; von diesen wurden an einer Anionenaustauschersäule Dowex 1-X2 in der Acetatform nur die Sulfonsäuren gebunden, während mit der dritten Säule die Fettsäuren an dem stark basischen Anionenaustauscher Dowex 2-X8 (Hydroxylform) festgehalten werden konnten.

Eine zweistufige Ionenaustauschmethode wurde von Ginn und Church[44] angegeben, welche in der ersten Stufe ein stark saures Kationenaustauscherharz (Dowex 50x4) und in der zweiten ein schwach basisches Anionenaustauscherharz (Duolite A-7) einsetzten. Die in der zweiten Säule festgehaltenen Anion-Tenside wurden mit verd. alkohol. Natronlauge (2 % Natriumhydroxid in Isopropanol/Wasser 1:1) desorbiert. Das Eluat wurde anschließend mit Natriumcarbonat gesättigt, bis sich die alkoholische Schicht von der wässrigen klar abtrennen ließ. Die wässrige Schicht, die das gesamte überschüssige Ätznatron enthielt, wurde verworfen. In der alkoholischen Schicht ließen sich nach dem Abdestillieren des Alkohols die desorbierten anionaktiven Tenside durch Wägung bestimmen. Die Autoren haben auf diese Weise Sulfate und Sulfonate quantitativ wiedergewonnen. Seifen und Salze von Carbonsäuren wurden von ihnen nicht berücksichtigt; sie würden bei dieser Methode zusammen mit den nichtionischen Tensiden im Eluat der Austauschersäulen erhalten werden.

Gleichzeitig haben Ginn und Church[44] das sogenannte "mixed-bed"-Verfahren veröffentlicht, das mit einem Gemisch von einem stark basischen und einem stark sauren Austauscher arbeitet. Diese Methode wurde von Ginn und Church[44] aus dem früheren Verfahren von Weeks, Ginn und Baker[163] entwickelt.

Daß sich auch kationaktive Substanzen von nichtionogenen durch Ionenaustauscher trennen lassen, haben Hempel und Kirschneck[54] zuerst gezeigt. Sie arbeiteten mit dem Kationenaustauscher Lewatit CN 206 (H^+-Form) und wiesen auf eine neuartige Trennmöglichkeit hin. Mit Lewatit CN 206 konnten sie aus rein wässrigen Lösungen von Tensidgemischen die nichtionogenen und die kationaktiven Bestandteile vollständig adsorbieren, während die anionaktiven Verbindungen durchliefen. Anschließend konnten die nichtionogenen Verbindungen mit Methanol leicht eluiert werden, während die kationaktiven Verbindungen erst mit 2-5%iger alkoholischer Salzsäure desorbiert werden konnten. Dieses neue Prinzip hat sich aber analytisch nicht durchsetzen können. Die Adsorption nichtionogener Tenside an Ionenaustauschern erfolgt nur in wässrigem Medium und, wie Wickbold[168] fand, in Aceton. Aus alkoholischer Lösung werden nichtionogene Verbindungen nicht von Austauschern adsorbiert. Wickbold[168] verwendet sogar ein Gemisch von Methanol und Methylenchlorid im Verhältnis 80:20 als Lösungsmittel.

Zur Trennung von anionaktiven Substanzen, Seifen und nichtionogenen Verbindungen schlägt Wickbold[168] ein Dreisäulenverfahren ähnlich demjenigen von Voogt[160] vor, wobei dem Kationenaustauscher zwei Anionenaustauscher in der Cl^-- bzw. OH^--Form nachgeordnet sind. Für die anionaktiven sulfierten Tenside verwendet Wickbold[168] jedoch einen stark basischen Ionenaustauscher (Dowex 21K) in der Chloridform, während Voogt[160] einen starkbasischen Ionenaustauscher (Dowex 1x2) mit Acetat-

Ionen belädt. Beide Verfahren unterscheiden sich außerdem durch die Wahl der Lösungsmittel (Voogt[160] verwendet Äthanol, Wickbold[168] Methanol/Methylenchlorid 80:20) und vor allem in der Auswahl und Konzentration der Desorptionsmittel. Während Voogt[160] für die Desorption der anionaktiven sulfierten Tenside 0,5 n Salzsäure bzw. 0,2 n Essigsäure und zur Desorption der Fettsäuren 0,2 n Essigsäure oder 0,1 n Kalilauge in äthanolischer Lösung verwendet, benutzt Wickbold[168] in beiden Fällen 15%ige Salzsäure in Methanol/Methylenchlorid. Zum apparativen Aufbau benutzt Wickbold[168] drei übereinander geschaltete, durch Normschliffe verbundene Säulen, während Voogt[160] die Austauschersäulen nebeneinander anordnet, durch Überlaufkapillaren miteinander verbindet und so ein Trockenlaufen der Säulen verhindert.

Eine spätere Arbeit von Blumer[11], die auch von der Schweizerischen Gesellschaft für analytische und angewandte Chemie publiziert wurde, gibt dem Zweisäulenverfahren den Vorzug und trennt vorhandene Seifen von den übrigen Tensiden durch vorhergehende Spaltung und Extraktion mit Petroläther oder nach dem Ionenaustausch aus den gemeinsam desorbierten Säuren. Zu diesem Zweck muß allerdings ein stark basischer Anionenaustauscher (Dowex 1x1) in der OH^--Form verwendet werden. Johansson[72] beschreibt ein Zweisäulenverfahren im Mikromaßstab. Im nachgeschalteten Anionenaustauscher verwendet er Dowex 1x2 in der Sulfatform, an dem nur Sulfonsäuren adsorbiert werden. Fettsäuren und nichtionogene Tenside werden im Eluat gefunden.

So ergibt sich insgesamt ein Bild sehr vielfältiger Möglichkeiten, und die Vielzahl angewendeter Methoden läßt schon den Verdacht aufkommen, daß letzten Endes alle Ionenaustauschmethoden nicht ohne weiteres für alle in der Praxis vorkommenden Fälle anwendbar und zum Teil in ihrer Leistung unbefriedigend sind.

Um eine möglichst quantitative Abtrennung der Anion-Tenside von den nichtionogenen Tensiden zu erzielen, verwenden wir im allgemeinen einen stark sauren (Dowex 50Wx4) und einen stark basischen Ionenaustauscher (Dowex 1x2 in der OH^--Form). Man muß dabei aber beachten, daß verseifungsempfindliche Tenside entweder schon am Austauscher selbst oder danach beim Eluieren mit Alkali unter Umständen gespalten werden können. Der Vorteil des Verfahrens ist jedoch, daß die nichtionogenen Tenside völlig frei von Fremdionen erhalten werden.

Wie bereits Rosen[128)] und zahlreiche andere Autoren festgestellt haben, erfolgt die Abtrennung ionischer Tenside an Ionenaustauschersäulen quantitativ, und auch die Summe aller nichtionogenen Tenside im Eluat der Austauschersäulen wird quantitativ erhalten. Die Desorptionsvorgänge von den Kationen- bzw. Anionenaustauschern verlaufen jedoch nicht immer völlig quantitativ. Die Desorption vom Kationenaustauscher (Dowex 50Wx4) mit Äthanol/konz. Salzsäure (1:1) verläuft relativ günstig, man kann im allgemeinen ca. 95-100 % der adsorbierten kationaktiven Verbindungen wiederfinden.

Ungünstiger sind dagegen die Ergebnisse bei der Desorption anionaktiver Tenside, vor allem bei Einsatz stark basischer Ionenaustauscher in der OH^--Form mit alkoholischer Salzsäure. Rosen[128)], der die Desorption am Rückflußkühler mit isopropanolischer Salzsäure durchführte, gab an, daß im Mittel etwa 80 % der anionaktiven Tenside desorbiert werden können, ein Wert, der nach unseren Erfahrungen unter dem mit alkalischem Desorptionsmittel erhaltenen liegt. Die Desorption mit 2 n alkoholischer Salzsäure führt außerdem zu teilweiser Spaltung der sulfatierten Tenside durch Hydrolyse, auch haben wir immer wieder heftige Reaktionen mit kräftiger Dunkelfärbung des Harzes beobachtet. Die Desorption in saurer Lösung scheint uns aus diesen Gründen ungünstiger zu sein als diejenige in alkalischer Lösung.

Bei der alkalischen Desorption liegt die Ausbeute nach Ginn und Church[44] bei 98 ± 2 %, wenn man mit schwach basischen Ionenaustauschern arbeitet. Nach unseren Versuchen mit stark basischem Anionenaustauscher kann dieser Wert allerdings stark schwanken, je nach den vorliegenden Tensiden und den angewandten Arbeitsbedingungen. Von Vorteil ist bei der alkalischen Desorption, daß keine Spaltung sulfatierter Verbindungen eintritt und daß sofort wieder die Alkalisalze der Tenside erhalten werden, die ja meist auch in der Untersuchungssubstanz vorlagen. Wenn also zur Identifizierung der desorbierten anionaktiven Substanz ein IR-Spektrum aufgenommen werden soll, so genügt es meist, das Eluat einfach einzudampfen. Für die quantitative Bestimmung durch Auswägung muß jedoch das überschüssige Ätznatron nach der Methode von Ginn und Church[44] abgetrennt werden.

Die Desorption mit 2%iger alkoholischer Natronlauge bringt günstigere Ausbeuten, kann aber bei verseifungsempfindlichen Tensiden teilweise zu den Verseifungsprodukten führen. Es gibt also kein für alle in der Praxis vorkommenden Fälle optimales Verfahren; man ist gezwungen, sich die für das vorliegende Problem günstigste Methode selbst auszuwählen. Mit Hilfe von Ionenaustauschermethoden gelingt jedoch einwandfrei eine Auftrennung eines Tensidgemisches in die Hauptgruppen. Die nun folgende analytische Aufgabe besteht darin, innerhalb dieser Hauptgruppen Mischungen von Tensiden gleichen elektrochemischen Charakters weiter aufzutrennen.

Auftrennung eines Gemisches anionaktiver Tenside

Da am häufigsten anionaktive Tenside in Mischungen eingesetzt werden, soll zunächst die weitere Auftrennung dieser Hauptgruppe behandelt werden. Wir haben dabei im Gegensatz zu den bisher in der Literatur vorliegenden Arbeiten möglichst alle wichtigen Klassen anionaktiver Tenside berücksichtigt, die in Tab. 1 aufgeführt sind. Von den aufgeführten Verbindungstypen wurde jeweils mindestens ein Handelsprodukt für unsere Untersuchungen ausgewählt. Die von uns eingesetzten Verbindungen sind mit ihren Handelsnamen unter Angabe des Herstellers in Tab. 2 angegeben.

Fraktionierte Desorption von Ionenaustauschern

Wie bereits oben beschrieben, läßt sich durch Einsatz von zwei Anionenaustauschern verschiedener Basizität eine Auftrennung in sulfierte Tenside und Salze von Carbonsäuren erzielen, wie sie schon von Voogt[160)] und Wickbold[168)] durchgeführt wurde. Eine zusätzliche weitere Auftrennung der sulfierten Tenside durch eine fraktionierte Desorption der anionaktiven Tenside vom stark basischen Anionenaustauscher hat schon Rosen[128)] beschrieben. Rosen[128)] führte Verseifungs- und Spaltungsreaktionen der anionaktiven Tenside alle nacheinander am gleichen Ionenaustauscher unter jeweils anschließender Desorption der erhaltenen Spaltprodukte durch. Nach der Abtrennung der nichtionischen Tenside desorbierte er die Fettsäuren mit einer angesäuerten Mischung von Äthanol und Wasser (1:1) und verseifte anschließend mit 5%iger wässriger Kalilauge die sulfatierten Carboxylgruppen enthaltenden Verbindungen, von denen er zunächst die Alkohole erhielt, während eine nachfolgende Desorption mit angesäuertem Äthanol/Wasser die Fettsäuren dieser verseiften Produkte lieferte. Die Hydrolyse der sulfatierten Tenside mit 2 n Salzsäure setzte die Fettalkohole und die Fettalkohol- bzw. Alkylphenolpolyglykoläther frei. Zum Schluß wurden die Alkyl- und Alkylarylsulfonsäuren durch Erhitzen der Aus-

Tabelle 1

Systematische Gliederung der anionaktiven Tenside

- I. Salze von Carbonsäuren
  - A. Fettsäureseifen
  - B. Aminocarbonsäureseifen
    - 1. Kondensationsprodukte von Aminocarbonsäuren mit Fettsäurechloriden
      - a) Fettsäuresarkoside
      - b) Fettsäure-Eiweißkondensate
    - 2. Kondensationsprodukte von Aminocarbonsäuren mit Alkylsulfochloriden

- II. Sulfierte Produkte
  - A. Sulfate
    - 1. Schwefelsäureester einwertiger aliphatischer Alkohole
      - a) primäre Alkylsulfate
      - b) sekundäre Alkylsulfate
    - 2. Schwefelsäureester nichtionogener grenzflächenaktiver Verbindungen
      - a) sulfatierte Polyglykoläther
      - b) sulfatierte Alkylphenolpolyglykoläther
      - c) sulfatierte Fettsäurealkylolamide
    - 3. Schwefelsäureester von Ölen und Fetten
  - B. Sulfonate
    - 1. Alkylsulfonate
    - 2. Alkylarylsulfonate
      - a) Alkylbenzolsulfonate
        - aa) langkettig substituierte Alkylbenzolsulfonate
          - α) Keryl-Typ
          - β) Tetramer-Typ
        - ab) kurzkettig substituierte Alkylbenzolsulfonate
      - b) Alkylnaphthalinsulfonate
    - 3. Sulfonate von nichtionogenen grenzflächenaktiven Verbindungen (Alkylphenolpolyglykoläthersulfonate)

Tabelle 1 (Fortsetzung)

4. Fettsäurederivate von Hydroxy- und Aminoalkansulfonsäuren
   a) Hydroxyalkansulfonate (Isäthionate)
   b) Fettsäuretauride
5. Sulfobernsteinsäureester
   a) Diester
   b) Halbester

III. Phosphate
   A. Ester der Orthophosphorsäure mit Fettalkoholen
   B. Ester der Orthophosphorsäure mit äthoxylierten Fettalkoholen

Tabelle 2
=========

Anionaktive Tenside

Gruppen-Nr.	Handelsname	Chem. Bezeichnung	Hersteller
I.A.	Seifenmehl	Natriumstearat	Seifenfabrik Horb
I.B.1.a)	Medialan KA	Natrium-Kokosfett-säuresarkosid	Farbwerke Hoechst
I.B.1.b)	Lamepon A	Kondensations-produkt aus Ölsäurechlorid und Natrium-lysalbinat	Chem. Fabrik Grünau
	Lamepon S	Kondensations-produkt von Eiweißhydroly-saten mit pflanz-lichen Fettsäuren, Kaliumsalz	Chem. Fabrik Grünau
I.B.2.	Lamepon A 44	Kondensations-produkt von Eiweißhydroly-saten mit Alkyl-sulfochlorid, Natriumsalz	Chem. Fabrik Grünau
II.A.1.a)	Texapon K 12	Natriumlauryl-sulfat	Dehydag
	Texapon TH	Triäthanol-ammoniumlauryl-sulfat	Dehydag
II.A.1.b)	Lensodel AB 6	sekundäres Natriumalkyl-sulfat	Shell
II.A.2.a)	Texapon N 25	Natriumlauryl-äthersulfat	Dehydag
II.A.2.b)	Fenopon CO 436	Ammoniumsalz des Alkylphenolpoly-glykoläther-sulfats	Gaf Corp.
II.A.2.c)	Somepon ML	Natriumsalz des Fettsäurealkylol-amidsulfats	Montanoir

Tabelle 2 (Fortsetzung)

Gruppen-Nr.	Handelsname	Chem. Bezeichnung	Hersteller
II.A.3.	Avirol DKM	sulfatiertes Rizinusöl, Natriumsalz	Böhme Fettchemie
II.B.1.	Levapon T	Natrium-Paraffinsulfonat	Bayer
II.B.2.aa)α)	Marlon A 350	Natrium-Dodecylbenzolsulfonat	Chem. Werke Hüls
	Marlopon AT 50	Triäthanolammonium-Dodecylbenzolsulfonat	Chem. Werke Hüls
II.B.2.aa)β)	Nansa HS 80/ Schuppen	Natrium-Tetrapropylenbenzolsulfonat	Marchon
II.B.2.ab)	Eltesol ST 90	Natrium-Toluolsulfonat	Marchon
	Cumolsulfonat	Natrium-Cumolsulfonat	Chem. Werke Hüls
II.B.2.b)	Nekal BX	Natrium-Alkylnaphthalinsulfonat	BASF
II.B.3.	Triton X-200	Natrium-Octylphenolpolyglykoläthersulfonat	Rohm & Haas
II.B.4.a)	Hostapon KA	Natriumsalz des Kokosfettsäureisäthionats	Farbwerke Hoechst
II.B.4.b)	Hostapon KTW neu	Natriumsalz des Kokosfettsäuretaurids	Farbwerke Hoechst
II.B.5.a)	Manoxol OT	Natriumsalz des Dioctylsulfosuccinats	Hardman & Holden
II.B.5.b)	Steinapol SBF A 30	Natriumsalz des Sulfobernsteinsäurelauryläthoxyhalbesters	Rewo
	Steinapol SBZ	Natriumsalz des Kokosalkylolamidpolyäthoxysulfosuccinats	Rewo

Tabelle 2 (Fortsetzung)

Gruppen-Nr.	Handelsname	Chem. Bezeichnung	Hersteller
	Steinazid SBU 185	Natriumsalz des Undecylensäure-monoäthanolamid-sulfobernstein-säureesters	Rewo
III.A.	Hostaphat KW 200	sekundärer o-Phosphorsäure-ester höherer Wachsalkohole, Äthanolaminsalz	Farbwerke Hoechst
III.B.	Hostaphat KO 280	sekundärer o-Phosphorsäure-ester des Oleyl-octaglykoläthers, Natriumsalz	Farbwerke Hoechst

tauschermasse mit einem Gemisch von konz. Salzsäure und Äthanol (1:1) unter Rückfluß desorbiert.

Eine Erweiterung der Ionenaustauscher-Analyse auf acylierte Isäthionate und Taurate sowie auf Sulfosuccinate hat Bey[6] vorgenommen. Neben den Alkalisalzen der Sulfate und Sulfonate hat er außerdem das Verhalten von Aminsalzen und quaternären Ammoniumverbindungen am Kationenaustauscher studiert. Bey[6] verwendet nur zwei Austauschersäulen; als Kationenaustauscher Dowex 50Wx4 und nachgeschaltet einen stark basischen Anionenaustauscher (Dowex 1x2) in der OH^--Form. Von den am Kationenaustauscher adsorbierten stickstoffhaltigen Verbindungen läßt sich Harnstoff bereits mit Wasser desorbieren, Amine und quaternäre Verbindungen werden mit 2 n Salzsäure abgelöst. Gleichfalls fraktioniert sollen sich nach Bey[6] die anionaktiven Tenside desorbieren lassen: die Fettsäuren mit 1 n äthanolischer Essigsäure und alle anderen sulfierten Tenside mit 2 n methanolischer Salzsäure.

Zur weiteren Auftrennung der mit 2 n Salzsäure desorbierten sulfierten Tenside wendet Bey[6] nach der Hydrolyse eine zweite Ionenaustauschertrennung an, bei der die nach der Hydrolyse der sulfierten Produkte erhaltenen Fettalkohole bzw. Fettalkoholpolyglykoläther, Fettsäuremethylester und Alkohole im Eluat als nichtionogene Anteile erhalten werden, während die aus den Sulfonaten erhaltenen Sulfonsäuren am Anionenaustauscher adsorbiert werden.

Diese Methode hat sich nach unseren Versuchen nicht bewährt, besonders die Desorption der sulfierten Tenside mit 2 n Salzsäure erscheint uns, wie bereits ausgeführt, ungünstig. Wenn Vorversuche ergeben haben, daß Carboxylgruppen enthaltende Tenside neben sulfierten im Gemisch vorliegen, dann führen wir in unserem Labor eine Auftrennung dieser beiden Gruppen anionaktiver Tenside bereits bei der Adsorption durch, indem wir ähnlich wie Voogt[160] und Wickbold[168] zwei Anionenaustauscher verwenden. Zur Abtrennung aller sulfierten Verbindungen einschließlich der Toluol- und Xylolsulfonate setzen wir den stark basischen Ionenaustauscher Dowex 1x2 in der Cl^--Form ein, zur Adsorption der carboxylgruppenhaltigen Tenside den stark basischen Anionenaustauscher Dowex 1x2 in der OH^--Form. Dieses Dreisäulenverfahren bietet auch den Vorteil, daß die Desorption der sulfierten Verbindungen von Austauschern in schwächer basischer Form mit höherer Ausbeute durchführbar ist als von einem Austauscherharz in der OH^--Form, welches man bei einem Zweisäulenverfahren unbedingt einsetzen muß, um die quantitative Adsorption aller anionaktiven Tenside zu erreichen.

Chemische Spaltungsreaktionen

Eine weitere Möglichkeit zur Identifizierung des hydrophoben Anteils von Tensiden besteht in der Spaltung mit 93%iger Phosphorsäure bei 215°C, eine Reaktion, die von Knight und House[76)] zum ersten Male auf Tenside angewandt wurde. Die meisten Tenside lassen sich so auf charakteristische Weise spalten: Alkylierte aromatische Sulfonate, geradkettige Alkylsulfate, Fettsäureamide und Fettsäureester liefern die zugrunde liegenden Kohlenwasserstoffe oder hydrophoben Anteile. Aus Äthylenoxid-Addukten höherer Alkohole oder Mercaptane entstehen Olefine. Aus Dioctylsulfosuccinat bildet sich eine Mischung von Octanolen und Olefinen. Alkylphenolpolyglykoläther ergeben bei der Spaltung eine Mischung aus Olefinen, konjugierten Olefinen und Alkoholen, wobei der Benzolring aufgespalten wird. Nur α-Sulfofettsäuren und Alkylsulfonate lassen sich nach dieser Methode nicht spalten.

Knight und House[76)] haben für die Durchführung der Reaktion eine besondere Destillationsapparatur entwickelt, bei der das Reaktionsgemisch direkt abdestilliert wird. Die zur Spaltung benötigte hochkonzentrierte Phosphorsäure erhält man durch Erhitzen von 85%iger o-Phosphorsäure auf 220°C, wobei das vorhandene Wasser entfernt wird. Die Reaktionszeit für die Spaltung beträgt ca. 1 1/2 Stunden. Günstiger erscheint uns jedoch die Wasserdampfdestillation der erhaltenen Alkylbenzole. Man gibt zu diesem Zweck durch einen Tropftrichter tropfenweise Wasser in den Reaktionskolben und erhält so den zur Destillation benötigten Wasserdampf. Nach Beendigung der Destillation wird das Destillat mit Alkohol auf das doppelte Volumen verdünnt und das Alkylbenzol mit Petroläther extrahiert, der anschließend abdestilliert wird. Eine rascher durchführbare Methode zur Desulfonierung von Alkylbenzolsulfonaten beschreiben Lee und Puttnam[87)]. Sie führen die Spaltung mit 85%iger Phosphorsäure unter Druck aus, indem sie das Reaktionsgemisch bei 250°C 15-30 Minuten lang erhitzen. Anschließend werden mit Petroläther die Alkylbenzole mehrfach ausgeschüttelt und die vereinigten Petrolätherextrakte mit 15%iger Natronlauge gewaschen. Beim Vorliegen von langkettigen Alkylbenzolen wird der Petroläther abgedampft, liegen nur hydrotrope Substanzen wie Toluol und Xylole vor, so kann die Abtrennung des Petroläthers unterbleiben.

Die gaschromatographische Charakterisierung der Alkylbenzole wurde von Lee und Puttnam[87)] bei 190°C an mit Chromosorb P beschickten Säulen, die 20 % Silikonfett enthielten, durchgeführt. Zur Trennung kurzkettiger Alkylbenzole verwendeten diese Autoren Säulen mit Chromosorb W, die 11,5 % Silikonöl und 11,5 % Bentone 34 enthielten. Allgemein kann man Kohlenwasserstoffgemische gaschromatographisch an mit Apiezonfett, Squalan oder Polyphenyläther belegten Säulen bei Temperaturen zwischen 220 und 250°C auftrennen.

Mit der weiteren Auftrennung von Alkylsulfonaten haben sich in jüngster Zeit besonders Kupfer, Jainz und Kelker[86)] beschäftigt. Sie stellten fest, daß eine gaschromatographische Analyse von Sulfonsäuren nur auf den Monosulfonsäureanteil angewendet werden kann und daß die Di- und Polysulfonsäuren vorher abgetrennt werden müssen. Von den letzteren lassen sich die Alkanmonosulfonsäuren am besten durch Verteilung zwischen einer salzsauren wässrig-alkoholischen Lösung und Benzin trennen, da die Monosulfonsäuren bevorzugt in die Benzinphase gehen. Nach Stuck[150] führt diese Methode zwar bei bestimmten Produkten zu reproduzierbaren Analysenergebnissen, die aber meist keine absolut richtigen Werte darstellen. Eine schnelle Trennung von Mono- und Disulfonsäuren, und zwar sowohl von Alkylsulfonsäuren als auch von Alkylarylsulfonsäuren, wurde von Scoggins und Miller[135] angegeben. Sie beruht auf der selektiven Adsorption der Monosulfonsäuren an unspezifischen Austauscherharzen wie Amberlite XAD-2 von Rohm und Haas in wässriger Lösung, wobei die hydrophileren Di- und Polysulfonsäuren gemeinsam mit Schwefelsäure im Eluat erscheinen. Die Desorption der Alkyl- bzw. Alkylarylmonosulfonsäuren vom Harz erfolgt mit polaren organischen Lösungsmitteln wie zum Beispiel Methanol. Eine weitere Methode zur Trennung von Mono- und Disulfonsäuren geben Saus, Asinger und Loh[133] an. Danach gelingt die selektive Extraktion der Alkanmonosulfonsäuren mit Äther und der Alkandisulfonsäuren mit n-Butanol aus salzsaurer Lösung. Das Gemisch der Alkanmonosulfonsäuren wurde von Kupfer und Mitarbeitern[86] in Anlehnung an das Verfahren von Schlenk und Gellermann[136] mit Diazomethan methyliert und an mit Methylsilikongummi SE-30 beschickten Säulen von 1,5 m Länge temperaturprogrammiert von 100-300°C aufgetrennt. Dabei lassen sich nicht nur die Alkanmonosulfonsäuren mit verschiedenen Kettenlängen voneinander trennen, sondern es erfolgt sogar eine teilweise Auftrennung der isomeren Sulfonsäuremethylester.

Auf dieselbe Art lassen sich auch Olefinsulfonate trennen, wie Taulli[155] gezeigt hat. Taulli trennte die Methylester isomerer Olefinsulfonate, die aus α-Olefinen hergestellt worden waren, an mit Chromosorb W beschickten Säulen, die 3 % Dimethylsilikon OV-101 enthielten, bei Temperaturen zwischen 80 und 300°C. Durch massenspektrometrische Analyse der getrennten Verbindungen konnte sichergestellt werden, daß es sich dabei tatsächlich um die Methylester der Sulfonsäuren handelte.

Eine weitere Möglichkeit zur Spaltung von Alkylarylsulfonaten ist vor wenigen Jahren von Nagai[105] beschrieben worden. Nagai[105] hat gefunden, daß beim alkalischen Schmelzen von Alkylbenzolsulfonaten die Alkylgruppen in Alkohole überführt werden.

Alkylsulfonate geben bei der Umsetzung mit Alkalihydroxid bei 250 bis 500 °C nach Nakagawa, Miyajima und Uno[107] Olefine und können so leicht gaschromatographisch bestimmt werden. Bei der Alkalischmelze von Alkylsulfaten, welche von denselben Autoren[106] unter gleichen Bedingungen durchgeführt wurde, werden Alkohole, Olefine und Dialkyläther erhalten; die Olefine und die Dialkyläther bilden sich dabei unter Wasserabspaltung aus den primär gebildeten Alkoholen.

Papierchromatographische Trennungen

Natürlich hat es nicht an Versuchen gefehlt, die Tensidgemische auch papier- oder dünnschichtchromatographisch auseinander zu trennen. Blandin und Desalme[9] trennten Aniontenside durch aufsteigende Chromatographie der wässrigen Lösungen, denen zuvor eine Farbstoffmischung von Fluorescein, Fuchsin, Methylenblau und Silk Blue 6 B zugesetzt wurde, so daß verschieden gefärbte Flecke auf dem Papier erschienen. Diese Methode ist jedoch auf eine kleine Anzahl von Tensiden beschränkt. Auch die Methode von Franks[38,39] ist nicht allgemein anwendbar, obwohl sich auf mit Cetylalkohol imprägniertem Papier (Whatman Nr. 1) mit Alkohol/Wasser-Mischungen als mobiler Phase sowohl Aniontenside als auch kationische Verbindungen trennen lassen. Schließlich sei noch auf eine Arbeit von Tajiri[153] hingewiesen, welcher als mobile Phasen Mischungen aus Pyridin/Wasser, Methanol/Essigsäure/Wasser (1:1:1), Essigsäure/Wasser (40:60) und Butylacetat-Äthylacetat/Essigsäure/Wasser/Pyridin oder Butanol einsetzt. Zum Sichtbarmachen der Aniontenside verwendet Tajiri[153] Basacryl-Blauviolett 507 und Rhodamin 6 GCP und für Kationtenside Eosin. Nichtionogene Tenside und Amphotenside werden mit einem modifizierten Dragendorff-Reagenz ($K[BiJ_4]$) angefärbt, das auch schon von Galbo[40,41,42] verwendet wurde. In neuerer Zeit haben sich Püschel und Prescher[118] noch einmal eingehend mit der papierchromatographischen Trennung von aliphatischen Sulfonaten und einigen Alkylsulfaten mit Methanol/Ammoniak-Gemischen auf mit Dodecanol imprägnierten Papieren beschäftigt. Dabei konnten homologe Reihen aliphatischer Sulfonate im Bereich von C_{10} bis C_{18} mit hinreichender Sicherheit identifiziert und getrennt werden. Mono- und Disulfonate waren deutlich voneinander zu unterscheiden.

Dünnschichtchromatographische Trennungen

Da die Laufzeiten bei der Papierchromatographie stets recht lang sind (Franks[39] gibt 10-30 Stunden an), liegen neuere Arbeiten auf dem Gebiet der Verteilungschromatographie fast nur noch über dünnschichtchromatographische Trennungen vor, und auch in unserem Laboratorium werden keine Trennungen papierchromatographisch ausgeführt. Auf dünnschichtchromatographischem Gebiet ist als erste Veröffentlichung die Arbeit von Mangold und Kammereck[95] zu nennen, die auf Kieselgel G-Schichten mit Zusatz von Ammoniumsulfat arbeiten und als Laufmittel ein Gemisch von 8 Vol.-Teilen Chloroform mit 2 Vol.-Teilen Methanol, dem 5 % 0,1 n Schwefelsäure zugesetzt ist, verwenden. Zur Sichtbarmachung werden die Platten mit einer 0,2%igen äthanolischen Lösung von Dichlorfluorescein besprüht, und im UV-Licht (bei 365 nm) geben die Tenside hellgelbe Fluoreszenzfarben. Arpino und de Rosa[1] untersuchten verschiedene Fließmittel zur Trennung und Identifizierung von Tensiden nach vorhergehender Auftrennung verschieden ionogener Gemische durch Ionenaustauscher. Zur besseren Differenzierung des anionaktiven Teils führten sie vor der chromatographischen Trennung eine Hydrolyse durch, wobei die Fettalkoholsulfate und die Fettalkoholäthersulfate gespalten wurden. Die Flecken wurden u.a. mit Jod/Bariumchlorid angefärbt. Desmond und Borden[28] stützen sich bei der Identifizierung nicht auf die für die Substanzen charakteristischen Rf-Werte, sondern auf unterschiedliche Fluoreszenzfarben der einzelnen Tenside bei Bestrahlung mit UV-Licht nach dem Besprühen mit Pinakryptolgelb. Bey[7] hat eine Reihe von Fließmitteln zur Trennung und Identifizierung von anionaktiven und nichtionogenen Tensiden eingesetzt. Dabei erzielte er eine einwandfreie Trennung der anionaktiven von den nichtionogenen Tensiden; die Differenzierung innerhalb der Gruppen bereitete aber Schwierigkeiten, die erst durch zweidimensionales Arbeiten teilweise behoben werden konnten. Zur besseren Unterscheidung der Fettalkoholsulfate bzw. Fettalkoholäthersulfate von den Sulfonaten hydrolysierte er die Produkte auf der Kieselgel G-Platte und chromatographierte anschließend. Zur Sichtbarmachung der Tensidflecken setzte er Pinakryptolgelb bzw. Dragendorff-Reagenz ein, wobei er mit Pinakryptolgelb ähnlich wie Desmond und Borden[28)] zum Teil unterschiedliche Anfärbungen der einzelnen Tensidtypen feststellte. In jüngster Zeit erschien eine Arbeit von Mutter und Han[102)] zur quantitativen dünnschichtchromatographischen Bestimmung von Sulfonaten durch Verkohlung der Tensidflecken in einem Ofen mit Temperatur-Programmierung. Die quantitative Auswertung erfolgte durch Messung des Weißgrades des Adsorbens mit einem Leukometer, eine Methode, die einfacher sein soll als die direkte Auswertung mit dem Densitometer. In einer zusammenfassenden Arbeit haben Milster, Meckel und Schimming[98)] einen Teil der in der Literatur beschriebenen Methoden vergleichend untersucht und festgestellt, daß eine vollständige Trennung und Identifizierung eines komplizierteren Tensidgemisches allein mit Hilfe der Dünnschichtchromatographie nicht möglich ist. Für die sichere Identifizierung der getrennten Substanzen ist eine Kombination der Dünnschichtchromatographie mit der IR-Spektroskopie unbedingt notwendig. Die Trennung und Identifizierung hydrotroper Verbindungen von sulfonierten Tensiden durch Umkehrphasen-Dünnschichtchromatographie beschreiben Dunn und Robson[31)]. Als stationäre Phase dient n-Undecan, mit dem Silicagel imprägniert worden ist. Mit n-Undecan gesättigtes Wasser wird als bewegte Phase verwendet. Auf diese Weise lassen sich die Natriumsalze der Benzol-, Toluol-,Xylol-, Naphthalin-, Methylnaphthalin- und Dimethylnaphthalinsulfonsäuren von langkettigen Alkylbenzolsulfonaten trennen. Das Sichtbarmachen erfolgt mit 5 n Schwefelsäure/0,1 n Kaliumpermanganatlösung (1:1); nach unseren Versuchen eignet sich jedoch Pinakryptolgelb wesentlich besser dazu. Allerdings ist die Methode nicht sehr spezifisch.

Die dünnschichtchromatographische Trennung und Identifizierung von anionaktiven und nichtionogenen Tensiden auf der Basis von o-Phosphorsäureestern der Fettalkohole und ihrer äthoxylierten Derivate wurde bereits früher von uns[77] ausführlich beschrieben. Die Trennung erfolgte auf mit Maisstärkezusatz beschichteten Celluloseplatten mit einem Fließmittelgemisch von Benzol/Chloroform/Methanol/Isopropanol/20%igem Eisessig (10:20:40:20:10), die Identifizierung mit Hilfe der Molybdänblaureaktion, welche den zusätzlichen Vorteil bietet, daß sie nur auf phosphorhaltige Tenside anspricht.

Der Nachweis für das Vorliegen eines phosphorhaltigen Tensids läßt sich ziemlich einfach dadurch führen, daß man auf organisch gebundenen Phosphor im Alkoholextrakt prüft. Anorganische Phosphorverbindungen sind kaum alkohollöslich und werden sich dort nicht nachweisen lassen.

Nach unseren Untersuchungen[82] haben sich für die dünnschichtchromatographische Trennung der anionaktiven Tenside die Methoden nach Mangold und Kammereck[95] und nach Bey[7] am besten bewährt. Von den verschiedenen Laufmittelgemischen, die Bey verwendet, erscheint uns am geeignetsten das Gemisch von

10 Vol.-Teilen n-Propanol,
10 Vol.-Teilen Chloroform,
5 Vol.-Teilen Methanol und
2 Vol.-Teilen 10 n Ammoniak.

Während bei der Methode von Mangold und Kammereck[95] als Sprühmittel 0,2%ige äthanolische Dichlorfluoresceinlösung verwendet wird, benutzt Bey[7] 0,05%ige äthanolische Pinakryptolgelblösung. Die Betrachtung erfolgt in beiden Fällen im UV-Licht. Während bei Mangold und Kammereck[95] alle Tenside hellgelbe Fluoreszenzfarben ergeben, erhält man nach der Methode von Bey[7] in den meisten Fällen bläuliche Fluoreszenzen. Einige besonders häufige Tenside (Natriumlauryläthersulfat und Dodecylbenzolsulfonat) ergeben aber kräftig gelbe Fluoreszenzfarben und Toluolsulfonat ein leuchtendes Orange, wodurch eine zusätzliche Identifizierungsmöglichkeit gegeben ist. Die in unserem Labor ermittelten Rf-Werte und Nachweisgrenzen sowie die Fluoreszenzfarben der Verbindungen sind in den Tabellen 3 und 4 und in den dazugehörigen schematischen Darstellungen (Abb. 1 und 2) wiedergegeben.

Eine Trennung aller anionaktiven Tenside voneinander ist weder nach der Methode von Mangold und Kammereck[95] noch nach derjenigen von Bey[7] möglich; besonders bei den sulfierten Produkten läßt sich eine weitgehende Auftrennung kaum erreichen, lediglich die Sulfobernsteinsäurehalbester sind nach beiden Methoden ohne weiteres und eindeutig von allen anderen sulfierten Tensiden abtrennbar und unterscheidbar. Während bei der Trennung nach Mangold und Kammereck[95] Alkylphenolpolyglykoläthersulfonate noch etwas größere Laufstrecken zurücklegen als die meisten sulfierten Tenside, gelingt nach Bey[7] auch noch eine Abtrennung der Schwefelsäureester von äthoxylierten Fettalkoholen. Eine Trennung von Alkylsulfaten neben Alkylsulfonaten und Alkylarylsulfonaten ist nach beiden Methoden nicht durchführbar, jedoch lassen sich nach der Methode von Bey[7] Alkylbenzolsulfonate gut von Alkylnaphthalinsulfonaten unterscheiden. Nach der Methode von Bey[7] lassen sich auch Toluolsulfonate neben Alkylarylsulfonaten durch die verschiedenen Fluoreszenzfarben der Verbindungen erkennen. Toluolsulfonate geben leuchtend orangefarbene Flecken gegenüber den gelben Flecken der Alkylarylsulfonate.

Von den carboxylgruppenhaltigen anionaktiven Tensiden lassen sich die Seifen und Fettsäure-Eiweißkondensate nach der Methode von Mangold und Kammereck[95] hervorragend leicht und einfach trennen; die Fettsäure-Eiweißkondensate bleiben nämlich am Startpunkt, während das Seifenmehl fast bis zur Ziellinie wandert. Fettsäuresarkoside haben unter den Seifen liegende Rf-Werte und sind gleichfalls gut abtrennbar. Nach der Methode von Bey[7] erscheinen die carboxylgruppenhaltigen Verbindungen mit Rf-Werten,

Tabelle 3

DC-Trennung anionaktiver Tenside nach der Methode von Mangold und Kammereck[95)]

Gruppen-Nr.	Handelsname	Rf-Wert	Nachweisgrenze in γ
I.A.	Seifenmehl	0,85	50
I.B.1.a)	Medialan KA	0,66/0,85	50
I.B.1.b)	Lamepon A	am Auftragspunkt	100
	Lamepon S	"	100
I.B.2.	Lamepon A 44	"	100
II.A.1.a)	Texapon K 12	0,25	50
	Texapon TH	0,22	20
II.A.1.b)	Lensodel AB 6	0,21	50
II.A.2.a)	Texapon N 25	0,25	30
II.A.2.b)	Fenopon CO 436	0,23	50
II.A.2.c)	Somepon ML	0,16	50
II.A.3.	Avirol DKM	0,17	100
II.B.1.	Levapon T	0,24	20
II.B.2.aa)α)	Marlon A 350	0,25	20
II.B.2.aa)ß)	Nansa HS 80/ Schuppen	0,22	20
II.B.2.ab)	Eltesol ST 90	0,16	50
	Cumolsulfonat	0,16	50
II.B.2.b)	Nekal BX	0,2	50
II.B.3.	Triton X-200	0,39/ 0,5/ 0,65	50
II.B.4.a)	Hostapon KA	0,19	50
II.B.4.b)	Hostapon KTW neu	0,13	100
II.B.5.a)	Manoxol OT	0,33	50
II.B.5.b)	Steinapol SBF A 30	0,85	50
II.B.5.c)	Steinapol SBZ	0,75	50
II.B.5.d)	Steinazid SBU 185	am Auftragsp.	100

Tabelle 3 (Fortsetzung)

Gruppen-Nr.	Handelsname	Rf-Wert	Nachweisgrenze in γ
III.A.	Hostaphat KW 200	0,32/ 0,82	100
III.B.	Hostaphat KO 280	0,49/ 0,79/ 0,82/ 0,93	100

Fluoreszenzfarbe aller Flecke: hellgelb

Tabelle 4

DC-Trennung anionaktiver Tenside nach einer Methode von Bey[7)]

Gruppen-Nr.	Handelsname	Rf-Wert	Fluoreszenzfarbe	Nachweisgrenze in μ
I.A.	Seifenmehl	0,4	blau	100
I.B.1.a)	Medialan KA	0,37	blau	100
I.B.1.b)	Lamepon A	0,26	grau-blau	100
	Lamepon S	0,3/ 0,81	grau-blau	100
I.B.2.	Lamepon A 44	0,29	grau-blau	100
II.A.1.a)	Texapon K 12	0,5	blau	20
	Texapon TH	0,49	hellblau	20
II.A.1.b)	Lensodel AB 6	0,5	blau	100
II.A.2.a)	Texapon N 25	0,3	gelb	50
II.A.2.b)	Fenopon CO 436	0,5	grau-blau	50
II.A.2.c)	Somepon ML	0,49	gelb	100
II.A.3.	Avirol DKM	0,45	grau-blau	100
II.B.1.	Levapon T	0,49	hellblau	20
II.B.2.aa)α)	Marlon A 350	0,5	gelb	20
II.B.2.aa)β)	Nansa HS 80/ Schuppen	0,45	hellblau	100
II.B.2.ab)	Eltesol ST 90	0,4	orange	50
	Cumolsulfonat	0,42	gelb-orange	100
II.B.2.b)	Nekal BX	0,54/ 0,67	grau-blau	50
II.B.3.	Triton X-200	0,6	grau-blau	50
II.B.4.a)	Hostapon KA	0,55	blau	50
II.B.4.b)	Hostapon KTW neu	0,3/ 0,53	blau	100
II.B.5.a)	Manoxol OT	0,6	hellblau	50
II.B.5.b)	Steinapol SBF A 30	0,05	gelb	100
II.B.5.c)	Steinapol SBZ	-	-	-
II.B.5.d)	Steinazid SBU 185	0,08	gelb	100

Tabelle 4 (Fortsetzung)

Gruppen-Nr.	Handelsname	Rf-Wert	Fluoreszenzfarbe	Nachweisgrenze in µ
III.A.	Hostaphat KW 200	0,85/ 0,89/ 0,59	hellblau	50
III.B.	Hostaphat KO 280	0,69/ 0,85	hellblau	100

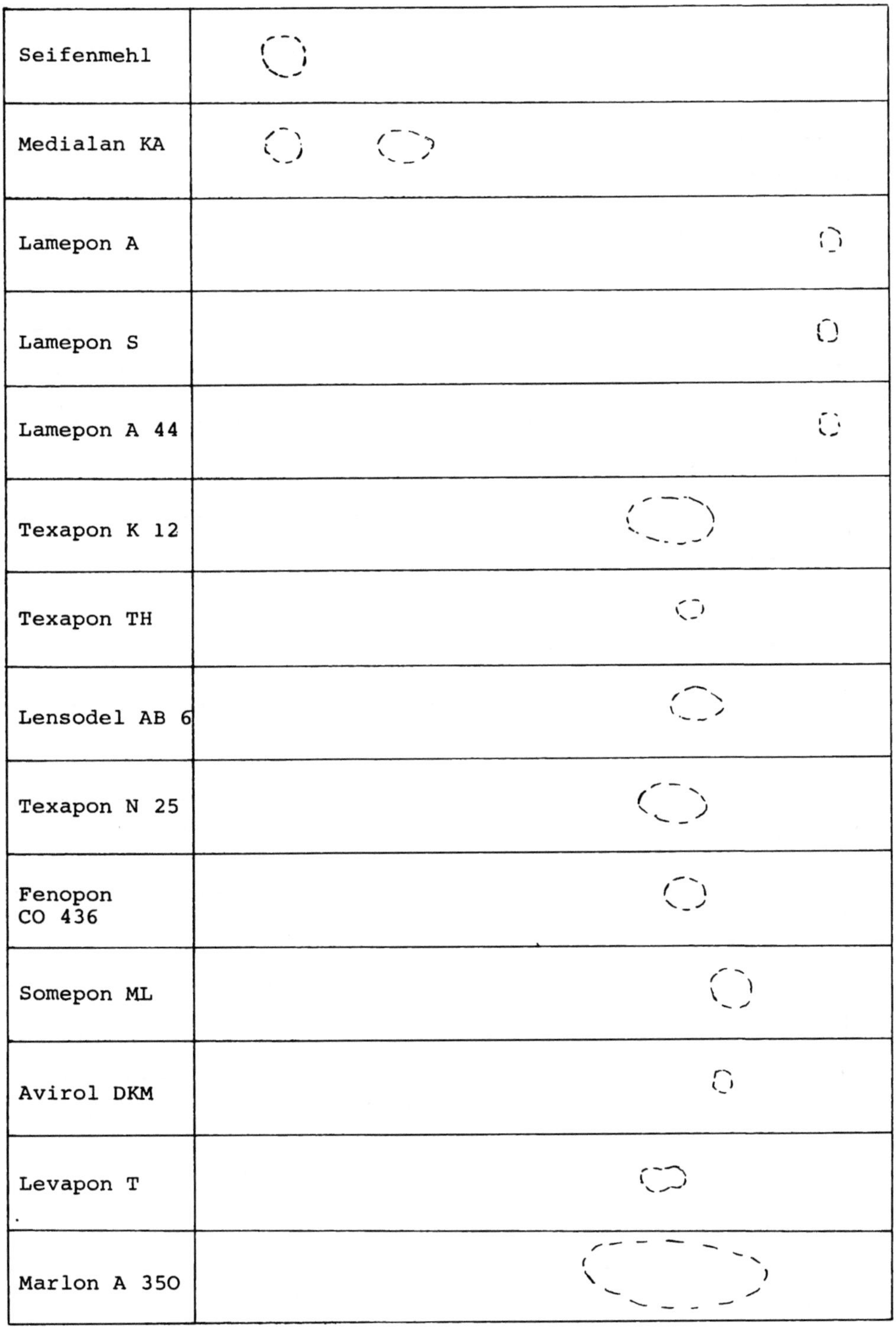

Abb. 1 Schema eines Dünnschichtchromatogramms nach der Methode von Mangold und Kammereck[95)]

Abb. 1 / Fortsetzung

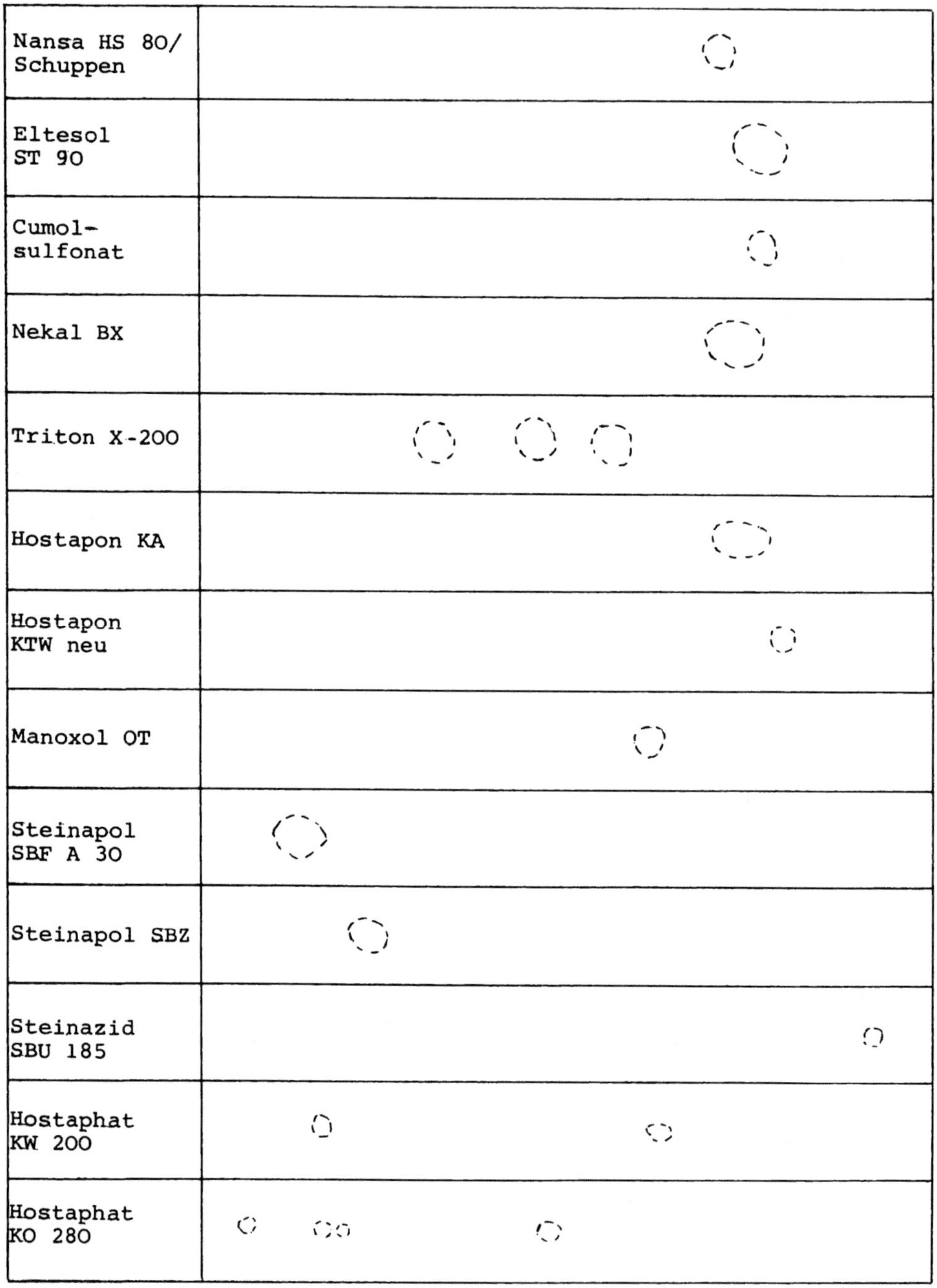

Abb. 1

Es wurden jeweils 5 /ul einer 1%igen äthanolisch-wässrigen Lösung (bezogen auf Trockensubstanz) aufgetragen.

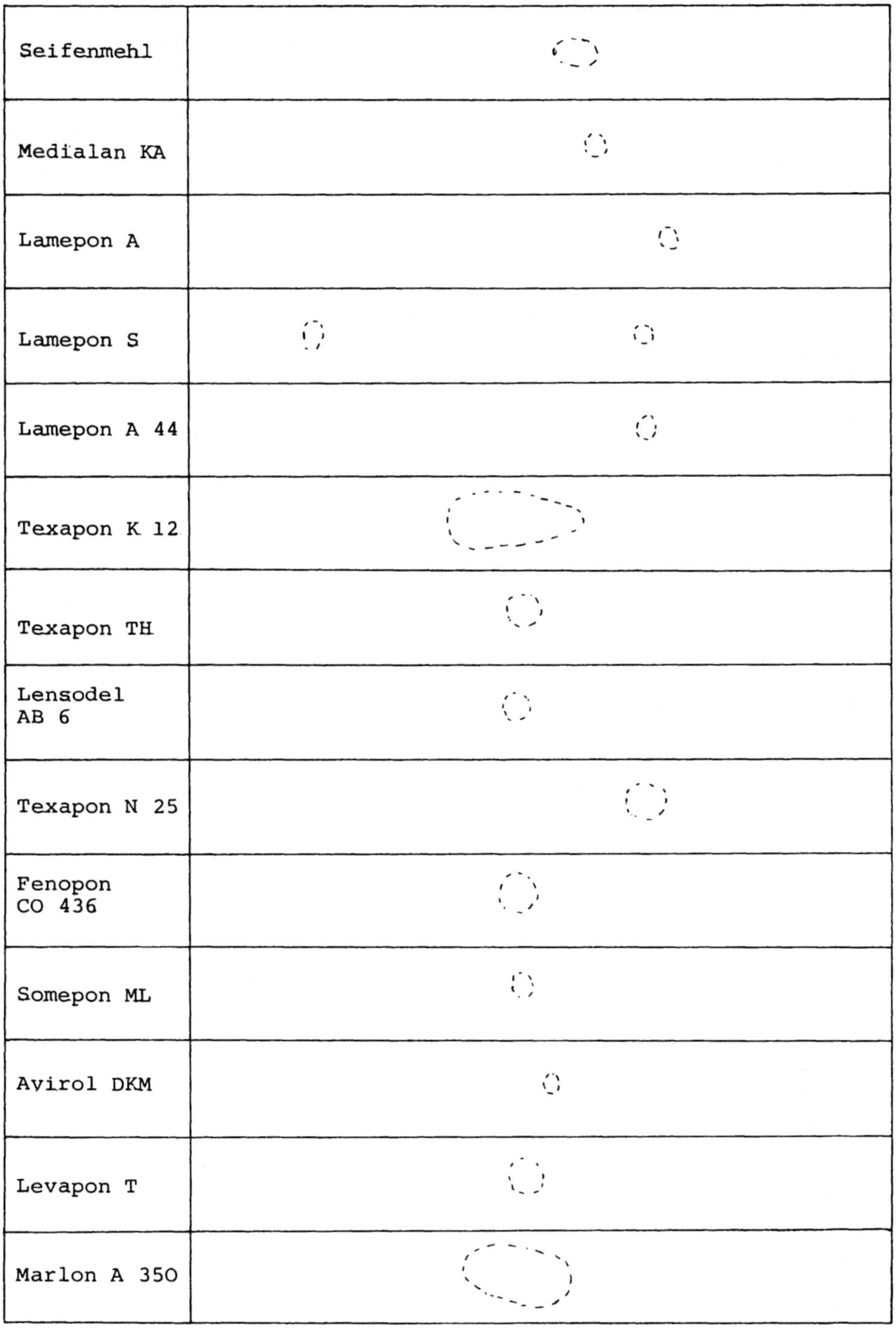

Abb. 2 Schema eines Dünnschichtchromatogramms nach einer Methode von Bey [7]

Abb. 2 / Fortsetzung

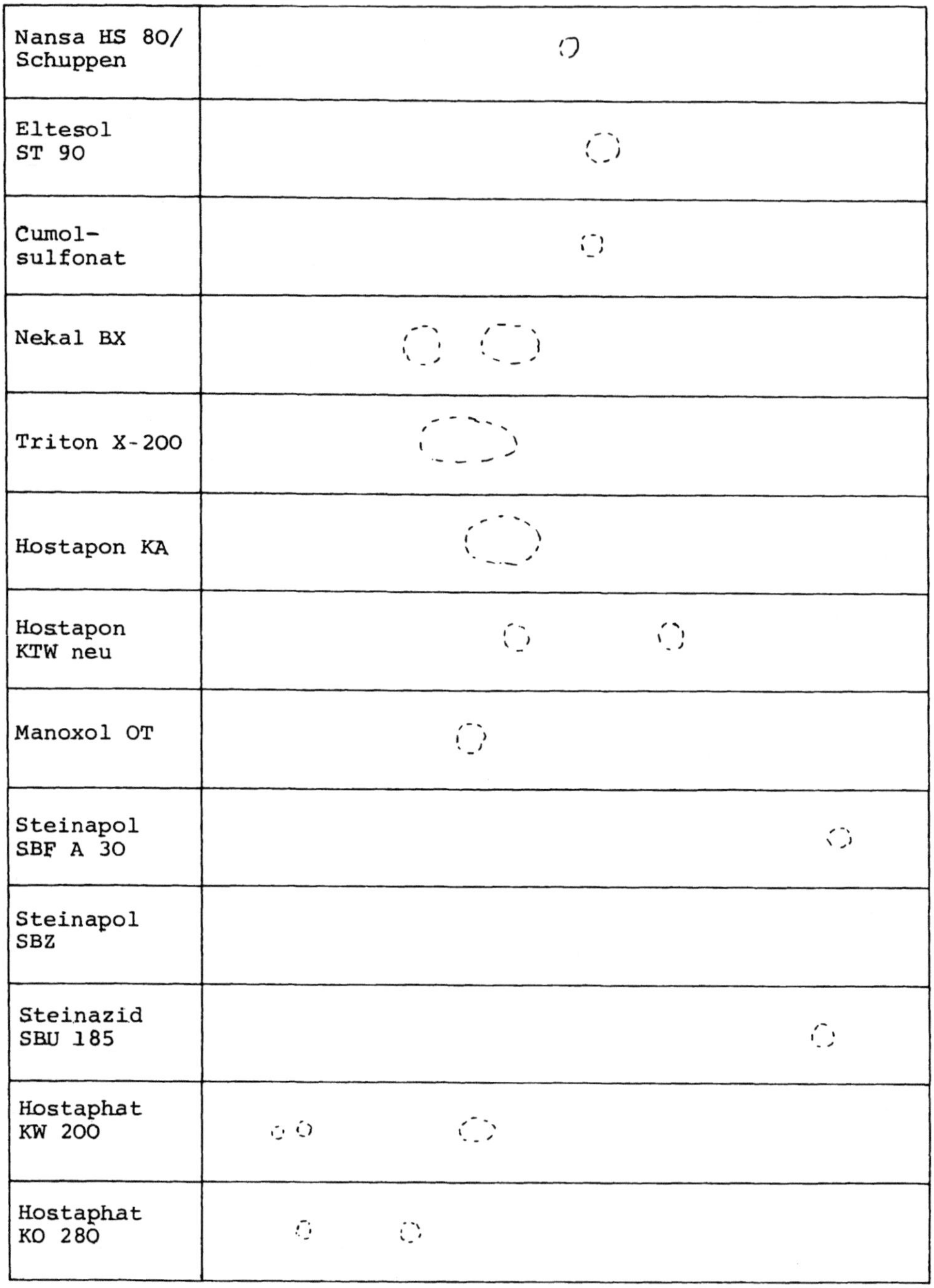

Abb. 2

Es wurden jeweils 5 µl einer 1%igen äthanolisch-wässrigen Lösung (bezogen auf Trockensubstanz) aufgetragen.

die niedriger liegen als diejenigen der meisten sulfierten Tenside, und sind dadurch in vielen Fällen auch von ihnen trennbar. Sie liegen jedoch dicht beieinander und lassen sich nach der Methode von Bey[7] kaum voneinander trennen. Auch ist nach der Methode von Bey[7] Seifenmehl nur schwer und erst in höheren Konzentrationen zu erkennen. Dagegen sind anionaktive Phosphorsäureester nach der Beyschen[7] Methode recht gut abzutrennen, da sie mit hohen Rf-Werten (0,6-0,9) in einem Bereich auftreten, in welchem nur noch einige relativ selten verwendete sulfonierte Verbindungen wie Alkylnaphthalin- und Alkylphenolpolyglykoläthersulfonate erscheinen.

Es ergibt sich also folgendes Gesamtbild: Zur Trennung der carboxylgruppenhaltigen Tenside voneinander ist zweckmäßigerweise die Methode von Mangold und Kammereck[95] anzuwenden, während für eine teilweise Auftrennung der sulfierten anionaktiven Tenside die Methode nach Bey[7] im allgemeinen vorzuziehen ist. Verwendet man Kieselgelschichten mit Fluoreszenzindikatoren, so kann man bereits vor dem Besprühen die aromatischen Verbindungen an der Fluoreszenzlöschung erkennen. Sind noch anionaktive Phosphorsäureester anwesend, trennt man diese am besten nach der Methode von Bey[7] von den anderen anionaktiven Tensiden ab.

Umfassender Analysengang

Während eine weitergehende Auftrennung der Tenside auf der Basis von Carbonsäuren dünnschichtchromatographisch möglich ist, haben unsere Untersuchungen gezeigt, daß sich Gemische sulfierter Tenside im allgemeinen weder säulen- noch dünnschichtchromatographisch mit hinreichender Wirksamkeit weiter auftrennen lassen. Die sicherste und genaueste Methode, Gemische sulfatierter und sulfonierter Tenside näher zu charakterisieren und ihre einzelnen Bestandteile quantitativ zu ermitteln, ist unseres Erachtens die Auftrennung durch chemische Reaktionen, bei denen die Verbindungen aufgespalten werden, und die Abtrennung, Identifizierung und quantitative Bestimmung ihrer Spaltprodukte. Man wendet zu diesem Zweck am besten zunächst das bereits oben beschriebene Dreisäulen-Ionenaustauscherverfahren an, bei dem die sulfierten Tenside an dem schwächer basischen Ionenaustauscher adsorbiert werden, während die Fettsäuren und die Aminocarbonsäuren erst am stark basischen Ionenaustauscher in der OH^--Form adsorbiert werden, wodurch bereits eine Vortrennung in sulfierte und Carboxylgruppen enthaltende Tenside erreicht ist. Die mit 2%iger wässrig-alkoholischer Natronlauge (Wasser/Isopropanol 1:1) vom schwach basischen Ionenaustauscher desorbierten sulfierten Tenside werden anschließend mit 2 n äthanolischer Kalilauge noch eine Stunde lang verseift. Durch Ausschütteln des Reaktionsgemisches mit Petroläther werden höhere Alkohole, die von den Sulfobernsteinsäureestern stammen, abgetrennt. Anschließend können die aus sulfatierten Ölen und acylierten Isäthionaten entstandenen Seifen durch Hydrolyse mit 2 n Salzsäure bei Zimmertemperatur in die freien Fettsäuren übergeführt werden, die mit Äther extrahiert werden können. Die genaue Charakterisierung der Fettsäuren kann nach ihrer Methylierung gaschromatographisch durchgeführt werden. In der wässrigen Fraktion erfolgt anschließend die Spaltung der Schwefelsäureester mit 2 n Salzsäure durch Kochen am Rückflußkühler über etwa 4 Stunden, wodurch die entsprechenden Fettalkohole bzw. Fettalkoholpolyglykoläther und Alkylphenolpolyglykoläther erhalten werden, die sich mit Äther extrahieren lassen. Die sulfonierten Tenside bleiben unverändert. Von diesen lassen sich durch 15 bis 20stündiges Erhitzen mit 20%iger Salzsäure die Tauride spalten; die erhaltenen Fettsäuren werden ausgeäthert, in der wässrigen Phase verbleiben die Sulfonsäuren der Alkyl-, Alkylaryl- und Alkylphenolpolyglykoläthersulfonate. Durch 1 1/2stündige Spaltung mit 93%iger Phosphorsäure nach Knight und House[76)] erhält man die den Alkylarylsulfonsäuren zugrunde liegenden Kohlenwasserstoffe und aus den Alkylphenolpolyglykoläthersulfonaten Olefine und Alkohole, die mit Petroläther aus dem Reaktionsgemisch abgetrennt werden können, während die Alkylsulfonsäuren unverändert zurückbleiben. Sie lassen sich aus der wässrigen Phase mit p-Toluidinsulfat nach Bock und Reisinger[12)] ausfällen und quantitativ bestimmen. Die Alkylmonosulfonsäuren lassen sich nach Kupfer, Jainz und Kelker[86)] auch mit Diazomethan methylieren und als Methylsulfonate gaschromatographisch trennen. Zur besseren Übersicht haben wir diesen Analysengang in Abb. 3 noch einmal schematisch dargestellt. In dieses Schema sind auch bereits die weiter unten besprochenen Amphotenside aufgenommen worden, die bei der Ionenaustauschertrennung quantitativ am Kationenaustauscher adsorbiert werden. Die einzelnen Fraktionen, die nach unserem Analysengang[82)] erhalten werden, können mit Hilfe IR- und UV-spektroskopischer Methoden oder durch Protonenresonanzmessungen identifiziert werden.

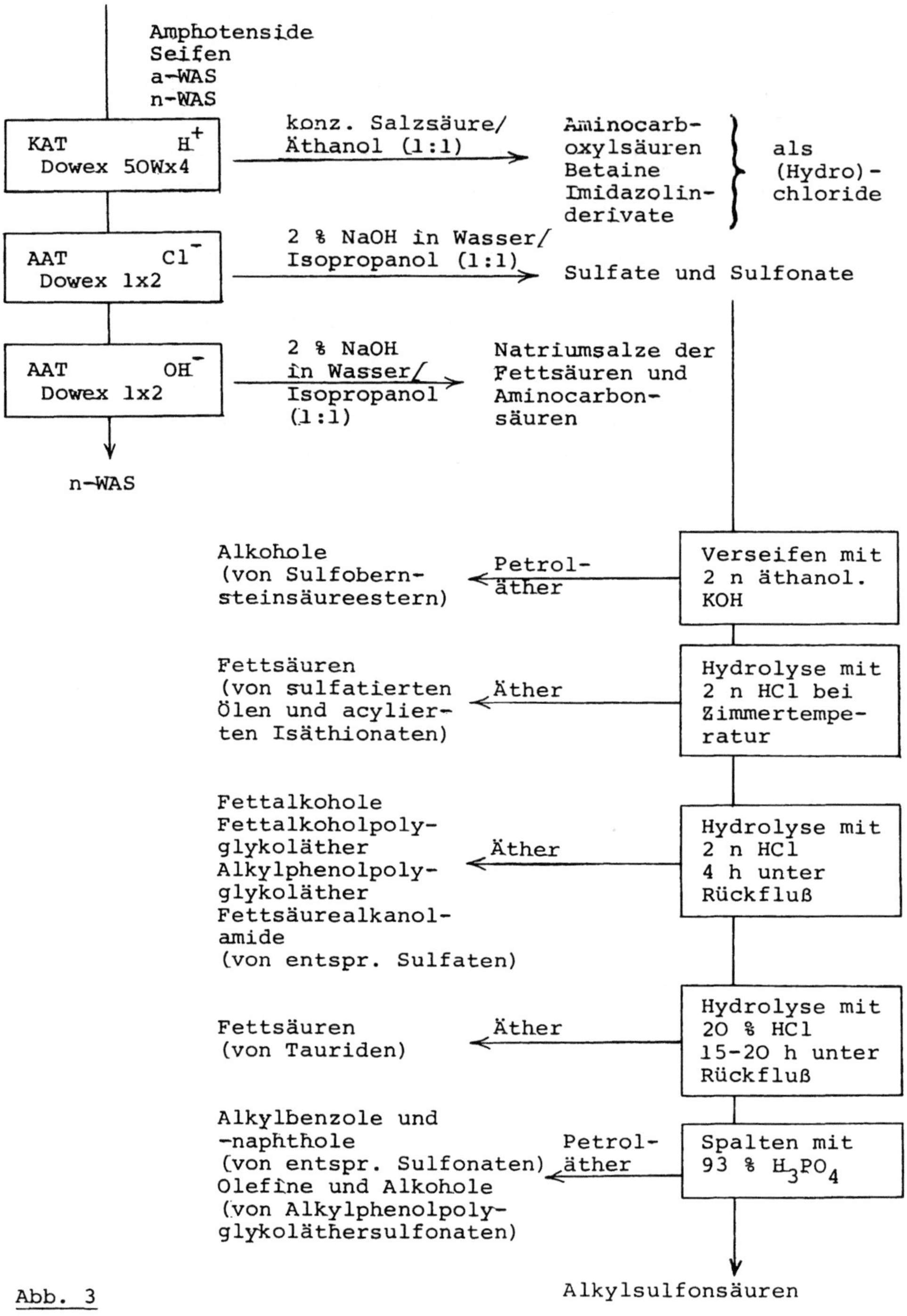

Abb. 3

Trennungsgang für Tenside

Identifizierung anionaktiver Tenside

IR-Spektroskopie anionaktiver Tenside

In vielen Fällen wird schon die Aufnahme des IR-Spektrums eine weitgehende Aufklärung über die Struktur der vorliegenden Verbindung bringen. Da jede organische und auch anorganische Substanz, die ein Dipolmoment besitzt und damit IR-aktiv ist, ein Infrarotspektrum liefert, kann man funktionelle Gruppen wie Ester-, Sulfonat-, Carboxyl- oder Äthoxygruppen in den meisten Fällen eindeutig nachweisen. Beim Fehlen einer Bande in dem erwarteten Bandenbereich kann man auf die Abwesenheit der entsprechenden Atomgruppierung schließen. Von wesentlicher Hilfe bei der Identifizierung sind Referenzspektren, d.h. man vergleicht die Spektren der zu analysierenden Substanzen mit den Spektren bekannter Verbindungen. Dabei können durch Kombination charakteristischer Banden selbst bei Gemischen von Tensiden bei einiger Erfahrung oft schon die einzelnen Verbindungen erkannt werden.

Schon 1951 wies Delsemme[27)] auf den Wert der IR-Spektroskopie bei der Analyse von Tensiden hin. Er machte besonders auf die Empfindlichkeit der IR-Spektren von Laurylsulfaten gegen die Art des Kations aufmerksam. 1953 veröffentlichte Sadtler[130)] 29 Spektren verschiedener Tenside im Bereich von 2-16 μ und gab einige spektrale Zuordnungen für funktionelle Gruppen an. Einige Jahre später konnten Jenkins und Kellenbach[71)] zeigen, daß die IR-Spektren der leicht in reiner Form darstellbaren Bariumsalze organischer Sulfate und Sulfonate sehr charakteristisch sind und eine Unterscheidung auch sehr ähnlicher Verbindungen ermöglichen, wie z.B. der C_{12}-C_{16}-Alkylsulfate. Ein Vorteil dieser Methode ist, daß durch Veraschen der Bariumsalze in Gegenwart von Schwefelsäure zugleich das Äquivalentgewicht der zugrunde liegenden Tensidsäuren bestimmt werden kann. 1962 erschien das umfassende Standardwerk von Hummel[65)], das in einem gesonderten Spektrenband die Spektren von 387 chemisch verschiedenen Tensiden systematisch angeordnet enthält. Der Verfasser hat darin neben den gebräuchlichen eine Vielzahl von möglichen grenzflächenaktiven Verbindungen IR-spektroskopisch aufgenommen bzw. diskutiert.

Im folgenden sind die IR-Spektren der anionaktiven Tenside im einzelnen beschrieben. Wir haben versucht, weitestgehend alle auftretenden Banden zuzuordnen und die charakteristischen und unterscheidenden Banden auch innerhalb der einzelnen Gruppen herauszuarbeiten. Die Spektren einiger chemisch ähnlicher Produkte sind dabei zur besseren Übersicht in Tabellen gegenübergestellt, so daß die zur Unterscheidung dienenden Banden direkt erkannt werden können.

Alle IR-Spektren wurden mit einem Spectrophotometer IR-8 der Firma Beckman Instruments GmbH, München, aufgenommen. Dieses Gerät ist mit einem Filter/Gitter-Monochromator ausgerüstet, der 2 Präzisionsgitter und 4 Filter enthält und im Bereich von 2,5 bis 16 μ im Doppel- und Einstrahlverfahren arbeitet. Die Proben wurden nach der KBr-Preßtechnik präpariert, wobei im allgemeinen Preßlinge mit 1-5 mg Tensidsubstanz und etwa 300 mg Kaliumbromid ("Uvasol" der Firma Merck, Darmstadt) hergestellt wurden. In den Vergleichsstrahlengang wurde eine reine Kaliumbromidtablette gebracht. Bei einem Teil der flüssigen Substanzen wurden die getrockneten Proben als dünne Schichten zwischen 2 KBr-Preßlingen aufgebracht und in dieser Form die Spektren aufgenommen.

Zur besseren Übersicht ist die in Tab. 1 verwendete Einteilung der anionaktiven Tenside in

I. Salze von Carbonsäuren,
II. Sulfierte Produkte und
III. Phosphorsäureester

mit den entsprechenden Untergruppen beibehalten worden.

Bei allen Tensiden mit langen Alkylketten treten typische Banden auf, die den CH-Valenz- und -Deformationsschwingungen zuzuordnen sind. So liegt bei 3,42 µ die asymmetrische und bei 3,51 µ die symmetrische Valenzschwingung der Methylengruppe. Die entsprechenden Banden der Methylgruppen erscheinen bei 3,38 und 3,48 µ, bei langen Alkylketten häufig nur als Schultern der Banden der Methylengruppen. CH-Valenzschwingungen doppelt gebundener endständiger Kohlenwasserstoffatome treten bei 3,25 µ (ν_{as}) und 3,36 µ (ν_{s}) auf. Innerhalb der Alkylkette tritt die CH-Valenzschwingung einer Doppelbindung bei 3,30-3,35 µ auf.

Eine Beugeschwingung ("scissoring vibration") der Methylengruppe tritt bei 6,8 µ auf, und bei 13,9 µ erscheint eine Schaukelschwingung ("rocking vibration"), wenn es sich um eine lange, gerade Alkylkette handelt. Die symmetrische Beugeschwingung der Methylgruppe tritt bei 7,25 µ auf und läßt den Verzweigungsgrad der Alkylkette erkennen.

Die C=C-Streckschwingung doppelt gebundener Kohlenstoffatome tritt meist nur schwach zwischen 6,0 und 6,1 µ in Erscheinung. Gut erkennbar sind dagegen im allgemeinen die CH-Deformationsschwingungen aus der Ebene der endständigen Methylengruppe bei 10,1 µ und 11 µ. Die δCH-Schwingung aus der Ebene der trans-Form bei ungesättigten Verbindungen tritt meist gut sichtbar bei 10,4 µ auf, während diejenige der cis-Form bei 13,7-14,8 µ weniger zuverlässig erscheint.

I. Salze von Carbonsäuren

Die für alle carbonsauren Salze charakteristische Bande der Carboxylat-Struktur tritt bei 6,0-6,5 µ auf.

I.A. Fettsäureseifen

Die Spektren dieser Gruppe sind zu erkennen an den typischen Banden bei 6,45 µ (νCO eines fettsauren Salzes) und bei 7,0 µ (vCO), weiter durch ein schwaches wagging um 8 μ, das von der Alkylkette herrührt. δCH-Schwingungen aus der Ebene treten bei 10,85 μ und 13,9 μ, und eine δCO-Schwingung tritt bei 14,35 μ auf. IR-Spektrum Nr. 1

I.B.1.a) Fettsäuresarkoside

Die Verbindungen dieser Gruppe zeigen die charakteristischen Stickstoffbanden; so zeigt z.B. das Medialan KA eine Bande bei 2,9 μ (vNH) und eine CO-Streckschwingung bei 6,2 μ. Außerdem sind neben einer Reihe von kleinen Banden typische Doppelbanden bei 7,1-7,2 μ und 7,6-7,8 μ vorhanden. IR-Spektrum Nr. 2

Fettsäure-Eiweißkondensate

I.B.1.b)

Bei den Lameponen A und S treten ebenfalls Amidbanden um 3,0 μ und 6,1-6,3 μ, weitere Banden bei 6,5 μ (vCN), 6,9 μ (vCO), 7,15 μ (δCH + vCO) und bei 13,9 μ (δCH) auf. Fettsäure-Eiweißkondensate sind im Spektrum dadurch zu erkennen, daß sie relativ breite Absorptionsbanden geben, die keine Feinstruktur aufweisen. Trotz endständiger Carboxylgruppe reagieren diese Verbindungen oft schwach amphoter. IR-Spektren Nr. 3 und 4

I.B.2.

Das Spektrum des Lamepon A 44 ähnelt sehr den Spektren der acylierten Eiweiß-Abbauprodukte, zeigt jedoch zusätzlich die Absorption der Sulfonamid-Struktur bei 7,6 μ und 8,5 μ sowie eine weitere bezeichnende Bande bei 9,7 μ. Im Gegensatz zu den Fettsäure-Eiweißkondensaten sind die Verbindungen dieses Typs eindeutig anionaktiv. IR-Spektrum Nr. 5

II. Sulfierte Produkte

Als Gruppencharakteristikum der sulfierten Tenside treten C-O-S-Valenzschwingungen der Sulfatgruppe bei 8,0-8,3 µ und C-S-Valenzschwingungen der Sulfonatgruppe bei 8,2-8,6 µ auf. Dadurch lassen sich Sulfate von Sulfonaten meist schon im IR-Spektrum unterscheiden.

II.A.1.a) Primäre Alkylsulfate

Die geradkettigen Fettalkoholsulfate (z.B. Texapon K 12) haben als Leitbande eine intensive, nur schwach strukturierte Bande bei 8,0-8,2 µ. Die weiteren Banden sind in Tab. 5 zugeordnet und anderen Sulfaten gegenübergestellt. Dabei kann festgestellt werden, daß die Kationen dieser Verbindungen oft einen entscheidenden Einfluß auf das Aussehen der Spektren ausüben. So zeigt z.B. das Texapon TH, das wahrscheinlich aus einem Gemisch aus Triäthanolammonium- und Ammoniumsalz besteht, charakteristische Banden bei 2,98 µ (νOH), 3,18 µ (νNH), 7,15 µ (δNH), 9,4 µ (νSO + δOH), 10,9 (νCN der quaternären Ammoniumstruktur) und 12,4 µ (νSO bei aminartigen Verbindungen). IR-Spektren Nr. 6 und 7

II.A.1.b) Sekundäre Alkylsulfate

Das Spektrum des Lensodel AB 6 unterscheidet sich stark von dem des primären Fettalkoholsulfates und kann daher leicht von diesem unterschieden werden. Vor allem tritt bei 7,25 µ eine starke δCH-Bande auf, die von der Verzweigung der Alkylkette herrührt, während die δCH-Schwingung aus der Ebene bei 13,9 µ schwächer wird. Die Sulfatbande spaltet in 2 scharfe Banden bei 8,0 µ und 8,3 µ auf (vgl. auch Tab. 5). IR-Spektrum Nr. 8

II.A.2.a) Sulfatierte Polyglykoläther

Die äthoxylierten Fettalkoholsulfate (Texapon N 25) lassen sich sofort an der Ätherbande (νCO) bei 9,0 µ erkennen. Außerdem ver-

Tabelle 5

Zuordnungen für die IR-Spektroskopie sulfatierter Tenside

	Texapon K 12	Texapon TH	Lensodel AB 6	Texapon N 25
νOH		2,98	3,0	
νNH		3,18		
νCH	3,38			
νCH	3,42	3,42	3,42	3,42
νCH	3,51	3,51	3,51	3,51
δCH	6,80	6,85	6,85	6,85
δNH		7,15		
δCH			7,25	
νSO				7,4
νSO	8,0-8,2	8,2	8,0 u.8,3	8,05-8,25
νSO	8,72	8,8	8,9	
νCO				9,0
νSO	9,30			9,30
νSO u. δOH		9,4		
νSO			9,45	
νSO		9,75		9,8
νSO	10,1-10,4	10,0		
νSO			10,7-10,9	10,8
νSO/νCN	10,9	10,9		
δCH			11,25	
νSO	12,0			
νSO		12,3		
νSO				13,0
	13,5			
δCH	13,9	13,9	13,9	13,9

ursachen die Äthylenoxid-Gruppen, je nach ihrer Anzahl, Verschiebungen im Fingerprintgebiet. IR-Spektrum Nr. 9

Eine Unterscheidung, ob es sich um ein Natrium- (Texapon N 25) oder ein Ammoniumsalz (Texapon NA) der betreffenden Verbindungen handelt, läßt sich durch die Banden bei 3,18 μ (νNH) und 7,15 μ (δNH) und im Fingerprintgebiet bei 9,4 μ und 12,3 μ (νSO bei aminartigen Verbindungen) leicht erkennen. Triäthanolaminsalze zeigen die charakteristischen Banden bei 2,98 μ (νOH), 3,18 μ (νNH), 7,15 μ (δNH) und 10,9 μ (νCN). Außerdem sind Verschiebungen im Fingerprintgebiet festzustellen.

II.A.2.b) Sulfatierte Alkylphenolpolyglykoläther

Die sulfatierten Alkylphenolpolyglykoläther, z.B. das Ammoniumsalz des Alkylphenolpolyglykoläthers (Fenopon CO 436), zeigen neben den Banden des Alkylphenolpolyglykoläthers (vgl. Nichtionogene Tenside III.D.) die Sulfatbanden bei 8,05-8,25 μ (COS-Streckschwingung) und die νSO-Schwingungen bei 7,4 μ, 9,8 μ und 13,0 μ. Daneben ist bei 3,13 μ (νNH) die Bande des Ammoniums im Spektrum zu erkennen. IR-Spektrum Nr. 10

II.A.2.c) Sulfatierte Fettsäurealkylolamide

Das Somepon ML ergibt ein von den Fettsäurealkylolamiden stark abweichendes Spektrum. Es treten zwar die Banden des Monoäthanolamids bei 3,03 μ, 6,01 μ und 6,45 μ auf, bei 9,5 μ ist jedoch keine Absorptionsbande vorhanden. Die Sulfatbande bei 8,0-8,2 μ ist nur schwach angedeutet, während bei 8,8 μ und 10,05 μ Banden erscheinen, die wahrscheinlich von νSO-Schwingungen herrühren. Bei 12,0 μ, 14,5 μ und 15,7 μ treten relativ starke Banden auf, die nur schwer zugeordnet werden können. IR-Spektrum Nr. 11

II.A.3. Schwefelsäureester von Ölen und Fetten

Die sulfatierten Rizinusöle (z.B. Avirol DKM) besitzen neben den charakteristischen Schwingungen der CH-Gruppen die Esterbande bei 5,85 μ, die Sulfatbande bei 8,0-8,2 μ und 9,5 μ und die Carboxylatbande bei 6,4 μ. Die νOH-Schwingung bei 2,95 μ deutet darauf hin, daß freie OH-Gruppen vom Rizinusöl vorhanden sind. Bei 3,32 μ ist die νCH-Schwingung der Doppelbindung zu erkennen. IR-Spektrum Nr. 12

II.B.1. Alkylsulfonate

Die Alkylsulfonate geben bandenarme, aber ausgeprägte IR-Spektren (Levapon T). Sie weisen neben den charakteristischen Sulfonatbanden bei 8,3-8,6 μ und 9,6 μ die Banden des aliphatischen Restes bei 3,42 μ, 3,51 μ, 6,85 μ und 7,28 μ auf. Bei 13,9 μ tritt eine sehr intensive Bande der geraden Alkylkette auf (δCH aus der Ebene). Bei 6,2 μ tritt eine schwächere Bande auf, die von einer Verunreinigung herrühren muß. In Tab. 6 wird das Alkylsulfonat den Alkylarylsulfonaten gegenübergestellt. IR-Spektrum Nr. 13

II.B.2.aaα) Alkylbenzolsulfonate vom Keryl-Typ

Die beiden gebräuchlichsten Sulfonate sind das Natriumsalz (Marlon A 350) und das Triäthanolaminsalz (Marlopon AT 50) der Dodecylbenzolsulfonsäure. Sie sind außer an der Sulfonatgruppe schon gut am Quadrublett der Gerüstschwingungen des Aromaten zwischen 6 μ und 7 μ, an der CH-Schwingung der Doppelbindung bei 3,3 μ und an der δCH-Schwingung aus der Ebene bei 12,1 μ, die von der p-Substitution herrührt, zu erkennen. Ob es sich um ein Natrium- oder Triäthanolammoniumsalz handelt, kann hauptsächlich durch die Bande bei 2,98 μ und die scharfe Bande bei 10,95 μ festgestellt werden, da nur letzteres diese beiden Banden zusätzlich aufweist. Einen Vergleich der Spektren der beiden Salze zeigt die Tab. 6. IR-Spektren Nr. 14 und 15

Tabelle 6

Zuordnungen für die IR-Spektroskopie sulfonierter Tenside

	Marlon A 350	Nansa HS 80/ Schuppen	Marlopon AT 50	Levapon T
νOH		(2,9)	2,98	(2,9)
νNH			3,18	
νCH (b.C=C)	3,3		3,3	
νCH	3,38	3,38	3,38	3,38
νCH	3,41	3,41	3,41	3,42
νCH	3,51	3,5	3,51	3,51
				6,2
νC=C (aromat.)	6,25	6,25	(6,3)	
νC=C (aromat.)	6,7	6,75	6,75	
δCH	6,85	6,85	6,85	6,85
νSO	7,15		7,15	
δCH	7,28	7,25		7,28
δCH		7,35		
νSO	8,2-8,45	8,15-8,45	8,2-8,40	8,3-8,6
	8,85	8,85	8,9	
νSO	9,65	9,65		9,6
δOH			9,75	
δCH	9,95	9,95	10,0	
νCN			10,95	
δCH a.d.E. p-Subst.	12,1	12,05	12,1	
		13,2		
δCH a.d.E.	13,9			13,9
νSO	14,6-14,9		14,6-15,0	
νSO		14,9-15,1		

II.B.2.aaß) Alkylbenzolsulfonate vom Tetramer-Typ

Das Tetrapropylenbenzolsulfonat (Nansa HS 80/Schuppen) hat sehr an Bedeutung verloren, da es biologisch schwerer abbaubar ist als die Verbindungen mit der unverzweigten Kette (Keryl-Typ). Die Verzweigung ist durch die Bande bei 7,25 bis 7,35 µ deutlich zu erkennen, da sie von einer C-CH_3-Bindung herrührt und so mit dem zunehmenden Grad der Verzweigung wächst. Diese Bande kann auch zur quantitativen Bestimmung des Verzweigungsgrades herangezogen werden.

Die CH-Streckschwingung bei 3,38 µ, die von den CH_3-Gruppen herrührt, wird gegenüber der νCH von der CH_2-Gruppe deutlich stärker, während die δCH-Schwingung aus der Ebene der geraden Alkylkette bei 13,8 µ verschwindet. Dafür tritt bei 13,2 µ eine mittelstarke Bande auf. Ein deutliches Unterscheidungsmerkmal ist auch die Verschiebung der SO-Streckschwingung von 14,5-15,0 µ nach 14,9-15,1 µ beim Tetramer-Typ. IR-Spektrum Nr. 16

II.B.2.ab) Kurzkettig substituierte Alkylbenzolsulfonate

Das Natriumtoluolsulfonat (Eltesol ST 90) zeigt eine Bande bei 2,9 µ, eine bei 3,3 µ, die der aromatischen Struktur zuzuschreiben ist, eine CH_3-Bande bei 3,38 µ und verhältnismäßig kleine νCH-Schwingungen bei 3,42 µ und 3,5 µ. Die aromatischen Gerüstschwingungen treten bei 6,25 µ und 6,7 µ auf, die Banden bei 7,15 µ, 8,15-8,55 µ, 8,85 µ, 9,6 µ und 9,9 µ sind den C-S-O-Streckschwingungen zuzuordnen. Die starke Bande bei 12,35 µ gehört zur p-Substitution (δCH aus der Ebene) und die Bande bei 13,3 µ gibt den Substitutionsgrad an, während es sich bei den Banden bei 14,2 µ und 14,5 µ um SO-Streckschwingungen handelt. IR-Spektrum Nr. 17

Das Natrium-Cumolsulfonat zeigt Absorptionsbanden um 2,9 µ, eine Bande, die vom aromatischen Ring herrührt, bei 3,28 µ, eine starke CH_3-Bande bei 3,39 µ und schwache CH-Valenzschwingungen bei 3,42 µ und 3,5 µ. Aromatische Gerüstschwingungen treten auf bei 6,25 µ und 6,7 µ. Eine δCH-Schwingung tritt bei 6,8-6,9 µ auf, und bei 7,1 µ, 8,1 µ, 8,5 µ, 8,9 µ, 9,6 µ, 9,9 µ und 14,8 µ sind die C-S-O-Streckschwingungen zu finden. Bei 12,05 µ ist eine δCH-Schwingung aus der Ebene zu erkennen, die die p-Substitution anzeigt. Der di-Substitutionsgrad ist an der Bande bei 13 µ zu erkennen. IR-Spektrum Nr. 18

II.B.2.b) Alkylnaphthalinsulfonate

Da das Nekal BX einen hohen Anteil an Natriumsulfat enthält, wurde die WAS hergestellt und davon das IR-Spektrum aufgenommen. Eine kleine Bande der aromatischen CH-Streckschwingungen liegt bei 3,27 µ, die Gerüstschwingungen treten bei 6,2 µ und 6,7 µ auf. Eine starke CH-Valenzschwingung, die von den CH_3-Gruppen der Alkylreste stammt, erscheint bei 3,38 µ. Weitere CH-Schwingungsbanden treten bei 3,41 µ, 3,49 µ, 6,9 µ, 7,3 µ und 11,35 µ auf. Die Banden, die den Substitutionsgrad angeben, befinden sich bei 12,0 µ, 12,3 µ und 13,4 µ. Die starke Absorption der Bande bei 7,3 µ deutet auf das Vorhandensein einer starken Verzweigung hin (Beugeschwingung (δCH) einer C-CH_3-Gruppierung).

Die Sulfonatbanden treten bei 8,2-8,5 µ, 9,4-9,7 µ und bei 14,3 µ bis 14,7 µ in Erscheinung. IR-Spektrum Nr. 19

II.B.3. Alkylphenolpolyglykoläthersulfonate

Das Spektrum des Triton X-200 zeigt hauptsächlich die Banden des Alkylphenolpolyglykoläthers (vgl. Nichtionogene Tenside III.D.), weist aber zusätzlich Banden auf: Eine Doppelbande um 7,2 µ, die wahrscheinlich von einer C-CH_3-Schwingung herrührt; dann die Sulfonatbanden von 8,05-8,5 µ und bei 9,5 µ und 14,7 µ (νSO) und die Banden der aromatischen CH-Schwingungen aus der Ebene bei 12,1 µ, 12,5 µ und 13,4 µ, die den Substitutionsgrad angeben. IR-Spektrum Nr. 20

II.B.4.a) Fettsäureisäthionate

Das Hostapon KA besitzt die Esterbande bei 5,8 µ (νCO), Sulfonatbanden bei 8,4 µ und 9,5 µ und die CH-Schwingungen des Alkylrestes. IR-Spektrum Nr. 21

II.B.4.b) Fettsäuretauride

Das Hostapon KTW neu hat ein ausgeprägtes Spektrum und ist sowohl durch die SO_3-Gruppierung bei 8,3 µ und 9,4 µ als auch durch die CO-NH-Bindung bei 6,1 µ und die Amidbande II bei 6,5 µ gut zu erkennen. Außerdem weist es die CH-Schwingungen der Alkylkette bei 3,42 µ, 3,5 µ, 6,85 µ, 7,3 µ und bei 13,9 µ auf. IR-Spektrum Nr. 22

II.B.5.a) Sulfobernsteinsäurediester

Im Spektrum des Manoxol OT sind die Banden der Alkylkette bei 3,42 µ, 3,5 µ, 6,85 µ, 7,25 µ und 13,7 µ zu erkennen. Die relativ starke Bande bei 3,38 µ läßt auf die Anwesenheit von mehreren Methylgruppen, d.h. auf verzweigte Alkylketten, schließen. Als typische Banden treten die Esterbande bei 5,85 µ (νCO) und eine weitere C-O-Streckschwingung bei 8,65 µ auf. Die Sulfonatbanden erscheinen bei 8,2 µ, 9,6 µ und 14,25 µ (νSO), und die C-S-Streckschwingung ist bei 15,4 µ zu erkennen.
IR-Spektrum Nr. 23

II.B.5.b) Sulfobernsteinsäurehalbester

Im Spektrum des Steinapol SBF A 30 ist die Bande bei 6,25 µ (νCO) am intensivsten. Die Esterbande bei 5,85 µ ist im Vergleich zur Esterbande des Diesters nur noch schwach ausgeprägt. Die schwache Absorption um 9 µ zeigt Äthylenoxid-Gruppen an. Die Sulfonatgruppe ist an den SO-Streckschwingungen bei 7,7 µ, 8,1-8,3 µ und 9,65 µ zu erkennen. Die Bande bei 15,4 µ rührt von der C-S-Streckschwingung her. IR-Spektrum Nr. 24

Das Steinapol SBZ ähnelt im Spektrum dem Steinapol SBF A 30. Lediglich an den Schultern bei 6,1 μ und 6,5 μ ist die Amidstruktur beim Steinapol SBZ zu erkennen. IR-Spektrum Nr. 25

Im Spektrum des Steinazid SBU 185 ist die endständige Methylengruppe des Undecylensäurerestes bei 3,25 μ (νCH) zu erkennen. Bei 11,0 μ erscheint ebenfalls eine starke Bande einer δ CH-Schwingung aus der Ebene, die von der endständigen Methylengruppe herrührt. Die Esterbande bei 5,8 μ (νCO) ist nur noch als Schulter vorhanden, während die C-O-Streckschwingung der Carboxylatgruppe bei 6,25 μ, wie bei allen Halbestern, sehr intensiv ist. Auch die Banden, die von der Sulfonatgruppe herrühren, sind beim Steinazid SBU 185 sehr ausgeprägt.

Die Amidstruktur ist an den Banden bei 3,01 μ (νNH) und an den Amidbanden bei 6,1 μ und 6,5 μ zu erkennen. In Tab. 7 sind die Banden der Sulfobernsteinsäureester zum Vergleich gegenübergestellt. IR-Spektrum Nr. 26

III. Phosphorsäureester

Ein typisches Merkmal für die Phosphatstruktur sind die breiten unstrukturierten Absorptionsbanden im Fingerprintgebiet.

III.A. Ester der o-Phosphorsäure mit Fettalkoholen

Die Alkylkette des Hostaphat KW 200 läßt sich bei 3,42 μ, 3,51 μ (νCH), 6,8 μ (δCH) und bei 13,9 μ (δCH aus der Ebene) erkennen. Die P-O-H-Streckschwingung ist an der Bande bei 10,8 μ und die P=O-Schwingung bei 8,4 μ zu erkennen, während die breite Bande bei 9,4-9,9 μ von der P-O-C-Bindung des Esters herrührt. IR-Spektrum Nr. 27

III.B. Ester der o-Phosphorsäure mit äthoxylierten Fettalkoholen

Die Äthylenoxid-Gruppen des Hostaphat KO 280 können sofort an der Ätherbande bei 9,0 μ (νCO) erkannt werden. Weitere CO-Schwin-

Tabelle 7

Zuordnungen für die IR-Spektroskopie der Sulfobernsteinsäureester

	Steinapol SBF A 30	Steinapol SBZ	Steinazid SBU 185	Manoxol OT
νNH		3,01	3,01	
νCH (b.C=C)			3,25	
νCH				3,38
νCH	3,42	3,42	3,42	3,42
νCH	3,50	3,51	3,51	3,50
νCO	5,85	5,85	5,8	5,85
νCO		6,1	6,1	
νCO	6,25	6,27	6,25	
νCN/δNH		6,5	6,5	
δCH				6,85
νCO	7,15			
δCH/νCO		7,2	7,2	7,25
νSO	7,7	7,7	7,7	
νSO	8,1-8,3	8,1-8,3	8,12	8,2
νCO	8,55	8,55	8,55	8,65
νCO	9,0	9,0		
νSO	9,65	9,65	9,65	9,6
δCH			11,0	
δCH	11,5	11,5	11,5	
				11,7
δCH				13,0
δCH				13,7
δCH	13,9	13,8	13,9	
νSO				14,25
νCS	15,4	15,4	15,4	15,4

gungen der Ätherstruktur treten bei 8,1 μ und 10,6 μ auf. Banden, die vom Phosphat herrühren, finden sich bei 11,9 μ, 12,6 μ und zwischen 9,0 und 9,5 μ, die sich jedoch mit den Ätherbanden überlagern. Die Alkylkette absorbiert bei 3,42 μ, 3,51 μ, 6,9 μ, 7,4 μ und 13,9 μ, während die Doppelbindungen bei 3,34 μ erscheinen. IR-Spektrum Nr. 28

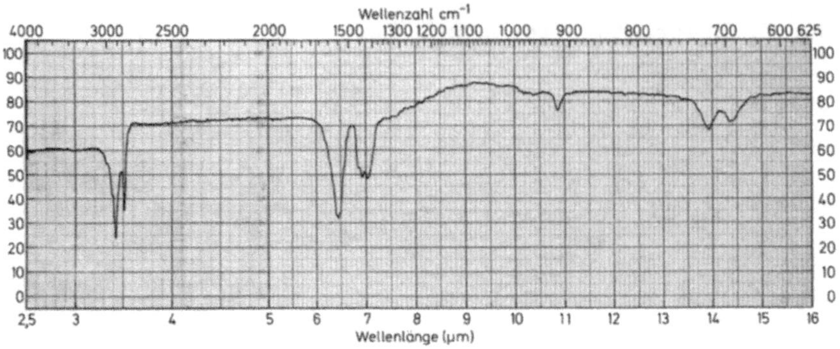

IR-Spektrum Nr. 1 Seifenmehl

R – COONa

R = $C_{15-17}H_{31-35}$

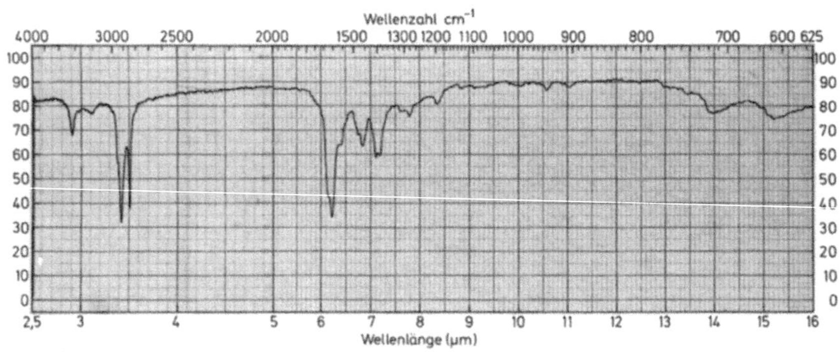

IR-Spektrum Nr. 2 Medialan KA

$R-CO-\underset{\displaystyle CH_3}{\underset{|}{N}}-CH_2-COONa$

R = $C_{11-17}H_{23-35}$

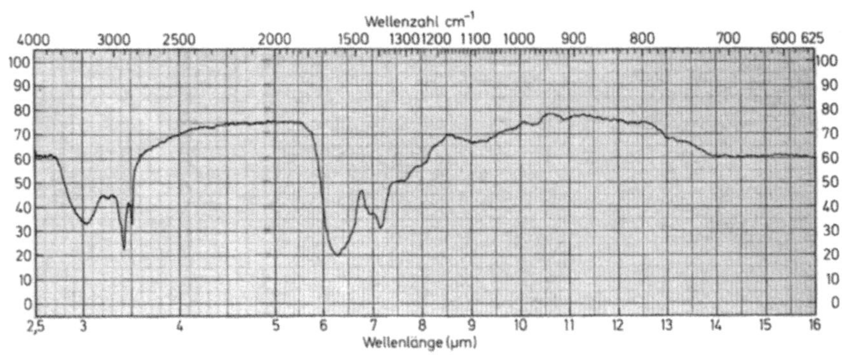

IR-Spektrum Nr. 3 Lamepon A

vereinfachte Strukturformel:

$C_{17}H_{33}CONHR_1(CONHR_2)_x COONa$

x = 3 - 6

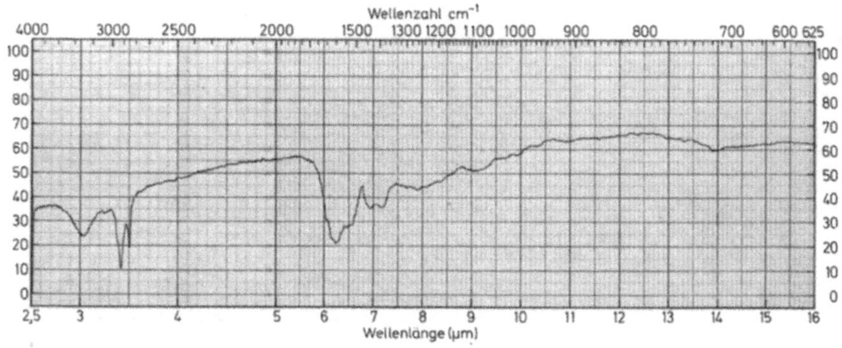

IR-Spektrum Nr. 4 Lamepon S
vereinfachte Strukturformel:

$C_{11}H_{23}CONH\,(CH\text{-}R\text{-}CONH)_x\,CH\text{-}R\text{-}COOK$

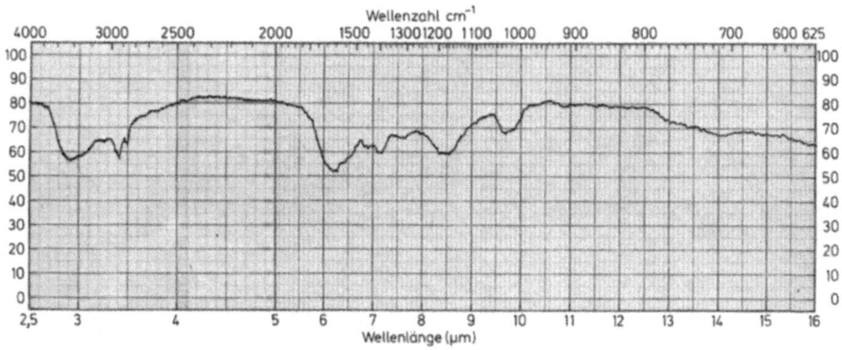

IR-Spektrum Nr. 5 Lamepon A 44
vereinfachte Strukturformel:

$R\text{-}SO_2\text{-}NH\text{-}R'\,(CONHR'')_n\,COONa$

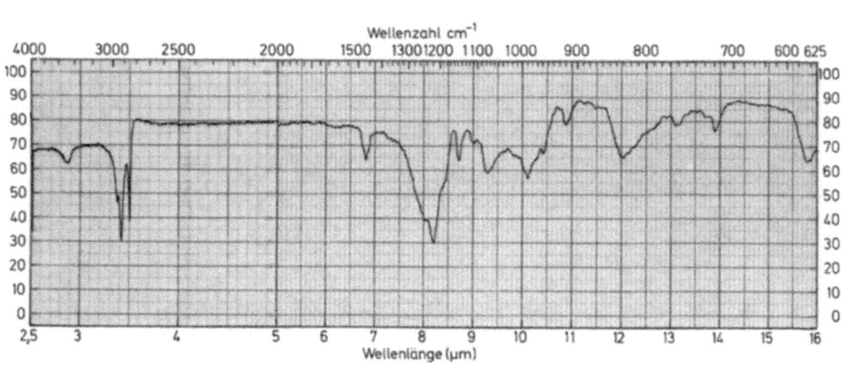

IR-Spektrum Nr. 6 Texapon K 12

$C_{12}H_{25}OSO_3Na$

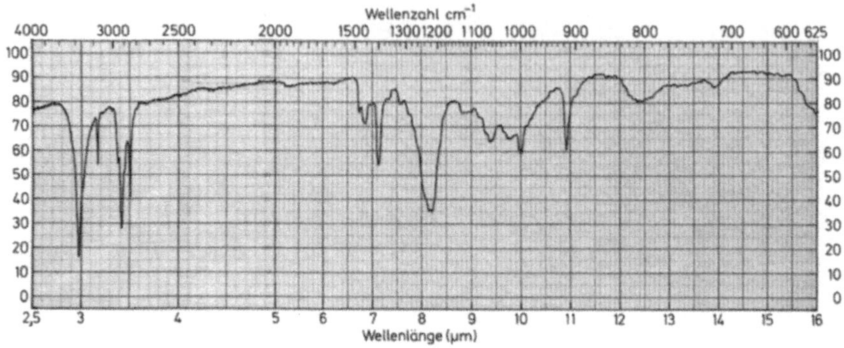

IR-Spektrum Nr. 7 Texapon TH

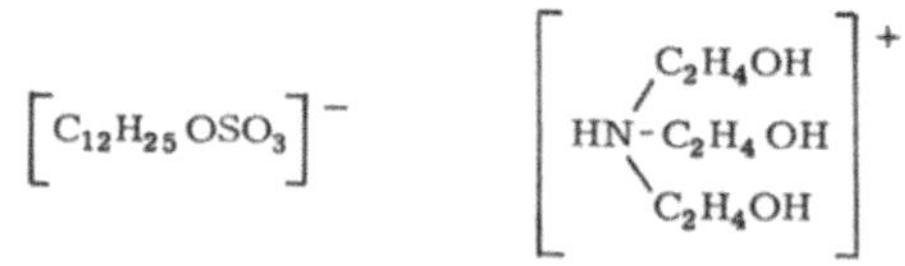

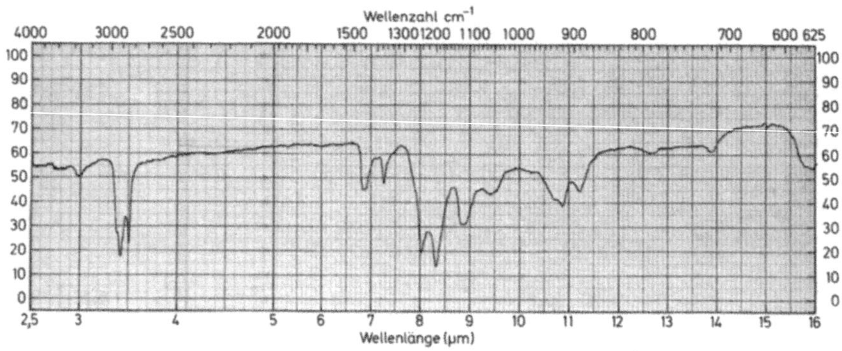

IR-Spektrum Nr. 8 Lensodel AB 6

zum Beispiel:

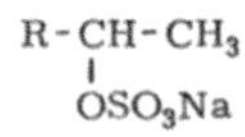

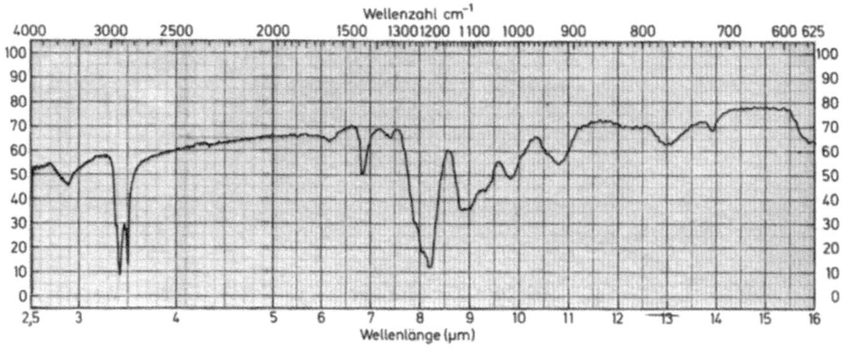

IR-Spektrum Nr. 9 Texapon N 25

$C_{12}H_{25}(OC_2H_4)_x OSO_3Na$

$x = 1-3$

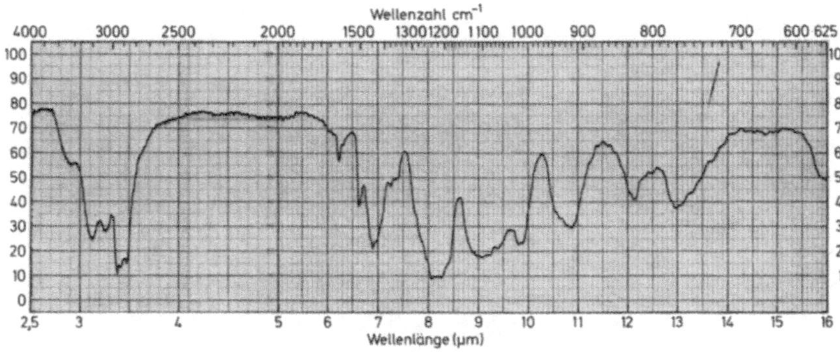

IR-Spektrum Nr. 10 Fenopon CO 436

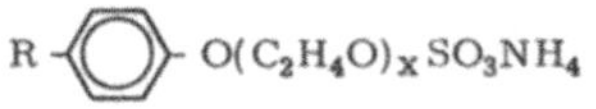

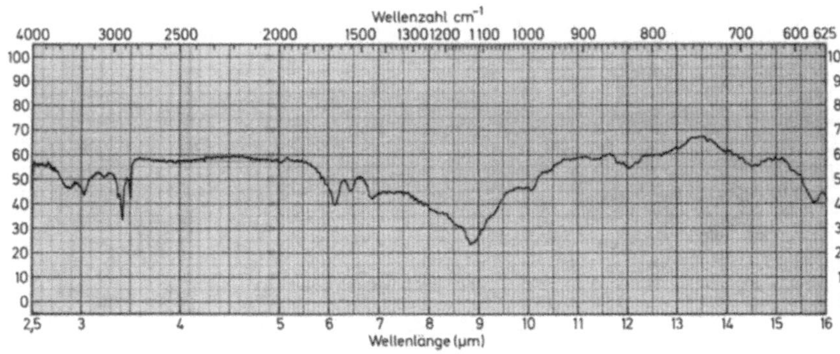

IR-Spektrum Nr. 11 Somepon ML

$$R-CO-N\begin{matrix} H \\ C_2H_4OSO_3Na \end{matrix}$$

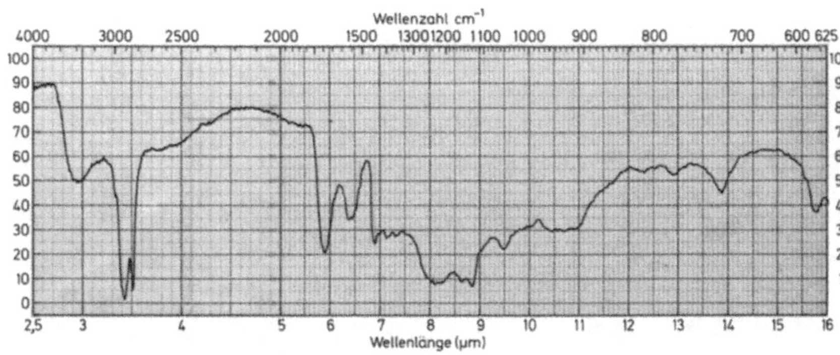

IR-Spektrum Nr. 12 Avirol DKM

$$\begin{array}{l} \qquad\qquad\qquad\qquad\qquad\qquad\qquad\qquad OSO_3Na \\ CH_2-O-CO-(CH_2)_7CH{=}CH-CH_2-CH(CH_2)_5-CH_3 \\ CH-O-CO-(CH_2)_7CH{=}CH-CH_2-CH(OSO_3Na)(CH_2)_5-CH_3 \\ CH_2-O-CO-(CH_2)_7CH{=}CH-CH_2-CH(CH_2)_5-CH_3 \\ \qquad\qquad\qquad\qquad\qquad\qquad\qquad\qquad OSO_3Na \end{array}$$

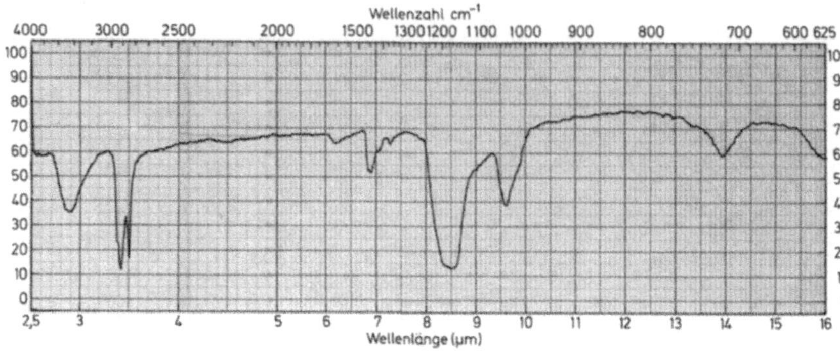

IR-Spektrum Nr. 13 Levapon T

R-SO_3-Na

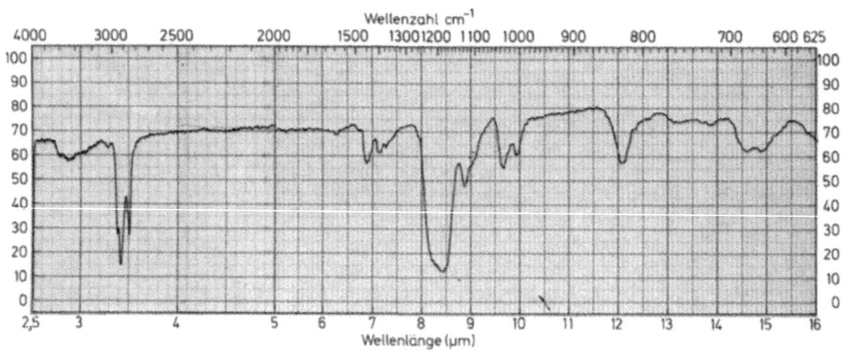

IR-Spektrum Nr. 14 Marlon A 350

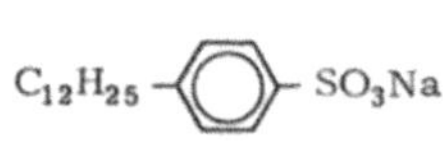

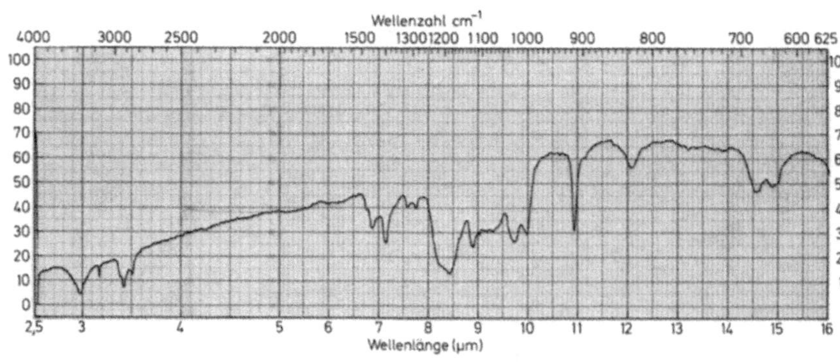

IR-Spektrum Nr. 15 Marlopon AT 50

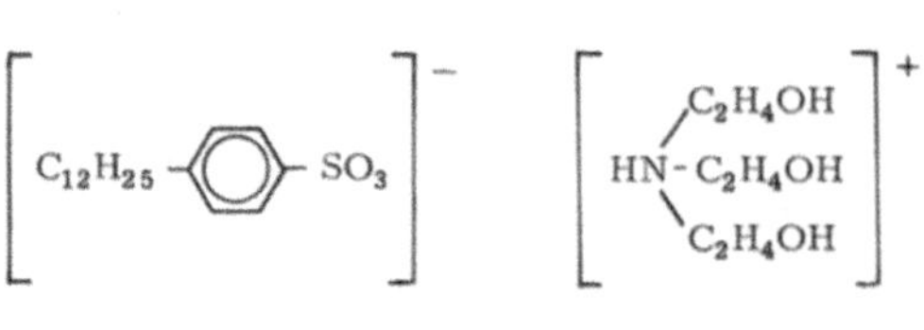

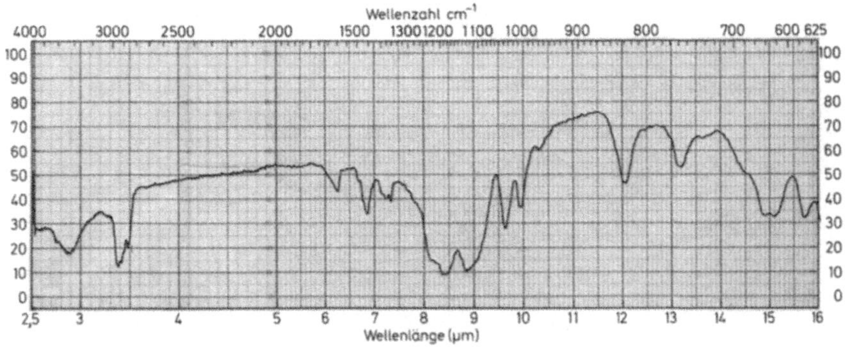

IR-Spektrum Nr. 16 Nansa HS 80/Schuppen

mit stark verzweigter Kette

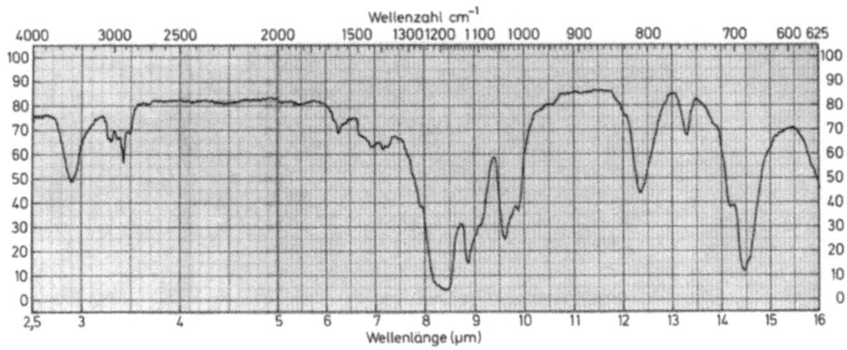

IR-Spektrum Nr. 17 Eltesol ST 90

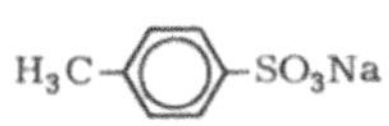

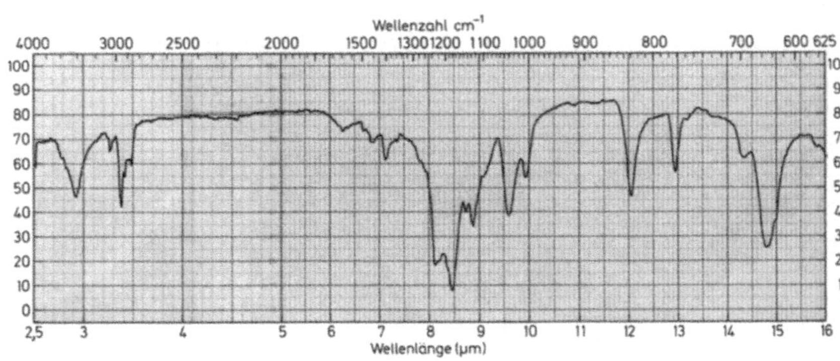

IR-Spektrum Nr. 18 Cumolsulfonat

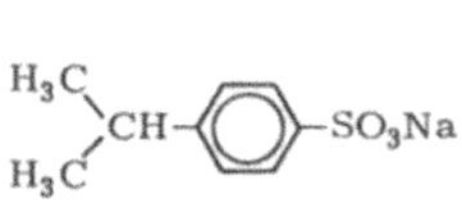

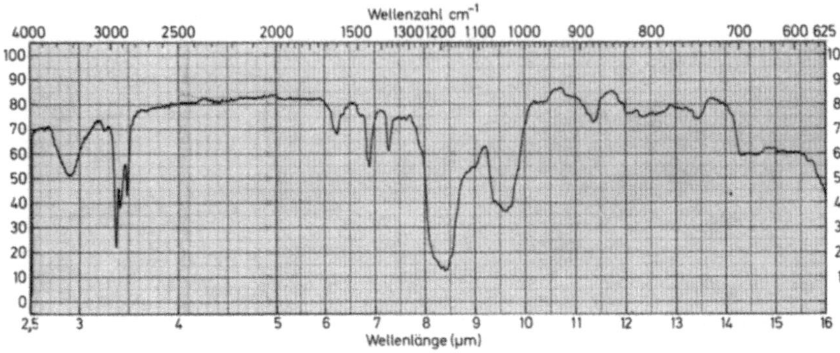

IR-Spektrum Nr. 19 Nekal BX

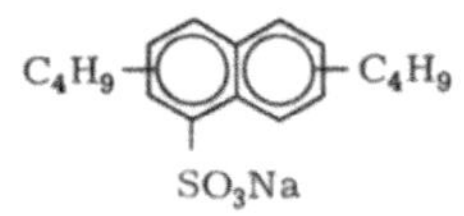

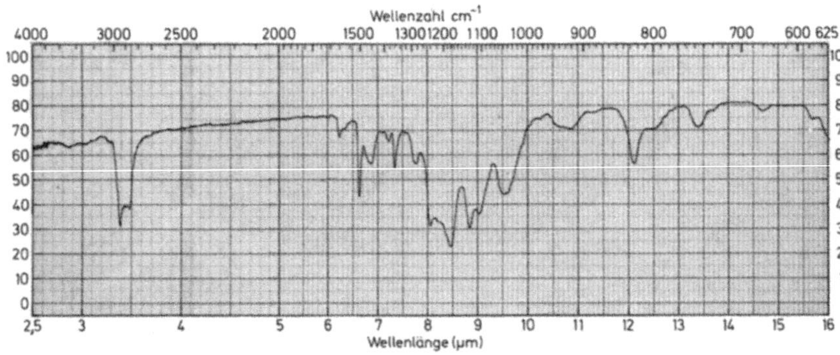

IR-Spektrum Nr. 20 Triton X-200

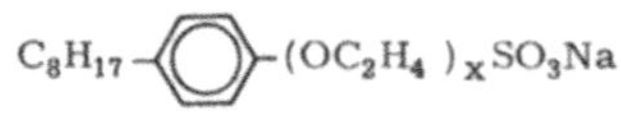

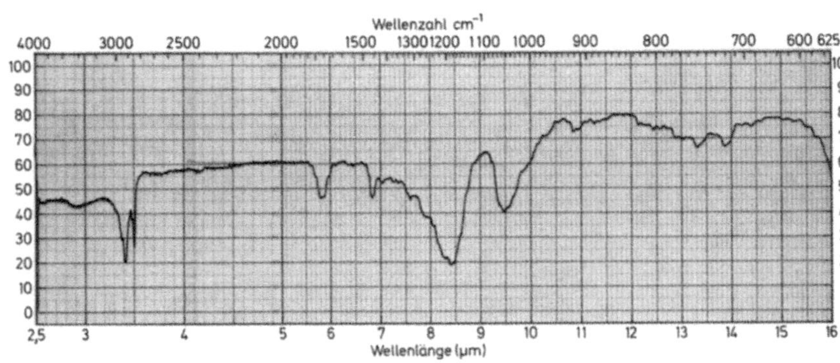

IR-Spektrum Nr. 21 Hostapon KA

$R-COO-CH_2-CH_2-SO_3Na$

$R = C_{11-17}H_{23-35}$

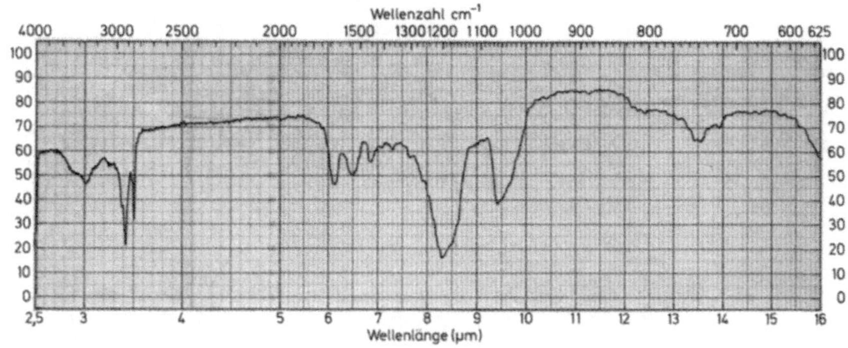

IR-Spektrum Nr. 22 Hostapon KTW neu

$R-CO\text{-}NH\text{-}CH_2\text{-}CH_2\text{-}SO_3Na$

$R = C_{11-17}H_{23-35}$

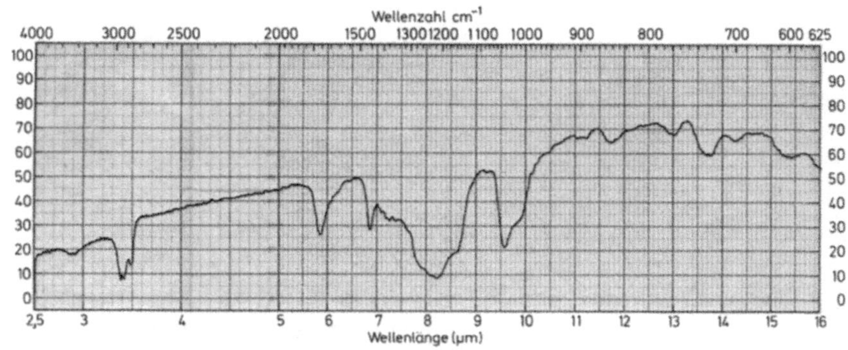

IR-Spektrum Nr. 23 Manoxol OT

$$\begin{array}{l} \quad\;\; CH_2\text{-}COO\text{-}C_8H_{17} \\ \quad\;\; | \\ NaSO_3\text{-}CH\text{-}COO\text{-}C_8H_{17} \end{array}$$

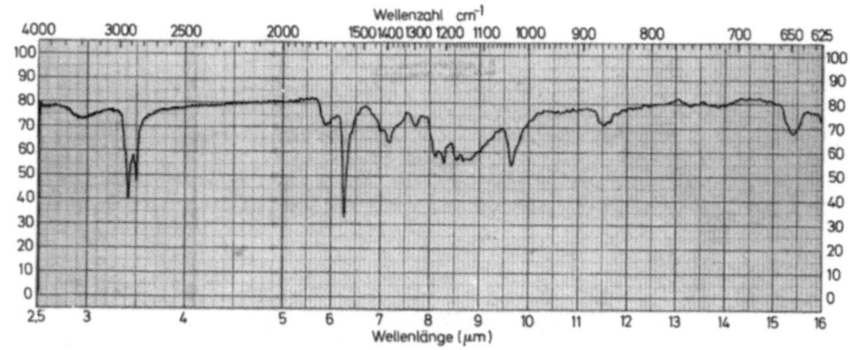

IR-Spektrum Nr. 24 Steinapol SBF A 30

$$\begin{array}{l} \quad\;\; CH_2\text{-}COONa \\ \quad\;\; | \\ NaSO_3\text{-}CH\text{-}CO\text{-}(OC_2H_4)_X\text{-}OR \end{array}$$

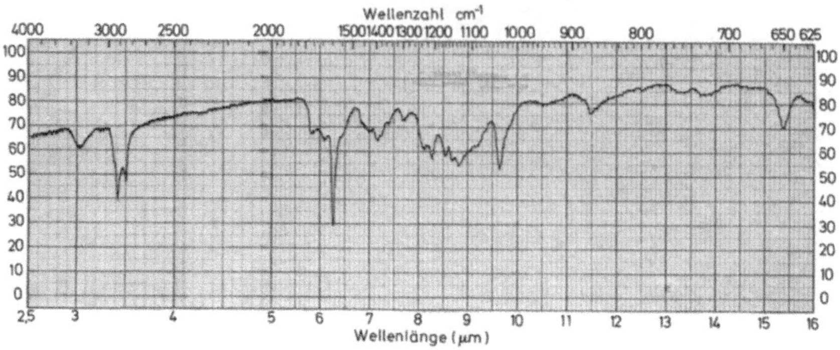

IR-Spektrum Nr. 25 Steinapol SBZ

CH_2COONa

$NaSO_3-CH-CO(OC_2H_4)_xOR-NH_2$

$CH_2-COONa$

$+ \; NaSO_3-CH-CO-NH-R-O(C_2H_4O)_xH$

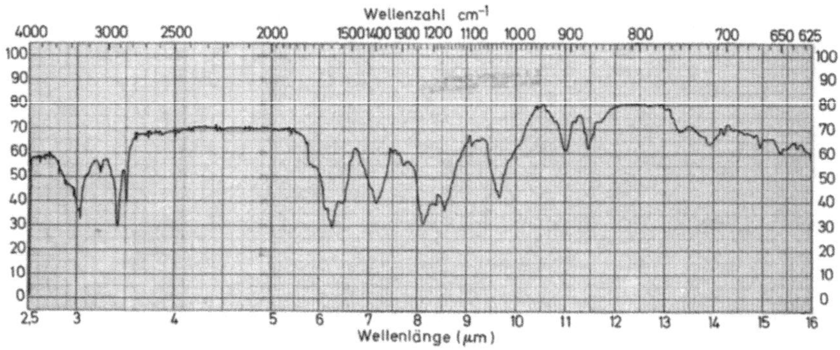

IR-Spektrum Nr. 26 Steinazid SBU 185

$CH_2-COONa$

$NaSO_3-CH-COO-CH_2-CH_2-NH-CO-(CH_2)_8-CH{=}CH_2$

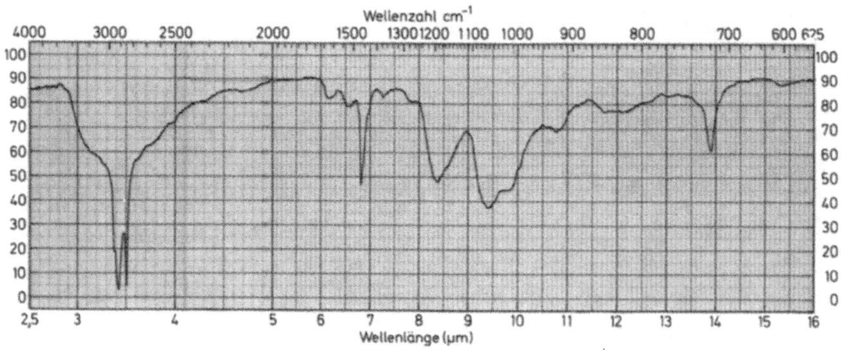

IR-Spektrum Nr. 27 Hostaphat KW 200

$O-(CH_2)_x-CH_3$

$O{=}P-O-(CH_2)_x-CH_3$

$ONH_3-C_2H_4-OH$

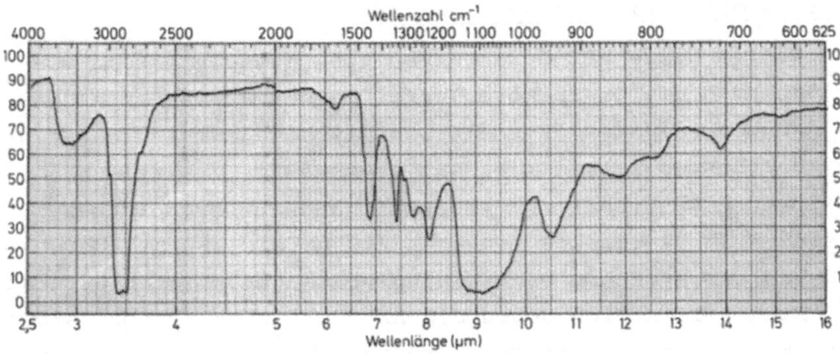

IR-Spektrum Nr. 28 Hostaphat KO 280

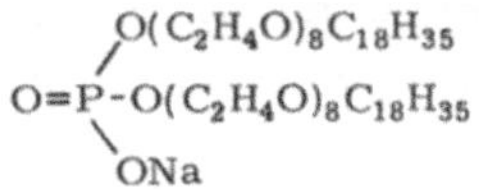

UV-Spektroskopie anionaktiver Tenside

Eine wertvolle Hilfe bei der Analyse von Tensiden ist in vielen Fällen auch die UV-Spektroskopie. Da der aromatische Charakter der Verbindungen IR-spektroskopisch manchmal nicht eindeutig zu erkennen ist, ist es oft zweckmäßig, zusätzlich ein UV-Spektrum aufzunehmen. Absorptionsbanden organischer Verbindungen im UV-Bereich von etwa 220 nm bis 350 nm rühren nämlich von aromatischen oder konjugiert ungesättigten Strukturen her und sind empfindlich gegen die Art der Substitution. Aromatische und konjugiert-olefinische Gruppen in Tensiden lassen sich auf diese Weise durch die UV-Absorptionsbanden erkennen. Mischungen mehrerer aromatischer Verbindungen sind allerdings oft schwer zu deuten, da die Maxima in einem relativ engen Spektralbereich liegen. Glieder einer homologen Reihe geben natürlich qualitativ das gleiche Spektrum. Auch aromatische Hydrotrope, die bei der Antagonist-Titration nicht erfaßt werden, können im UV-Bereich leicht identifiziert werden. So bestimmten House und Darragh[62)] niedermolekulare hydrotrope aromatische Sulfonsäuren nach ihrer Extraktion aus dem Tensidgemisch quantitativ durch ihre UV-Absorption. Die UV-Spektren lassen sich nämlich wegen der großen Extinktionskoeffizienten der Banden gut zu quantitativen Bestimmungen verwenden. Als Lösungsmittel werden gewöhnlich Wasser, niedere Alkohole oder niedere aliphatische Kohlenwasserstoffe verwendet, da diese in dem Meßbereich nur schwach absorbieren.

Die ersten Autoren, welche die UV-Spektren von Tensiden einem systematischen Analysengang zugrunde legten, waren Reid, Alston und Young[123)]. Caswell[20)] bestimmte einige quartäre Tensidsalze durch ihre Absorptionsbanden zwischen 245 nm und 290 nm, und zwar in wässriger oder wässrig-äthanolischer Lösung. Izawa[69)] ermittelte für eine Anzahl von Tensiden UV-Absorptionen, bei denen jeweils eine lineare Beziehung zwischen der Konzentration und der Maximalextinktion bestand, die also für quantitative Methoden besonders geeignet sind.

Die UV-Spektren der von uns untersuchten Tenside mit aromatischem Charakter wurden mit dem Beckman-Gitter-Spektrometer DB-G aufgenommen. Es wurden 0,005%ige bzw. 0,0005%ige Lösungen der Tenside in Wasser in Quarzküvetten von 1 cm Schichtdicke gegen Wasser im Vergleichsstrahlengang von 200 nm bis 400 nm aufgenommen. In Tab. 8 sind die gefundenen Absorptionsmaxima der anionaktiven Tenside zusammengestellt.

Ein in der Praxis besonders interessierendes Gemisch ist das von lang- und kurzkettigen Alkylbenzolsulfonaten. Den Alkylbenzolsulfonaten werden zur Steigerung ihrer Löslichkeit häufig hydrotrope Benzolsulfonate zugesetzt, deren Erkennen im Gemisch oft Schwierigkeiten bereitet. Während das UV-Spektrum des Natriumdodecylbenzolsulfonats bei 267 nm nur eine Schulter aufweist im Gegensatz zu den deutlich erkennbaren Maxima bei 256 nm und 261 nm, zeigt das Natriumtoluolsulfonat zwei deutliche Maxima bei 261 nm und 267 nm. Bei einer Mischung der beiden Substanzen im Verhältnis 1:1 erhält man drei Peaks bei 256 nm, 261 nm und 267 nm, von denen der Peak bei 261 nm besonders stark erscheint. Ein verändertes Verhältnis der Bandenintensitäten kann daher Aufschluß über das Vorliegen zusätzlicher aromatischer Verbindungen, wie z.B. hydrotroper Substanzen, geben.

Tabelle 8

Lage der UV-Absorptionsmaxima von anionaktiven Tensiden mit aromatischem Charakter

Gruppen-Nr.	Handelsname	Chem. Bezeichnung	Maxima in nm									
II A 2 b	Fenopon CO 436	Ammonium-Alkyl-phenolpolyglykol-äthersulfat	224							276	(283)	
II B 2 aaα	Marlon A 350	Natrium-Dodecyl-benzolsulfonat		227		256	261	(267)				
II B 2 aaß	Nansa HS 80 Schuppen	Natrium-Tetra-propylenbenzol-sulfonat		227		256	261	267	(273)			
II B 2 ab	Eltesol ST 90	Natrium-Toluol-sulfonat				(255)	261	267	(272)			
II B 2 b	Nekal BX	Natrium-Alkyl-naphthalinsulfonat			235							293
II B 3	Triton X-200	Natrium-Octyl-phenolpolyglykol-äthersulfonat	224							277		

Die Zahlen in Klammern bedeuten, daß kein ausgeprägtes Maximum, sondern nur eine Schulter vorliegt.

NMR-Spektroskopie anionaktiver Tenside

Die Kernresonanzspektroskopie, speziell die Protonenresonanzspektroskopie, ist eine hervorragende Ergänzung der IR- und UV-Spektroskopie bei der Strukturaufklärung organischer Verbindungen. Das NMR-Spektrum einer Verbindung ist im allgemeinen leichter deutbar als das IR-Spektrum, da sowohl die Lage der Signale als auch ihre Struktur (Spin-Spin-Kopplung) auswertbare Informationen liefern. Wegen der Empfindlichkeit der Protonenresonanz-Signale auf die intramolekulare Nachbarschaft ist die Kernresonanzspektroskopie vorzüglich zur qualitativen und quantitativen Bestimmung von Wasserstoffatomen unterschiedlicher Nachbarschaft geeignet. Die Protonenresonanz-Signale dienen zur schnellen und direkten Charakterisierung des Bindungszustandes der Protonen und damit auch zur Bestimmung von Protonen enthaltenden Atomgruppen. Da die Intensität der Kernresonanzsignale ein quantitatives Maß für die Anzahl der Protonen ist, die das betreffende Signal geben, ist es möglich, aus den Intensitätsverhältnissen der Signale quantitative Aussagen mit Hilfe der Kernresonanzspektroskopie zu erhalten, ohne daß reine Standardsubstanzen oder Eichkurven erforderlich sind. Außerdem werden bei dieser Methode die Substanzen nicht zerstört, da sie nur gelöst werden und die Lösungsmittel nach der Messung wieder abgedampft werden können.

Bei der Identifizierung der Tenside ist es damit möglich, genaue Aussagen über die Länge und die Verzweigung der Alkylkette und damit über den lipophilen Rest sowie über vorhandene Doppelbindungen und deren Anzahl und Lage zu machen. Außerdem kann der Äthoxylierungsgrad schnell und bequem durch Integration des entsprechenden Signals der Protonen der AeO-Gruppe bestimmt werden. Aromatische Verbindungen lassen sich ohne Schwierigkeiten nachweisen, und auch die Art der Substitution des Aromaten ist meist gut zu erkennen. Man muß bei der Kernresonanzspektroskopie allerdings beachten, daß bei Handelsprodukten, die häufig eine große Anzahl von strukturisomeren und homologen Verbindungen, ganz abgesehen von Nebenprodukten und Verunreinigungen, enthalten, die erhaltenen NMR-Spektren eine Überlagerung der Spektren aller Verbindungen des betreffenden Produkts darstellen, so daß nur eine Aussage über die durchschnittliche Struktur möglich ist.

Auf dem Gebiet der Tenside waren bisher kernresonanzspektroskopische Arbeiten nur zur Charakterisierung von nichtionogenen Tensiden in der Literatur erschienen. So haben als erste Walz und Kirschnek[162)] gezeigt, daß Äthylenoxid- bzw. Propylenoxid-Addukte an Alkylphenole oder an Fettalkohole quantitativ mit Hilfe der Kernresonanzspektroskopie analysiert werden können. Auch Greff jr. und Flanagan[48)] haben Protonenresonanzspektren nichtionogener Tenside aufgenommen, und zwar nicht nur von äthoxylierten Alkylphenolen, Fettalkoholen und Polypropylenoxiden, sondern auch von äthoxylierten Mercaptanen, Fettsäureaminen und Fettsäureamiden. Crutchfield, Irani und Yoder[23)] haben quantitative Messungen an Protonenresonanzspektren von Alkylarylverbindungen und ihrer Äthylenoxidverbindungen beschrieben.

Kernresonanzspektren ionischer Tenside sind von uns[79)] zum ersten Male beschrieben worden. Die Schwierigkeit bei der Aufnahme von NMR-Spektren besteht darin, daß die Löslichkeit dieser Verbindungen selbst in hydrophilen Lösungsmitteln oft nur gering ist, so daß die Konzentration zur Aufnahme von Kernresonanzspektren meist nicht ausreicht. Selbst in deuteriertem Wasser lassen sich die meisten ionischen Tenside nur zu weniger als 10 % klar lösen, so daß es schwerfällt, mit einem hochauflösenden Kernresonanzgerät einwandfreie Spektren zu erhalten. Selbst wenn eine hinreichende Löslichkeit der Verbindung besteht, wird die Lösung dann oft zu viskos und das Spektrum dadurch nicht genügend aufgelöst. Bei den anionaktiven Tensiden, die sich nicht einmal in Wasser mit hinreichender Konzentration lösen ließen, erwies sich deuteriertes Dimethylsulfoxid als brauchbares Lösungsmittel. Ein sulfatiertes Fettsäurealkylolamid, das Somepon ML, war selbst in Dimethylsulfoxid nicht in hinreichender Konzentration zu lösen und wurde deshalb nicht aufgenommen. Wir haben daher erstmals[79] die Protonenresonanzspektren anionaktiver, kationaktiver und amphoterer Tenside aufgenommen und zuzuordnen versucht. Ebenfalls wurden die NMR-Spektren nichtionogener Tenside aller wichtigen Verbindungstypen aufgenommen und gedeutet. Bei der Auswahl der anionaktiven Tenside haben wir die in Tab. 1 wiedergegebene systematische Gliederung zugrundegelegt. Für jede der angegebenen Verbindungsgruppen wurde wenigstens ein Handelsprodukt zur Aufnahme des Protonenresonanzspektrums ausgewählt. Tab. 2 gibt neben der Gruppennummer unseres systematischen Schemas und der chemischen Bezeichnung den Handelsnamen und den Hersteller an.

Die Kernresonanzspektren wurden mit einem hochauflösenden 60 MHz-Gerät, dem Varian A-60 Spektrometer, aufgenommen. Die Proben wurden in Glasröhrchen von ca. 5 mm Durchmesser gemessen. Die Registrierung der Spektren erfolgte über 500 Hz, die Registrierzeit der Spektren betrug meist 1000 Sekunden und die Registrierzeit der Integration 200 Sekunden. Als Lösungsmittel wurden nach Möglichkeit Verbindungen verwendet, die keine Protonen, wie z.B. Tetrachlorkohlenstoff, oder nur wenige Protonen besitzen, damit sie durch Eigensignale das Spektrum nicht zu sehr störten. Als Bezugssubstanzen wurden beim Arbeiten in Tetrachlorkohlenstoff Tetramethylsilan und bei Verwendung von deuteriertem Wasser das Natriumsalz der 3-Trimethylsilylpropansulfonsäure dazugegeben. Für die Lage dieser Bezugssignale wird δ = 0 ppm angenommen.

Da es sich bei den Tensiden oft um Verbindungen mit langer Alkylkette handelt, ergaben die Spektren bei diesen Gruppierungen keine Aufspaltungen. Die sehr ähnlich gebundenen Protonen koppeln zwar untereinander zu Multipletts, zeigen aber infolge des "virtual coupling"-Effekts keine Aufspaltung. Auch die teilweise überlappenden Signale von Multipletts verschiedener strukturisomerer Verbindungen überlagern sich zu breiten, umhüllenden Signalen, wie sie bei vielen kommerziellen Verbindungen beobachtet werden.

Das Signal der Protonen der Methylgruppe, die an einer Methylen- oder Methingruppe gebunden ist, liegt bei 0,8 bis 0,9 ppm und das der CH_2-Gruppen, die in der Alkylkette weiteren Methylengruppen benachbart sind, liegt bei 1,3 ppm. Die Protonen der CH_2-Gruppe, die einer Carboxylgruppe benachbart ist, ergeben ein Signal bei 2,0 bis 2,2 ppm. Bei 2,8 ppm treten die Signale der Methylenprotonen einer CH_2-S-Gruppierung und bei 4,1 ppm die Signale der Protonen der CH_2-O-S-Gruppe auf. CH_2-Gruppen, die einem Stickstoffatom benachbart sind, sind bei 3,8 ppm zu erkennen, während die CH_2-O-Gruppierungen von äthoxylierten Verbindungen auch bei 3,6 bis 3,8 ppm auftreten. Die CH_2-O-Gruppen bei Estern sind meist bei etwas niedrigerem Feld, nämlich bei 4,2 ppm, zu erkennen. Die Signale der Methylprotonen, die am quartären Stickstoffatom gebunden sind, erscheinen bei ca. 3,1 bis 3,5 ppm. Bei Zwitterionenstrukturen geben die Methylenprotonen, die zwischen dem Stickstoffatom und der Carboxylgruppe liegen, ein Signal bei 3,8 ppm.

Die Signale der Protonen von Alkylengruppen bei isolierten Doppelbindungen liegen bei 5,3 ppm, während Protonen an Kohlenstoffatomen mit aromatischer Struktur bei 7 bis 8 ppm auftreten. Wenn para-substituierte Verbindungen vorliegen, erhält man zwei symmetrische Dubletts eines AA'XX'-Systems, die von mehr oder weniger intensiven Begleitbanden oder "inneren Linien" umgeben sind. Bei Einsatz von Dimethylsulfoxid (6D) als Lösungsmittel erhält man bei 2,5 ppm ein Quintett; bei wässrigen Lösungen tritt ein intensives Signal bei 4,6 bis 4,7 ppm auf, da ein Austausch der Protonen der Hydroxylgruppen der Substanzen durch Deuterium erfolgt und auch die Lösungsmittel oft nicht vollständig deuteriert sind. Wegen der Intensität dieses Signals entstehen meist Rotationsseitenbanden, die wir in den Spektren durch verbindende Striche gekennzeichnet haben.

I.A. Fettsäureseifen

Die Integration des Seifenmehl-Spektrums deutet darauf hin, daß größere Anteile an kürzerkettigen Alkylketten vorhanden sind. Ungesättigte Fettsäurereste sind an dem Triplett bei 5,3 ppm zu erkennen, und bei 1,6 ppm tritt das Signal der Protonen der CH_2-Gruppen, die der Doppelbindung benachbart sind, auf. NMR-Spektrum Nr. 1

I.B.1.a) Fettsäuresarkoside

Beim Medialan KA tritt um 3 ppm ein Triplett auf, das von der $>N-CH_3$-Gruppierung herrührt und von der benachbarten Methylengruppe aufgespalten wird. Durch den Einfluß des N-Atoms wird das Signal dieser CH_2-Gruppe nach 3,9 ppm verschoben. NMR-Spektrum Nr. 2

Fettsäure-Eiweißkondensate

I.B.1.b)

Im Spektrum des Lamepon A treten neben den Signalen der Protonen der Alkylkette und der der Carboxylgruppe benachbarten Protonen Signale der Protonen der olefinischen Gruppe bei 5,3 ppm auf. Die CH_2-N-Gruppierung ist am Signal bei 3,7 ppm zu sehen. Zwischen 2,5 und 3 ppm und bei 3,5 ppm sind außerdem Signale zu erkennen, die nicht ohne weiteres zugeordnet werden können. Wahrscheinlich stammen sie von Nebenprodukten.NMR-Spektrum Nr. 3

Das Spektrum des Lamepon S ähnelt dem des Lamepon A sehr, jedoch treten dabei keine Signale von Protonen der Doppelbindungen auf. NMR-Spektrum Nr. 4

I.B.2.

Beim Lamepon A 44 ist im Spektrum bei ca. 2,8 ppm das Signal der CH_2-S-Gruppierung zu sehen. Sonst ähnelt es weitgehend den Spektren der anderen Lamepone. Über die quantitativen Verhältnisse ist bei den Lameponen nur schwer eine Aussage zu machen, da es sich um Kondensationsprodukte von Fettsäuren mit Eiweißabbauprodukten handelt, von denen keine genauen Strukturformeln angegeben werden können. NMR-Spektrum Nr. 5

II.A.1.a) Primäre Alkylsulfate

Im Spektrum des Texapon K 12 wird die CH_2-Gruppe, die der Sulfatgruppe benachbart ist, bei ca. 4 ppm zu einem Triplett aufgespalten. NMR-Spektrum Nr. 6

Das Spektrum des Texapon TH läßt sehr deutlich die Triäthanolammoniumgruppe an den beiden völlig symmetrischen Signalgruppen der N-CH_2- und O-CH_2-Gruppierungen bei 3,4 und 3,9 ppm erkennen. Dabei koppeln die Protonen entsprechend ihrer Beweglichkeit stark untereinander, so daß Aufspaltungen höherer Ordnung entstehen. NMR-Spektrum Nr. 7

II.A.1.b) Sekundäre Alkylsulfate

Die Integration der Protonensignale beim Lensodel AB 6 läßt erkennen, daß das Produkt nicht endständig sulfatiert ist. NMR-Spektrum Nr. 8

II.A.2.a) Sulfatierte Polyglykoläther

Durch Integration der Protonensignale des Texapon N 25 läßt sich der durchschnittliche Äthoxylierungsgrad von 2 Molen Äthylenoxid pro Molekül berechnen. NMR-Spektrum Nr. 9

II.A.2.b) Sulfatierte Alkylphenolpolyglykoläther

Aus dem Spektrum des Fenopon CO 436 kann man erkennen, daß es sich um eine verzweigte Alkylkette handelt, bei der 4 Methylgruppen vorhanden sind. Die Substitution am Benzolring ist in p-Stellung erfolgt, da vier Protonen im Ring vorhanden sind, die ein AA'-XX'-System darstellen. NMR-Spektrum Nr. 10

II.A.3. Schwefelsäureester von Ölen und Fetten

Beim Avirol DKM erkennt man neben den Signalen der Methyl- und Methylen-Protonen das Signal der Doppelbindungen in den Alkylketten bei 5,4 ppm, das sich dem Signal des Protons der CH-O-Gruppierung des Glycerinesters bei 5,2 ppm überlagert. Die der Carboxylgruppe benachbarte CH_2-Gruppe ist bei 2,2 ppm zusammen mit der CH_2-Gruppe, die der Methingruppe benachbart ist, zu sehen. Die Signale der Protonen der CH-O-S-Gruppierung und der CH_2-O-Gruppen des Glycerins überlagern sich bei 4,2 ppm. Ein Signal der Methingruppe des sekundären Alkohols bei 3,6 ppm läßt erkennen, daß neben dem Triester noch Diester vorhanden ist. NMR-Spektrum Nr. 11

II.B.1. Alkylsulfonate

Im Spektrum des Levapon T ist an der Anzahl der Methylprotonen im Verhältnis zu den übrigen Protonen zu erkennen, daß das Produkt nicht endständig sulfoniert ist. NMR-Spektrum Nr. 12

II.B.2.aα) Alkylbenzolsulfonate vom Keryl-Typ

Im Spektrum des Marlon A 350 ist die aromatische Struktur an den beiden symmetrischen Dubletts zwischen 7 und 8 ppm zu erkennen, die auf p-Substitution hindeuten. Die stark überlappenden Signale der Methyl-und Methylenprotonen deuten darauf hin, daß es sich um ein Gemisch der verschiedensten Isomeren handelt, d.h., daß der Benzolring nicht am Ende der Alkylkette sitzt, sondern daß er an jeder beliebigen Stelle der Alkylkette sitzen kann. NMR-Spektrum Nr. 13

Beim Marlopon AT 50 ist neben der p-Substitution des Aromaten die Triäthanolammoniumstruktur sehr deutlich zwischen 3 und 4 ppm an den beiden symmetrischen Signalgruppen zu erkennen. NMR-Spektrum Nr. 14

II.B.2.aaß) Alkylbenzolsulfonate vom Tetramer-Typ

Im Spektrum des Nansa HS 80/Schuppen ist an der Anzahl der Methylprotonen eine starke Verzweigung der Alkylkette zu erkennen. NMR-Spektrum Nr. 15

II.B.2.ab) Kurzkettige Alkylbenzolsulfonate

Im Spektrum des Eltesol ST 90 wird das Signal der Protonen der Methylgruppe, die in p-Stellung zur Sulfonatgruppe am Aromaten sitzt, nach 2,4 ppm verschoben. Es treten 2 Signale bei 1,3 ppm und ein Triplett bei 2,6 ppm auf, die als Verunreinigungen vorliegen müssen. (Nach der chemischen Verschiebung der Signale könnte es sich um eine Isopropylverbindung handeln.) NMR-Spektrum Nr. 16

Im Spektrum des Cumolsulfonats ist an den beiden Dubletts zwischen 7 und 8 ppm der p-substituierte Aromat zu erkennen. Bei ca. 2,9 ppm liegt das Septett des Protons der CH-Gruppe am Aromaten, das jedoch nicht deutlich aufgespalten ist. Die beiden Methylgruppen sind an dem Dublett bei ca. 1,2 ppm zu sehen. NMR-Spektrum Nr. 17

II.B.2.b) Alkylnaphthalinsulfonate

Das Spektrum des Nekal BX ist sehr unstrukturiert und läßt keine Aufspaltung der Spin-Spin-Kopplung erkennen. Zwischen 7,2 und 8,5 ppm liegen verhältnismäßig symmetrische Signale, die von den Protonen der aromatischen Struktur herrühren. Bei ca. 2,6 ppm tritt das Signal der Protonen der CH_2-Gruppen, die direkt an den Ringen sitzen, auf. Die breiten, wenig strukturierten Signale der Alkylketten, die zwischen 0,6 und 1,8 ppm auftreten, lassen erkennen, daß es sich um ein Gemisch isomerer Verbindungen handelt. NMR-Spektrum Nr. 18

II.B.3. Alkylphenolpolyglykoläthersulfonate

Das Spektrum des Triton X-200 weist zahlreiche Signale auf: Zwischen 6,7 und 7,4 ppm die beiden Dubletts des Aromaten, der in p-Stellung substituiert ist, bei ca. 4 ppm das Signal der $O-CH_2$-Gruppe, die direkt am Ring sitzt, während das Signal der Protonen der normalen Äthergruppierung bei ca. 3,6 ppm liegt. Die CH_2-Gruppe in p-Stellung ergibt ein scharfes Signal bei 3,3 ppm, und die dazu benachbarte CH-Gruppe wird ebenfalls noch vom Aromaten beeinflußt, liegt jedoch bei höherer Feldstärke, nämlich bei 1,7 ppm. Das Triplett bei 2,8 ppm rührt wahrscheinlich von der CH_2-Gruppe her, die der SO_3-Gruppe benachbart ist. Das Signal bei 2,5 ppm kommt vom Lösungsmittel Dimethylsulfoxid, das wahrscheinlich nicht völlig deuteriert ist. Die Integration der Protonen der Alkylkette ergibt, daß es sich um ein äthoxyliertes und sulfoniertes, verzweigtes Octylphenol handelt. Es fällt auf, daß die Signale der Protonen der CH_3- und CH_2-Gruppen relativ weit auseinander liegen und scharf sind, während sonst meist breite Signale auftreten, die ineinander übergehen. NMR-Spektrum Nr. 19

II.B.4.a) Fettsäureisäthionate

Im Spektrum des Hostapon KA liegen die Signale der verschiedenen Methylenprotonen weit verstreut: Bei ca. 4,1 ppm ein Triplett der CH_2-O-CO-Gruppierung, bei 2,8 ppm ein Triplett der CH_2-S-Gruppe und bei 2,2 ppm ein Signal der CH_2-CO-Protonen. Die Protonen der Alkylkette ergeben Signale bei 0,8 und 1,2 ppm. NMR-Spektrum Nr. 20

II.B.4.b) Fettsäuretauride

Das Spektrum des Hostapon KTW neu hat infolge der schlechten Löslichkeit und der daher nötigen Verstärkung der Signale ein starkes Rauschen. Das Fremdsignal bei ca. 3,7 ppm kann eventuell von eingeschlepptem Wasser herrühren. NMR-Spektrum Nr. 21

II.B.5.a) Sulfobernsteinsäurediester

Im Spektrum des Sulfobernsteinsäurediesters (Manoxol OT) sind die Signale der CH_2-Verzweigung der Bernsteinsäure bei 3,2 und

- CH -

4 ppm zu erkennen. Dem Signal bei 4 ppm überlagert sich das Signal der CH_2-O-CO-Gruppierung des Esters. An dem Verhältnis der Methyl- und Methylengruppen zeigt sich, daß es sich um verzweigte Alkylketten handelt, und zwar um Äthylhexylreste. NMR-Spektrum Nr. 22

II.B.5.b) Sulfobernsteinsäurehalbester

Beim Steinapol SBF A 30 kann man ebenfalls die Signale der Verzweigung des Succinats erkennen. Außerdem sind die Protonen der Äthylenoxid-Gruppen an dem Signal bei 3,6 ppm und diejenigen der Alkylkette bei 0,8 bis 1,5 ppm zu sehen. Die Protonen der CH_2-O-Gruppe des Esters und das Proton der CH-Gruppierung der Sulfobernsteinsäure geben Signale um 4 ppm. Außerdem treten bei 2,1 und 3,0 ppm noch Signale von amidartigen Nebenprodukten auf. NMR-Spektrum Nr. 23

Im Spektrum des Steinapol SBZ ist die Verzweigung des Succinats ebenfalls zu erkennen. Bei 2,7 bis 3,0 ppm überlagern sich die Signale der CH_2-Protonen des Succinats den Signalen der CH_2-Protonen, die der NH_2-Gruppe benachbart sind. Die Signale der CH_2-Gruppe der Amidstruktur liegen wahrscheinlich zusammen mit den Signalen der Äthergruppierung bei ca. 3,4 bis 3,7 ppm. Die Signale der CH_2-O-Protonen des Esters überlagern sich etwas dem Signal des Protons der CH-Gruppierung der Bernsteinsäure. Bei 0,9 und 2,1 ppm treten Signale von Protonen von CH_3- und CH_2-CO-Gruppen auf, die den beiden Hauptkomponenten nicht zugeordnet werden können; sie stammen von Kokosfettsäurealkanolamid, das als Nebenprodukt vorliegt. NMR-Spektrum Nr. 24

Im Spektrum des Steinazid SBU 185 treten neben den Signalen der CH_2-Protonen der Alkylkette bei 1,3 ppm die Signale der Protonen der endständig doppelt gebundenen CH_2-Gruppe bei ca. 5 ppm und der Methingruppe bei ca. 5,6 ppm auf. Die der Methingruppe benachbarte Methylengruppe gibt bei 2,1 ppm ein Signal, das sich dem Signal der CH_2-Gruppe, die der Carboxylgruppe benachbart ist, und den Protonen der CH_2-CO-Gruppe des Undecylensäuremonoäthanolamids, das als Nebenprodukt vorhanden ist, überlagert. Unter einem Multiplett bei ca. 3 ppm liegt die CH_2-Gruppe der Bernsteinsäure zusammen mit den Protonen der dem Stickstoff benachbarten CH_2-Gruppe vom Undecylensäuremonoäthanolamid. Das Proton der CH-Gruppe der Bernsteinsäure ist bei ca. 4 ppm zu finden und überlagert sich etwas den Protonen der CH_2-O-Gruppe des Monoäthanolamids bei 4,2 ppm. Bei ca. 3,5 ppm liegen die Protonen der CH_2-Gruppe, die dem Stickstoff benachbart sind. NMR-Spektrum Nr. 25

III.A. Orthophosphorsäureester von Fettalkoholen

Beim Hostaphat KW 200 ist das Signal der Protonen der CH_2-O-P-Gruppierung bei ca. 3,8 ppm zu sehen. NMR-Spektrum Nr. 26

III.B. Orthophosphorsäureester von äthoxylierten Fettalkoholen

Beim Hostaphat KO 280 kann man neben dem Triplett der Doppelbindungen bei 5,3 ppm ein Signal bei ca. 2 ppm erkennen, das von den Protonen der CH_2-Gruppierungen herrührt, die den Methingruppen direkt benachbart sind. Die Äthylenoxidgruppen sind an dem Signal bei 3,6 ppm zu erkennen. NMR-Spektrum Nr. 27

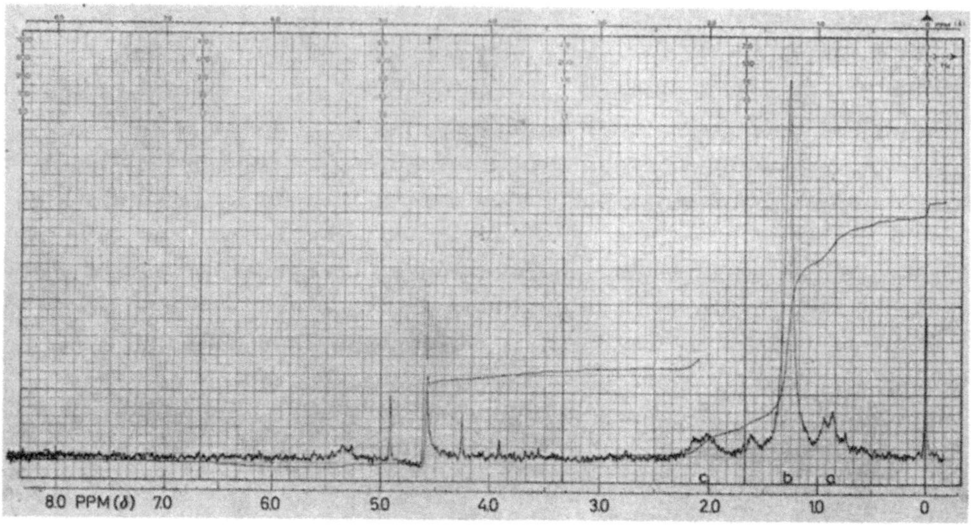

NMR-Spektrum Nr. 1 Seifenmehl (in D_2O)

CH_3–$(CH_2)_n$–CH_2–COONa
(a) (b) (c)

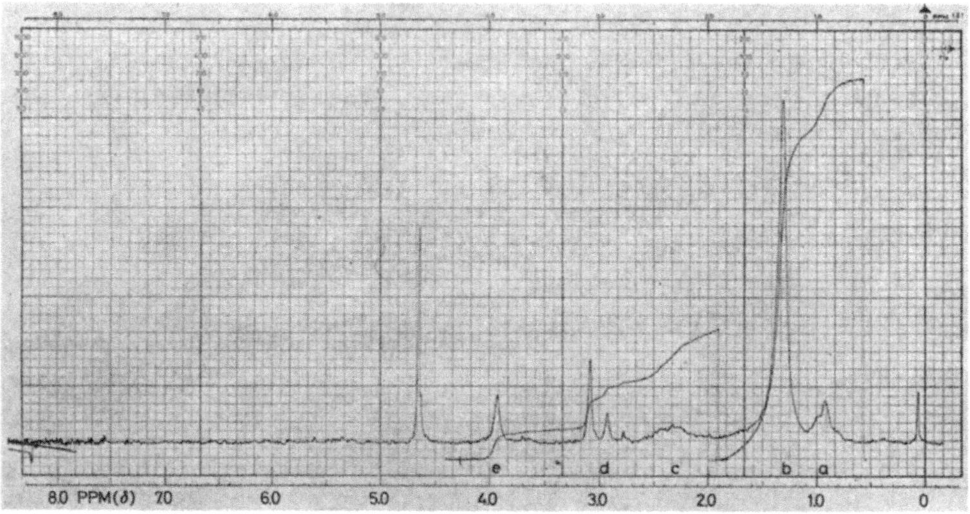

NMR-Spektrum Nr. 2 Medialan KA (in D_2O)

CH_3–$(CH_2)_{9-15}$–CH_2–CO–N(CH_3)–CH_2–COONa

(a) (b) (c) (d) (e)

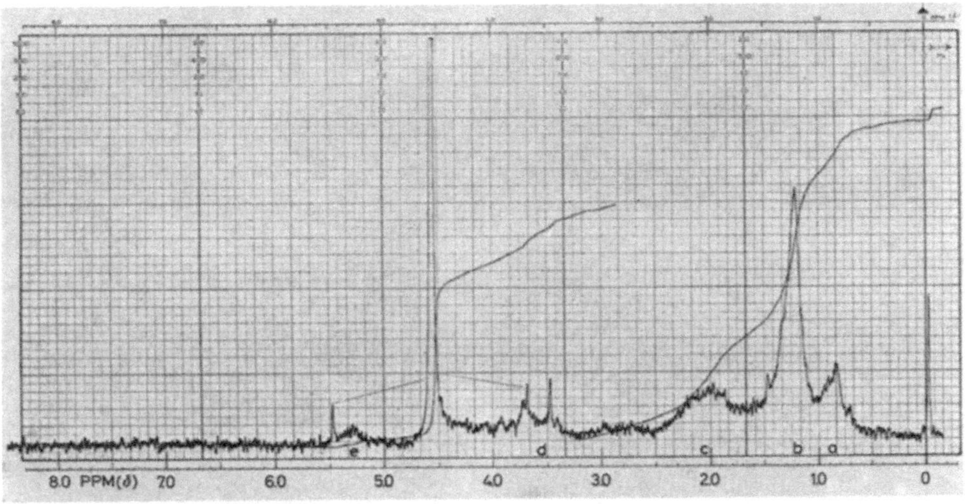

NMR-Spektrum Nr. 3   Lamepon A (in D_2O)

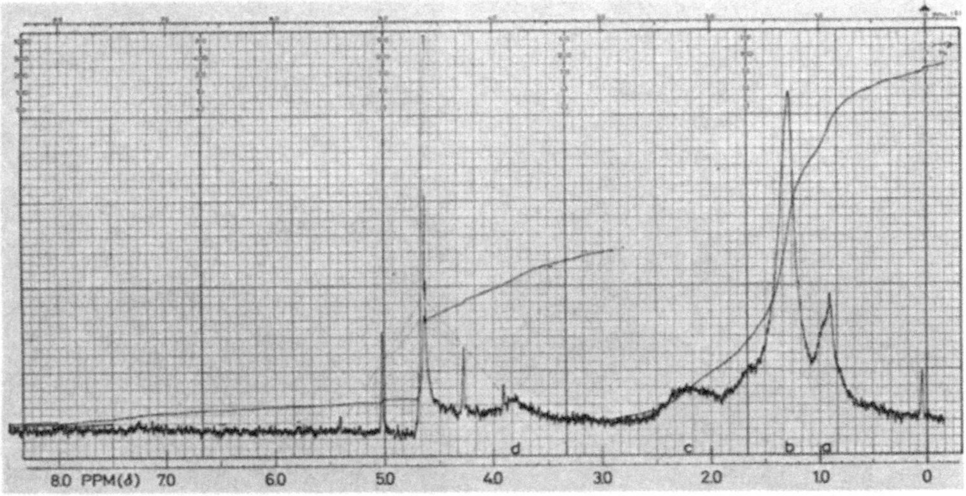

NMR-Spektrum Nr. 4   Lamepon S (in D_2O)

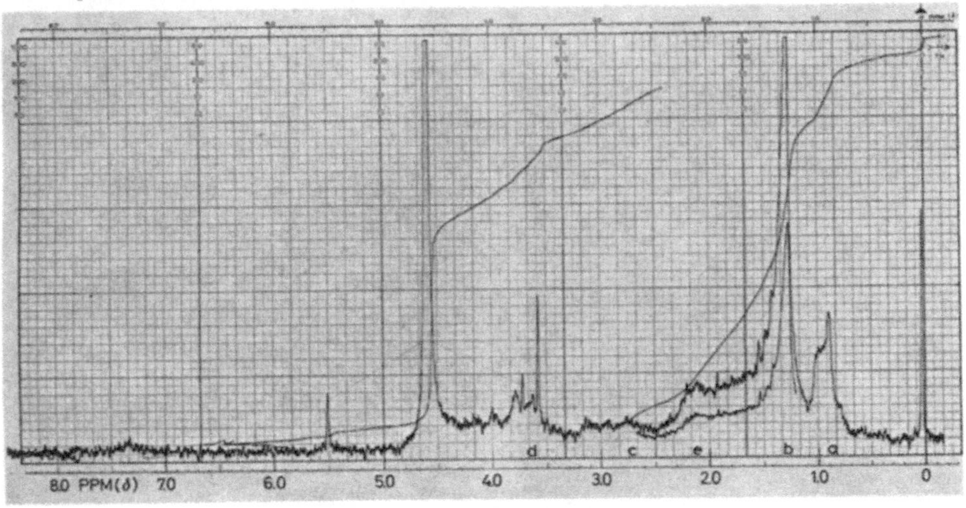

NMR-Spektrum Nr. 5   Lamepon A 44 (in D_2O)

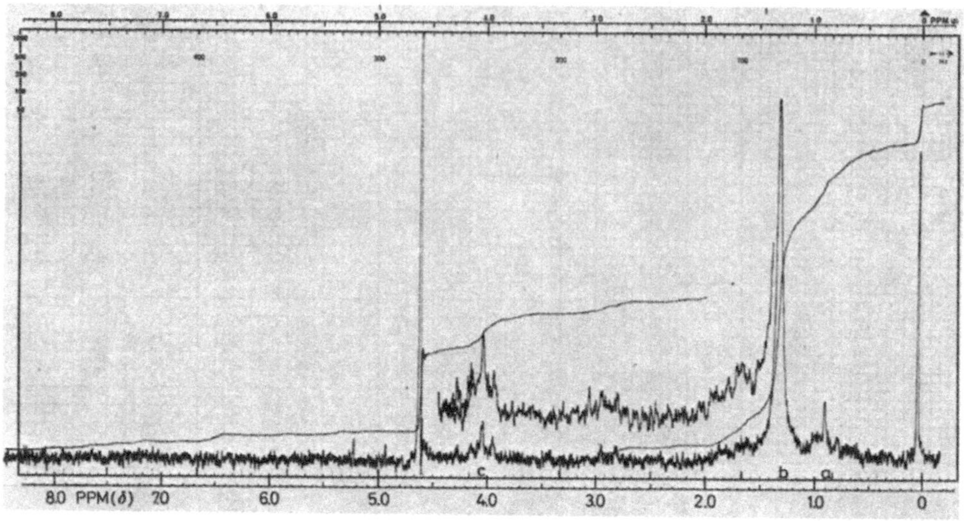

NMR-Spektrum Nr. 6 Texapon K 12 (in D_2O)

$CH_3-(CH_2)_{10}-CH_2-O-SO_3Na$

(a) (b) (c)

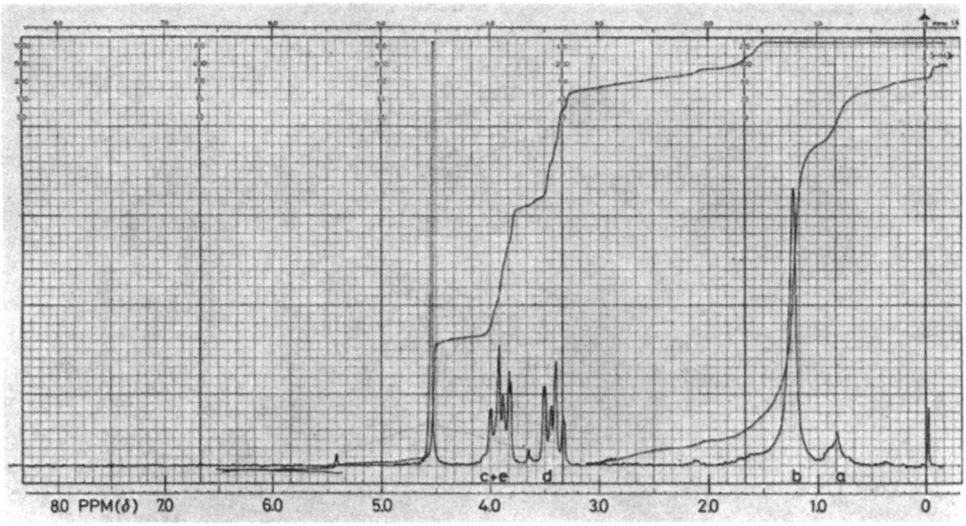

NMR-Spektrum Nr. 7 Texapon TH (in D_2O)

$[CH_3-(CH_2)_{10}-CH_2-O-SO_3]^-$ $\left[HN\begin{matrix}-CH_2-CH_2-OH\\-CH_2-CH_2-OH\\-CH_2-CH_2-OH\end{matrix}\right]^+$

(a) (b) (c) (d) (e)

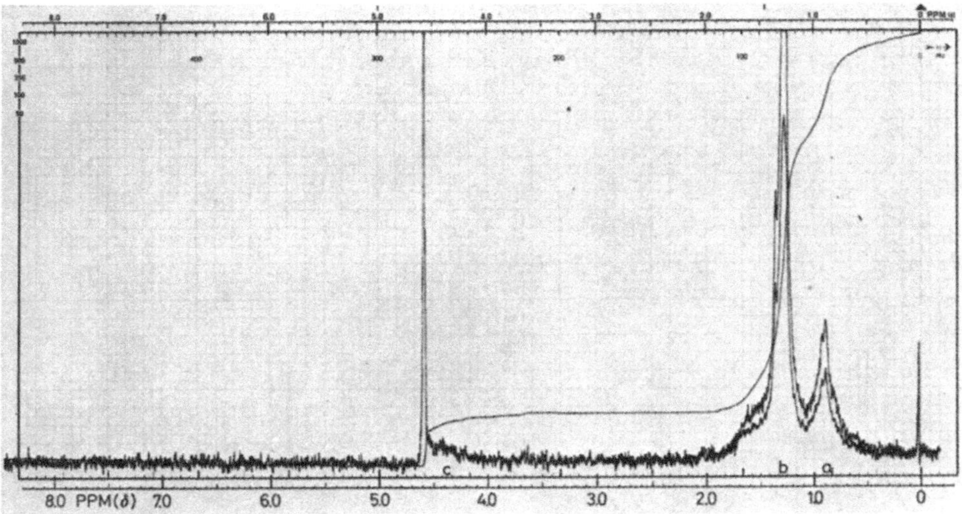

NMR-Spektrum Nr. 8 Lensodel AB 6 (in D_2O)
zum Beispiel:

$$\begin{array}{c} \quad\quad\quad\quad\quad\quad\quad O\text{-}SO_3Na \\ \quad\quad\quad\quad\quad\quad | \\ CH_3\text{-}(CH_2)_x\text{-}CH\text{-}CH_3 \\ (a)\quad (b)\quad\quad (c)\ (a) \end{array}$$

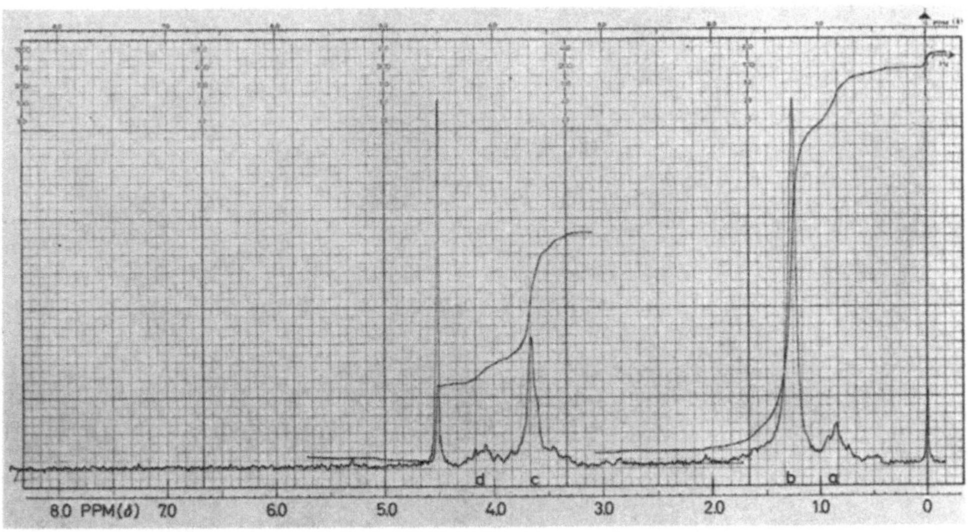

NMR-Spektrum Nr. 9 Texapon N 25 (in D_2O)

$$\underset{(a)}{CH_3}\text{-}\underset{(b)}{(CH_2)_{10}}\text{-}\underset{(c)\quad\quad (c)}{(CH_2\text{-}O\text{-}CH_2)_2}\text{-}\underset{(d)}{CH_2}\text{-}O\text{-}SO_3Na$$

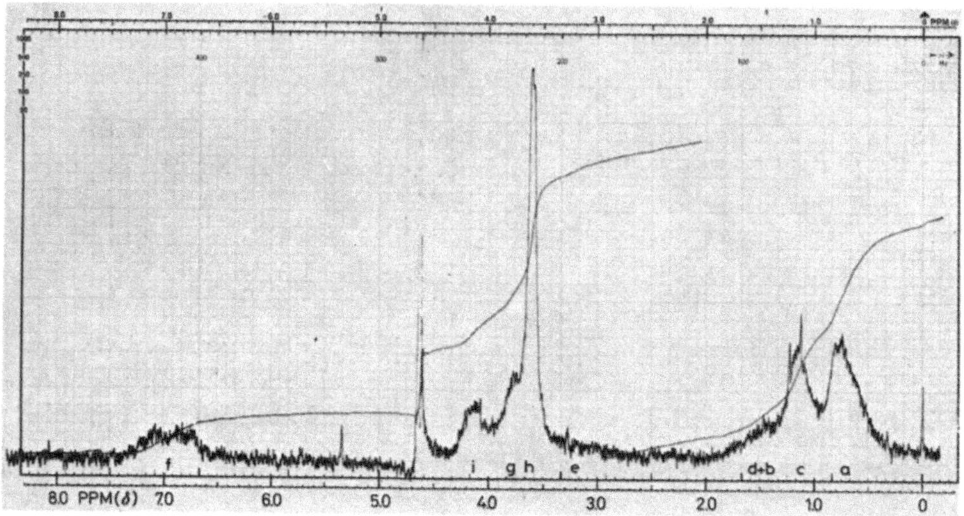

NMR-Spektrum Nr. 10 Fenopon CO 436 (in D_2O)
zum Beispiel:

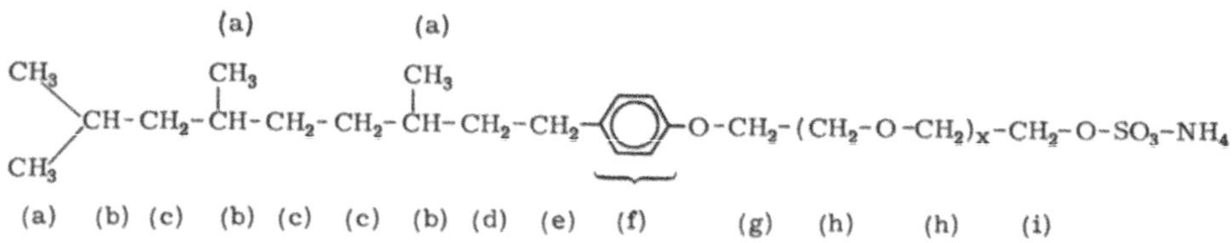

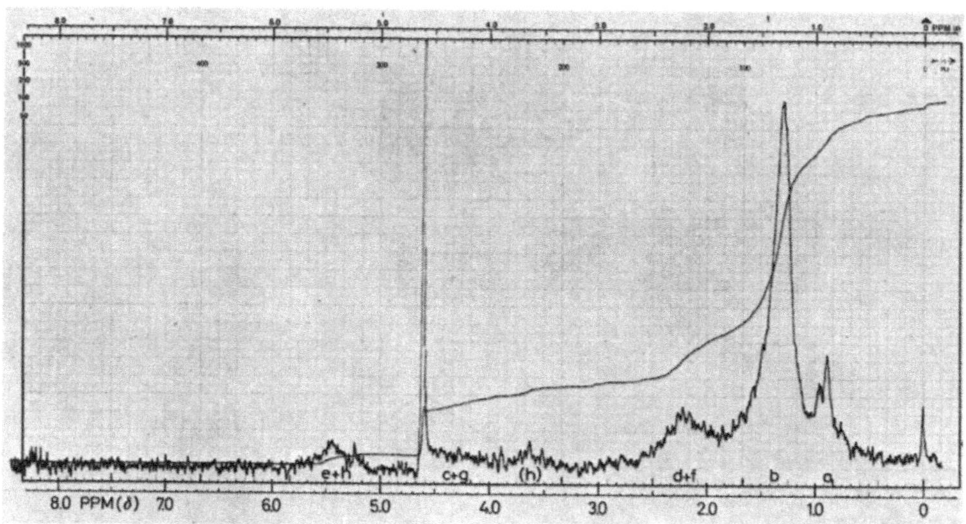

NMR-Spektrum Nr. 11 Avirol DKM (in D_2O)

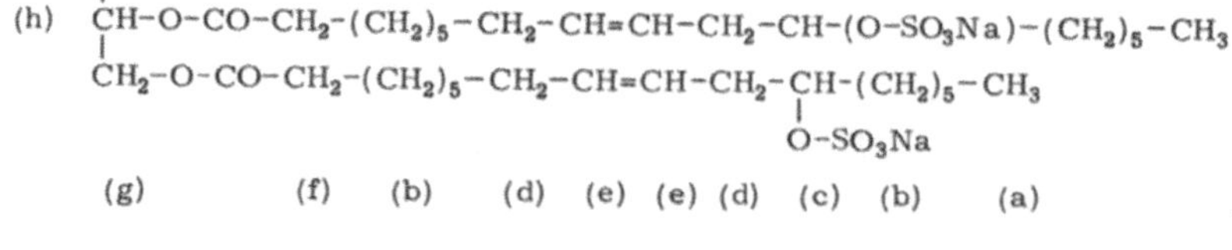

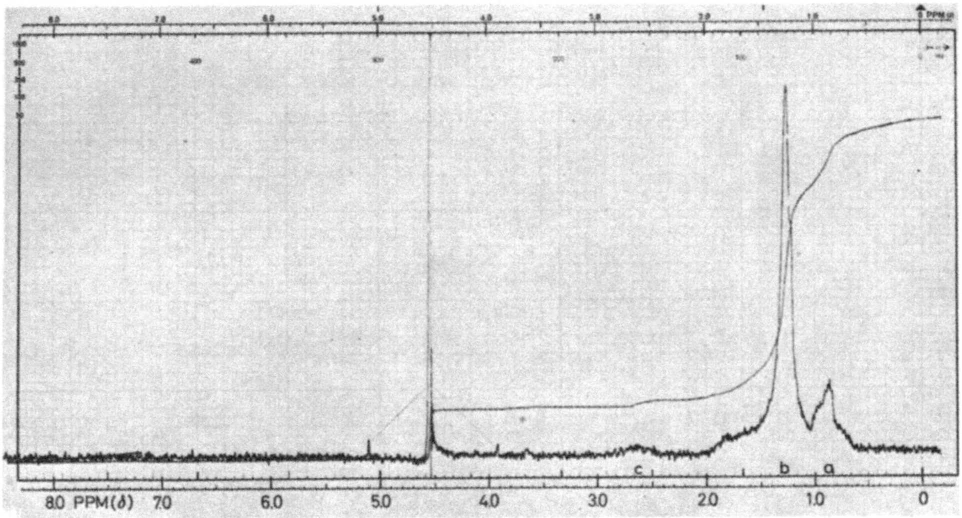

NMR-Spektrum Nr. 12 Levapon T (in D_2O)
zum Beispiel:

$$\begin{array}{c} \quad\quad\quad\quad\quad\quad SO_3Na \\ CH_3-(CH_2)_n-CH-CH_3 \\ (a)\quad (b)\quad\quad (c)\ (a) \end{array}$$

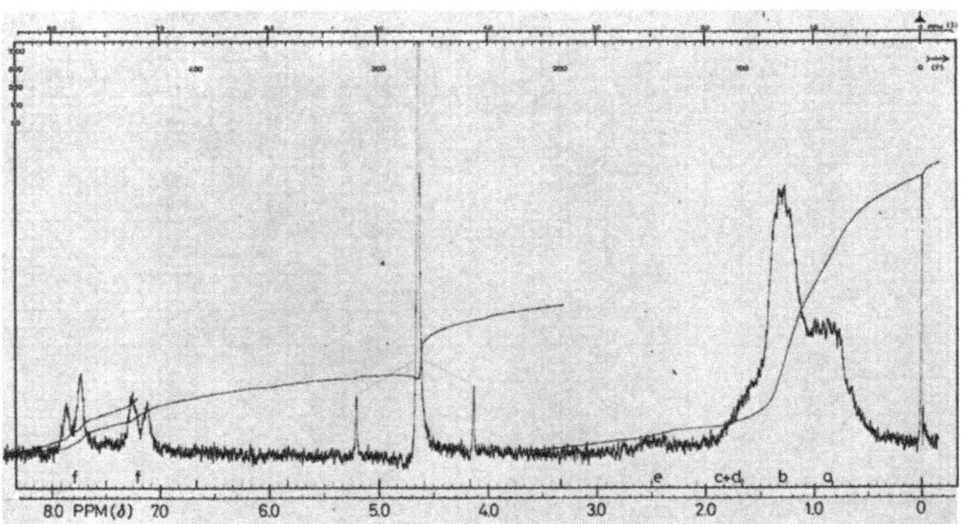

NMR-Spektrum Nr. 13 Marlon A 350 (in D_2O)

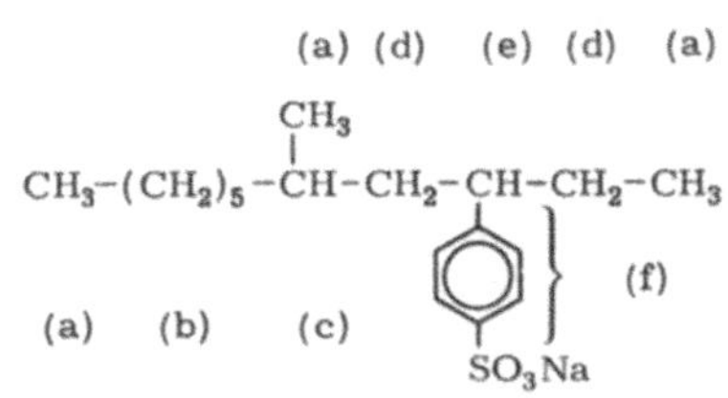

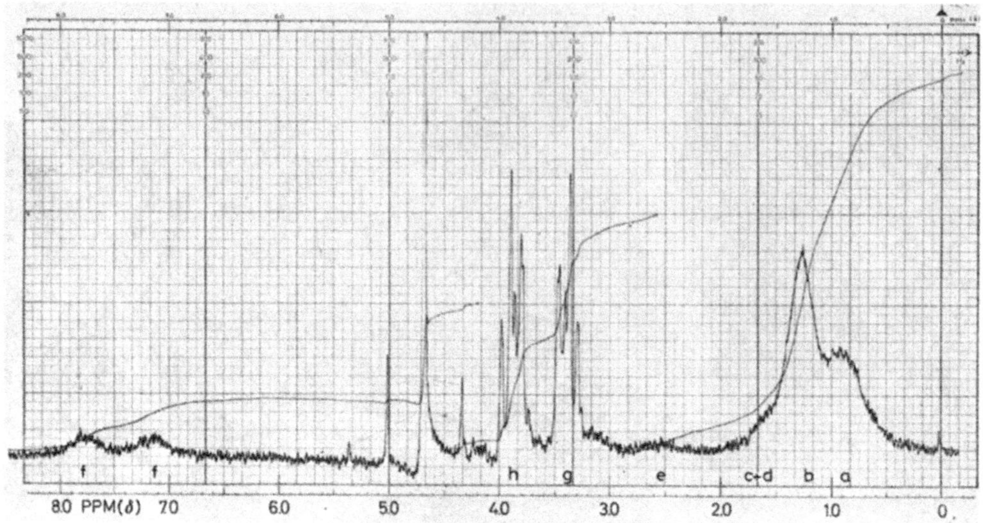

NMR-Spektrum Nr. 14 Marlopon AT 50 (in D_2O)

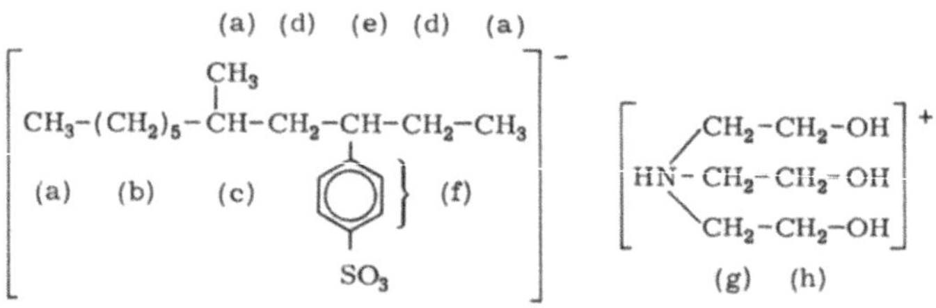

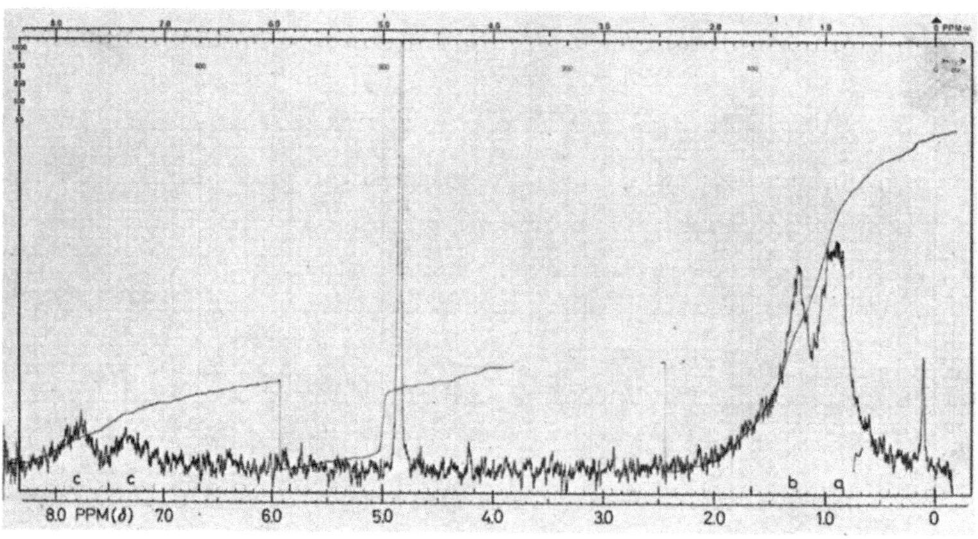

NMR-Spektrum Nr. 15 Nansa HS 80 Schuppen (in D_2O)

zum Beispiel:

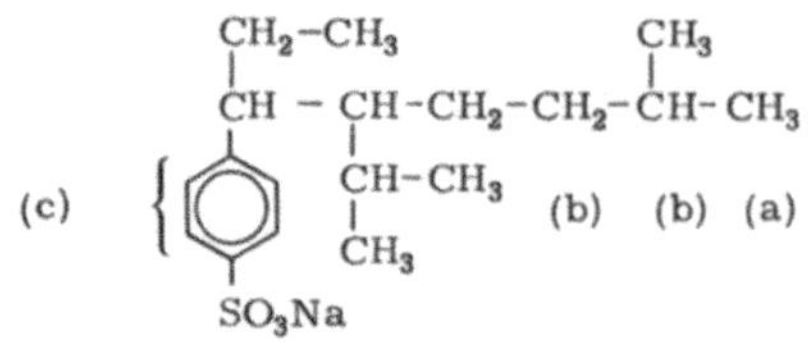

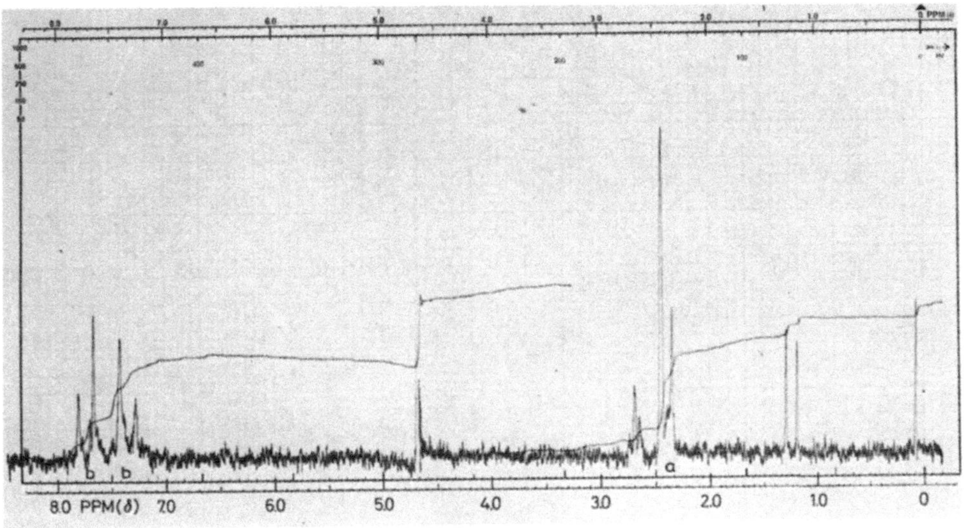

NMR-Spektrum Nr. 16 Eltesol ST 90 (in D_2O)

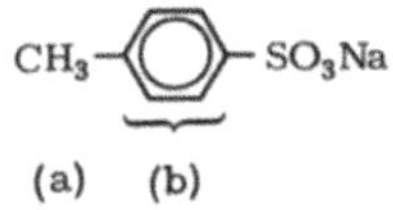

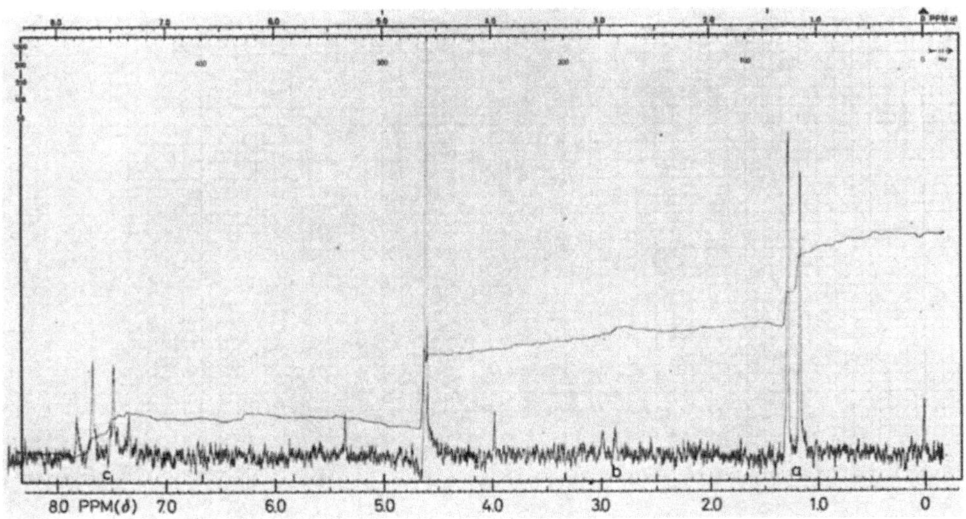

NMR-Spektrum Nr. 17 Cumolsulfonat (in D_2O)

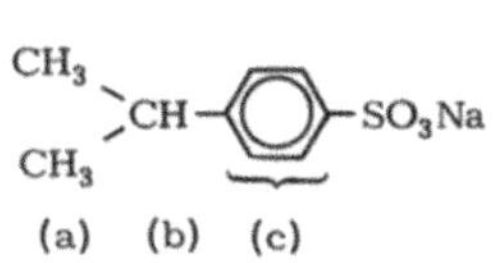

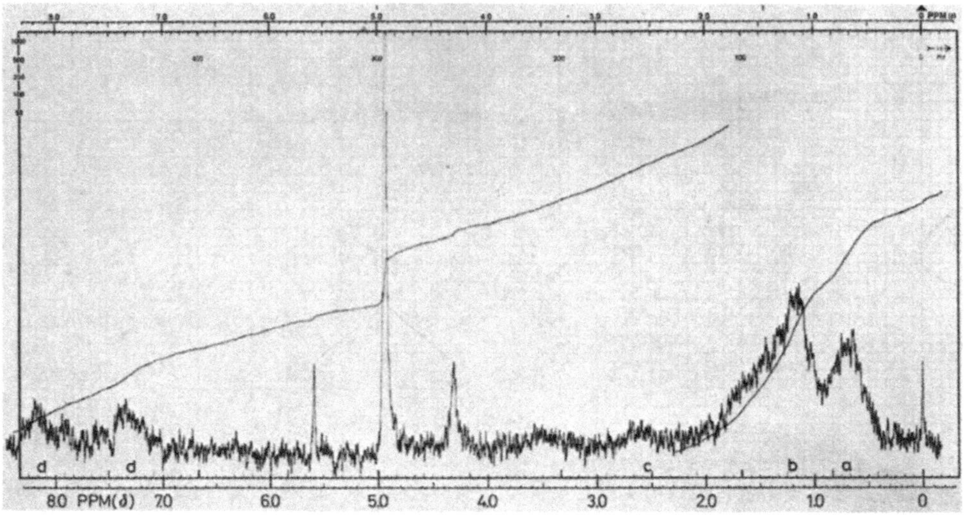

NMR-Spektrum Nr. 18 Nekal BX (in D_2O)

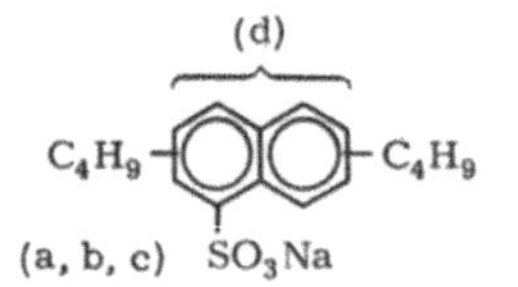

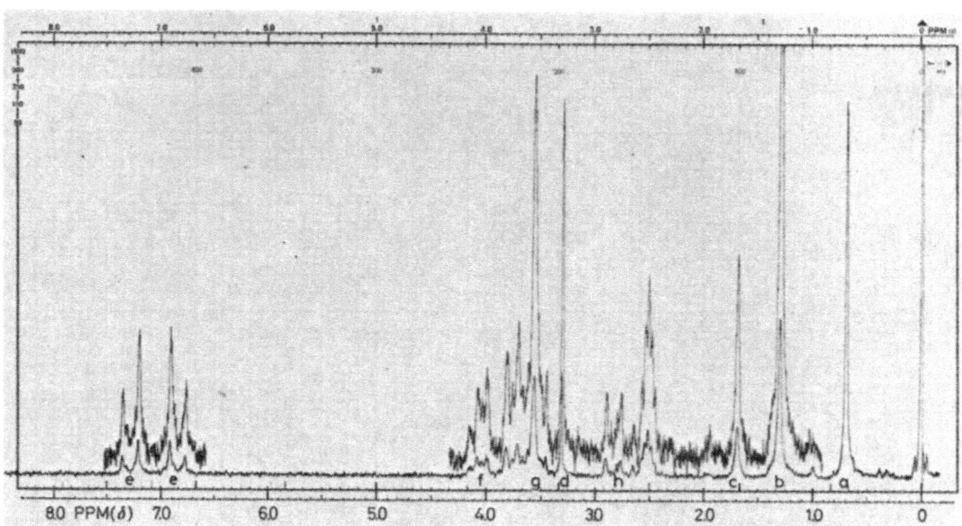

NMR-Spektrum Nr. 19 Triton X-200 (in DMSO (6 D))

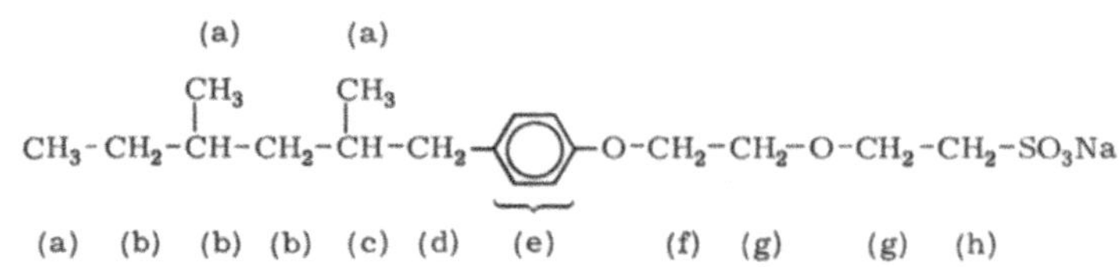

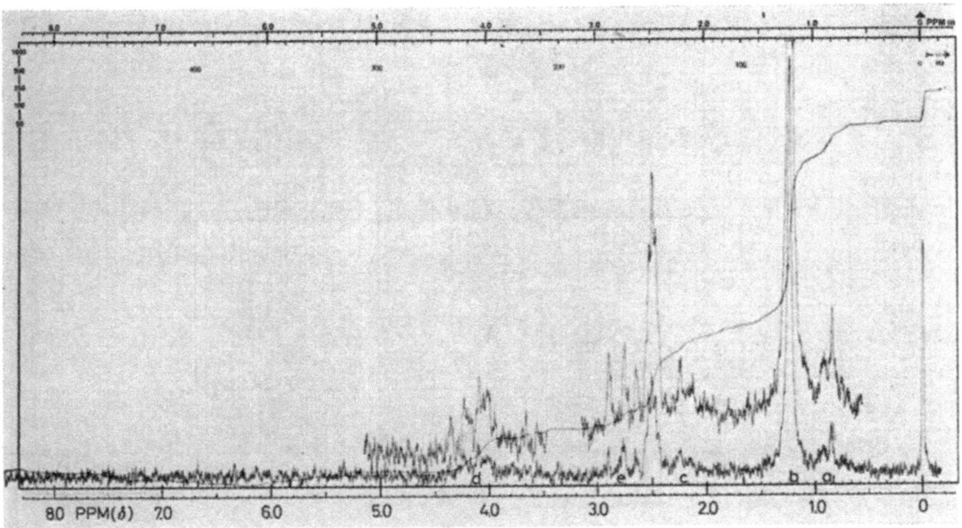

NMR-Spektrum Nr. 20 Hostapon KA (in DMSO (6 D))

$CH_3-(CH_2)_{9-15}-CH_2-COO-CH_2-CH_2-SO_3Na$

(a) (b) (c) (d) (e)

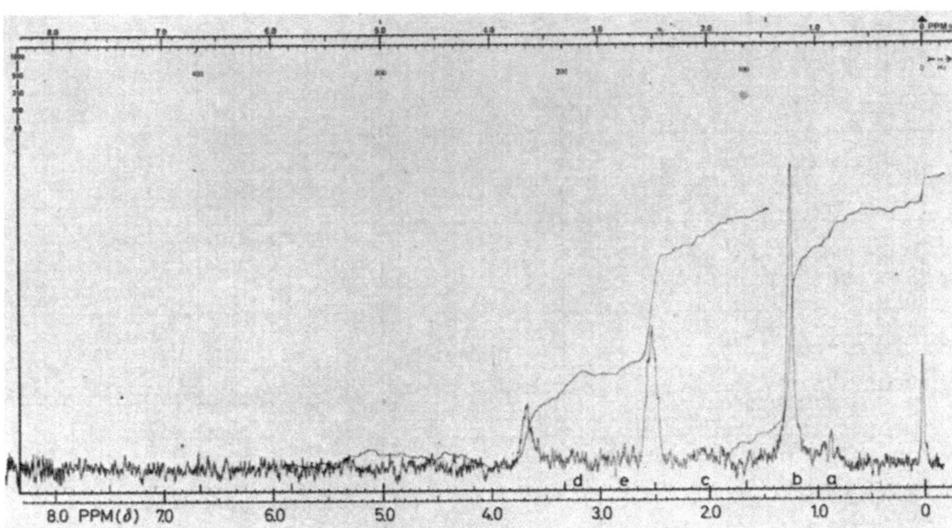

NMR-Spektrum Nr. 21 Hostapon KTW neu (in DMSO (6 D))

$CH_3-(CH_2)_{9-15}-CH_2-CO-NH-CH_2-CH_2-SO_3Na$

(a) (b) (c) (d) (e)

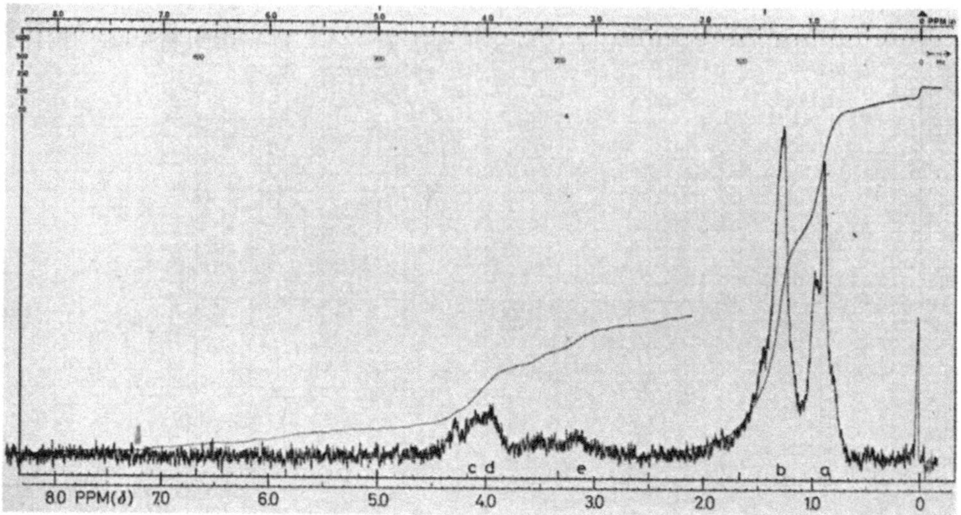

NMR-Spektrum Nr. 22 Manoxol OT (in CCl_4)

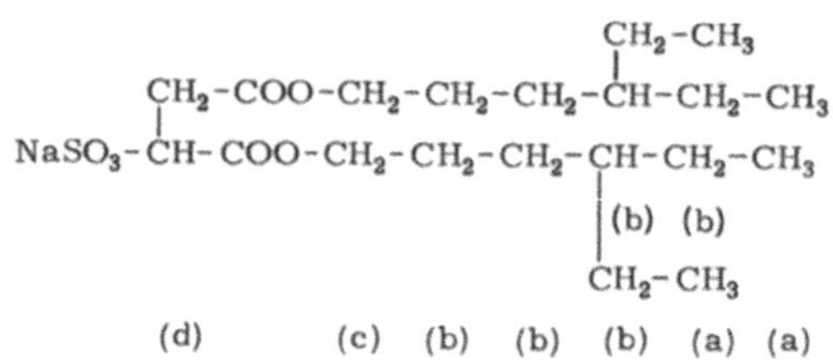

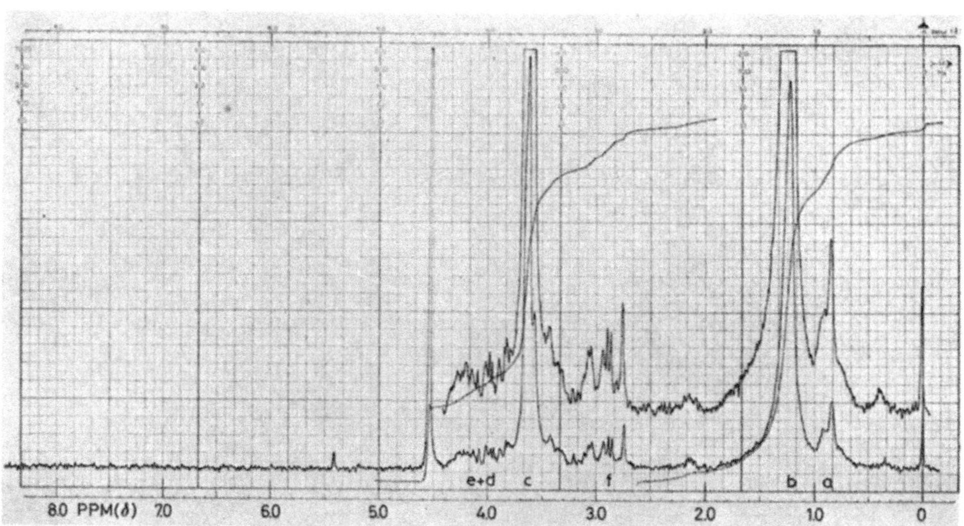

NMR-Spektrum Nr. 23 Steinapol SBF A 30 (in D_2O)

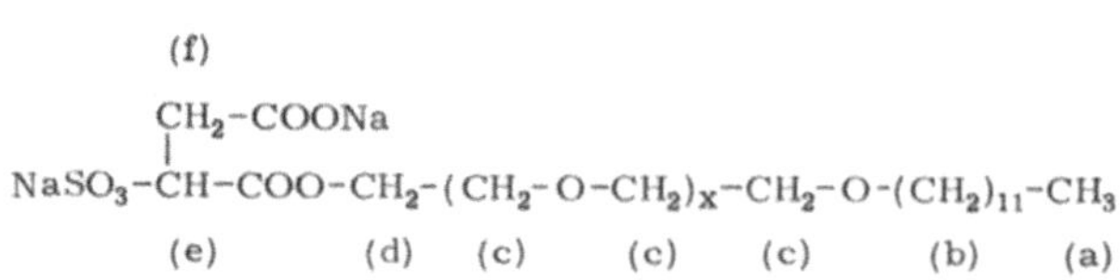

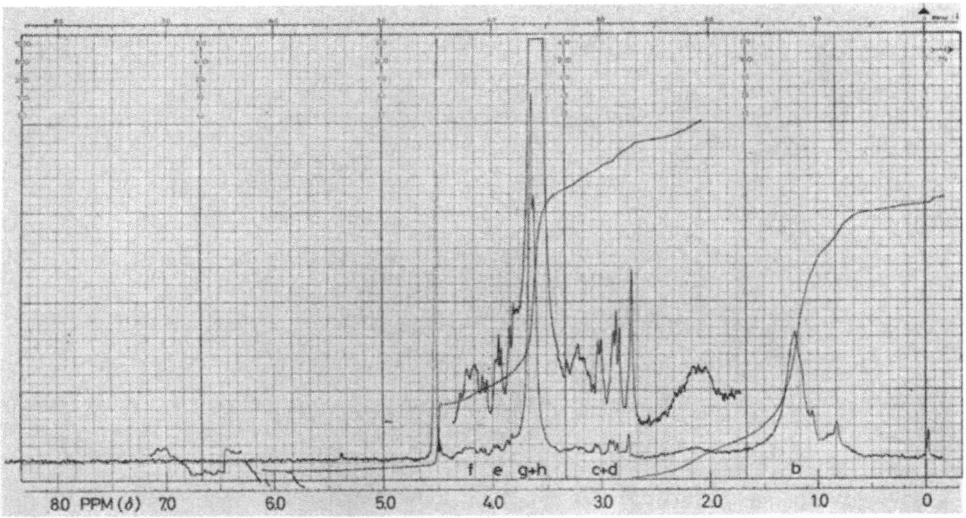

NMR-Spektrum Nr. 24 Steinapol SBZ (in D_2O)
als Hauptprodukte:

(c)

CH_2-COONa
|
$NaSO_3$-CH-COO-CH_2-(CH_2-O-CH_2)$_n$-(CH_2)$_x$-CH_2-NH_2
(e) (f) (g) (g) (b) (d)

(c)

CH_2-COONa
|
\+ $NaSO_3$-CH-CO-NH-CH_2-(CH_2)$_x$-(CH_2-O-CH_2)$_n$-CH_2-OH
(e) (h) (b) (g) (g) (f)

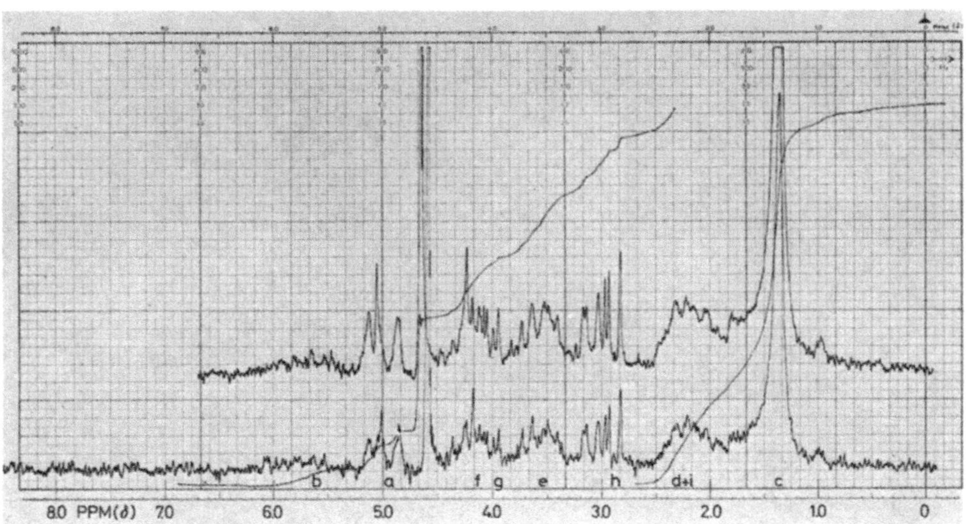

NMR-Spektrum Nr. 25 Steinazid SBU 185 (in D_2O)

(h)

CH_2-COONa
|
$NaSO_3$-CH-COO-CH_2-CH_2-NH-CO-CH_2-(CH_2)$_6$-CH_2-CH=CH_2
(g) (f) (e) (d) (c) (i) (b) (a)

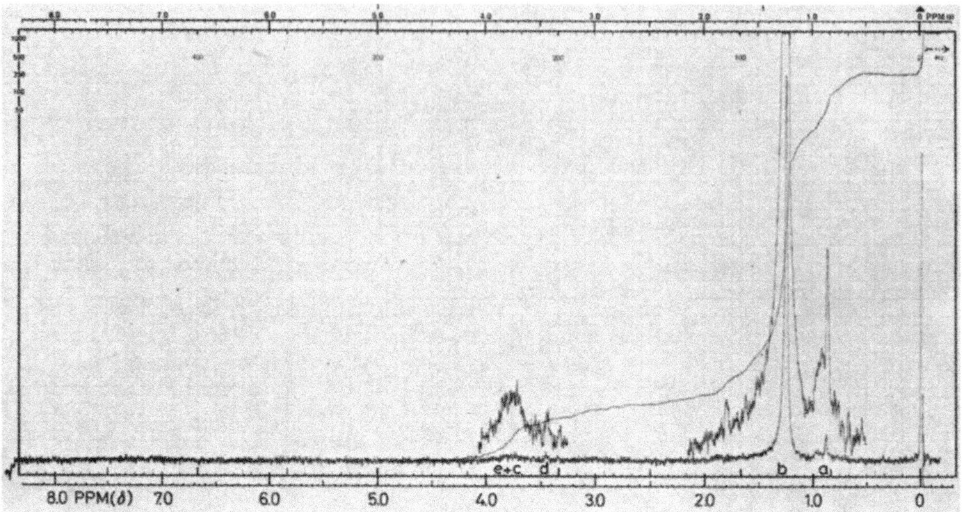

NMR-Spektrum Nr. 26 Hostaphat KW 200 (in CCl_4)

CH_3-(CH_2)n-CH_2-O　　OH_3N-CH_2-CH_2-OH
P
CH_3-(CH_2)n-CH_2-O　　O

(a) (b) (c) (d) (e)

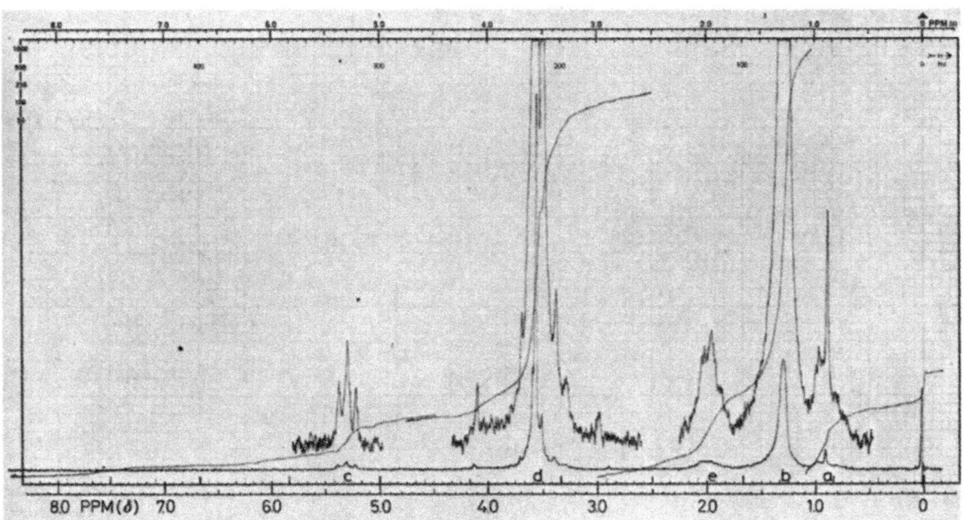

NMR-Spektrum Nr. 27 Hostaphat KO 280 (in CCl_4)

CH_3-(CH_2)$_6$-CH_2-CH=CH-CH_2-(CH_2)$_6$-CH_2-(O-CH_2-CH_2)$_8$-O　　ONa
P
CH_3-(CH_2)$_6$-CH_2-CH=CH-CH_2-(CH_2)$_6$-CH_2-(O-CH_2-CH_2)$_8$-O　　O

(a) (b) (e) (c) (c) (e) (b) (d) (d) (d)

Abtrennung amphoterer Tenside

Amphotere Tenside besitzen im Molekül zugleich basische und saure Gruppen. Sie können daher sowohl mit Säuren als auch mit Laugen reagieren, je nach dem gegebenen pH-Bereich liegen kationische oder anionische Verbindungen vor. Im isoelektrischen Punkt ist die Molekel zwitterionisch aufgebaut. Im einfachsten Falle einer Aminocarboxylsäure treten folgende Strukturen auf:

$$\left[R - \overset{\displaystyle H}{\underset{\displaystyle H}{N}}{}^{(+)} - CH_2 - COOH \right]^{+} \xleftarrow{H^{+}} R - \overset{\displaystyle H}{\underset{\displaystyle H}{N}}{}^{(+)} - CH_2 - COO^{(-)}$$

Carboxyammonium-Ion   Zwitterion

$$\xrightarrow{OH^{-}} \left[R - NH - CH_2 - COO \right]^{-}$$

Aminocarboxylat-Ion

Wenn das basische Stickstoffatom kein freies Elektronenpaar mehr besitzt, also nicht mehr als Protonenacceptor wirken kann, geht die Reaktion bei einem Überschuß an Hydroxylionen, also im alkalischen Bereich, nicht weiter als bis zur Zwitterionen-Struktur. Dies hat zur Folge, daß z.B. Betaine oder die amphoteren Imidazolinderivate stets nur kationisch oder als Zwitterionen entsprechend dem folgenden Gleichgewicht auftreten können:

$$R_3N^{(+)} - R' - COO^{(-)} + H^{+} \rightleftharpoons \left[R_3N^{(+)} - R' - COOH \right]^{+}$$

Sie geben also im sauren Bereich mit anionaktiven Stoffen Niederschläge; im alkalischen Bereich sind sie im Gegensatz zu den übrigen Ampholyten mit kationaktiven Verbindungen verträglich.

Ionenaustausch-Methoden

Da über die Analytik amphoterer Tenside bisher kaum Arbeiten veröffentlicht worden sind, hatten wir[80] es zunächst als vordringlich erachtet, uns mit dem Verhalten dieser Verbindungen bei der Auftrennung von Tensidgemischen mit Hilfe von Ionenaustauschern zu beschäftigen. Für unsere Versuche haben wir die in Tab. 9 aufgeführten drei Klassen amphoterer Tenside berücksichtigt und die in Tab. 10 aufgeführten Substanzen eingesetzt. Um amphotere Tenside von anionaktiven und nichtionischen Tensiden zu trennen, erschien uns als günstigste Methode die Adsorption der amphoteren Tenside an Kationenaustauschern in Form der kationisch eingestellten Verbindungen. Aus diesem Grund versuchten wir, durch Ansäuern der Tensidlösungen und Einstellung des pH auf Werte von 1,5 bis 2 die amphoteren Tenside in kationische Verbindungen zu verwandeln und gaben die Lösungen auf Kationenaustauscher Dowex 50Wx4. Dabei zeigte sich, daß nur etwa 40 bis 45 % der Verbindungen am Kationenaustauscher adsorbiert blieben, während Versuche in neutraler Lösung eine praktisch 100%ige Adsorption der Amphotenside ergaben. Dazu wurden ca. 300 mg der jeweiligen Trockensubstanz in Äthanol in der Wärme gelöst. Aufgetretene unlösliche Anteile wurden mit wenig Wasser in Lösung gebracht (etwa im Verhältnis Wasser/Alkohol 1:10), so daß klare Lösungen vorlagen. Diese Lösungen wurden auf Kationenaustauschersäulen mit Dowex 50Wx4 gegeben. Die erhaltenen Versuchsergebnisse sind in Tab. 11 zusammengestellt. In dieser Tabelle sind auch zwei Fettsäure-Eiweißkondensate aufgeführt (Lamepon A und Lamepon S), die schon bei den anionaktiven Tensiden behandelt wurden, die aber auch in diesem Zusammenhang untersucht wurden, weil sie nach Hummel[65] schwach amphoteren Charakter besitzen sollen.

Wir fanden, daß mit Ausnahme der Imidazolinderivate alle untersuchten Amphotenside quantitativ am Kationenaustauscher adsorbiert wurden. Die IR-spektroskopische Untersuchung der durch den Kationenaustauscher hindurchgelaufenen Eluate von den Miranolen

Tabelle 9

Gliederung der amphoteren Tenside

I. Aminocarboxylsäuren
II. Betaine
III. Imidazolinderivate

Tabelle 10

Amphotere Tenside

Gruppen-Nr.	Handelsname	Chem. Bezeichnung	Hersteller
I.	Deriphat 160 C	Teil-Natriumsalz der N-Lauryl-ß-imino-dipropionsäure	General Mills
II.1.	Empigen BB	N-Alkyldimethylaminoessigsäure	Marchon
II.2.	Tego Betain L 10	Lauroylamidopropyl-N-dimethylaminoessigsäure	Th. Goldschmidt AG
III.1.	Miranol C 2 M konz.	Natriumsalz der 2-Laurylimidazolinium-1-carboxymethyl-1-äthoxyessigsäure	Miranol Chem. Comp.
III.2.	Miranol SM konz.	2-Caprylimidazolinium-1-carboxymethyl-1-natriumäthoxylat	Miranol Chem. Comp.

Tabelle 11

Analysenergebnisse von Ionenaustauschertrennungen der amphoteren Tenside

	Deriphat 160 C	Empigen BB	Tego-Betain L 10	Miranol C2M konz.	Miranol SM konz.	Lamepon A	Lamepon S
Adsorption am KAT	97,9 %	99,6 %	98,1 %	90,5 %	78,2 %	48,5 %	35,4 %
Desorption vom KAT mit konz. Salzsäure/ Alkohol (1:1)	95,3 %	72,4 %	80,0 %	42,8 %	59,9 %	42,4 %	35,3 %
Eluat vom KAT	2,1 %	0,4 %	1,9 %	9,5 %	21,8 %	51,5 %	64,6 %
Adsorption am AAT/OH^-	-	-	-	4,2 %	8,8 %	42,4 %	55,8 %
Eluat vom AAT/OH^-	-	-	-	5,3 %	13,0 %	9,1 %	8,8 %

KAT = Kationenaustauscher

AAT = Anionenaustauscher

Die Prozentgehalte sind auf Trockensubstanz = 100 % bezogen.

hat jedoch gezeigt, daß es sich dabei um anionaktive und nichtionogene Nebenprodukte handelt.

Um festzustellen, ob die adsorbierten Amphotenside sich auch quantitativ desorbieren lassen, wurde der Kationenaustauscher mit einem Gemisch von konz. Salzsäure und Äthanol im Verhältnis 1:1 behandelt. Die Ausbeuten lagen zwischen 76 % und 98,0 % der adsorbierten Mengen. Einzig beim Miranol C 2 M konz. gelang nur eine 47,3%ige Desorption.

Bei den untersuchten Lameponen ist keine quantitative Adsorption am Kationenaustauscher erfolgt, da etwa die Hälfte der Substanzmengen im Eluat wiedergefunden wurden. Davon ließen sich am stark basischen Anionenaustauscher (Dowex 1x2) in der OH^--Form etwa 80 % der vom Kationenaustauscher erhaltenen Eluate adsorbieren, während der Rest bei beiden Fettsäure-Eiweißkondensaten als nichtionogene Anteile in den Eluaten vom Anionenaustauscher gefunden wurden. Die an den Anionenaustauschern adsorbierten Substanzen wurden mit 2%iger isopropanolisch-wässriger Natronlauge (Isopropanol/Wasser = 1:1) desorbiert.

Unsere Versuche haben das zunächst überraschende Ergebnis gebracht, daß die amphoteren Tenside wesentlich besser aus neutraler Lösung am Kationenaustauscher adsorbiert werden als aus saurer. Diese Resultate lassen sich nur so deuten, daß in saurer Lösung bereits die Desorptionsvorgänge einsetzen, so daß eine quantitative Adsorption der in saurer Lösung als Kationen vorliegenden Verbindungen nicht mehr möglich ist. In neutraler Lösung wird hingegen das Gleichgewicht, das sich zwischen der sauren Form, der Zwitterionenform und der basischen Form ausbildet, durch die Adsorption der kationaktiven Form so weit nach der Seite der kationaktiven Verbindungen verschoben, daß praktisch eine 100%ige Adsorption stattfindet. Auf diese Weise ist eine quantitative Abtrennung amphoterer Verbindungen von den anionaktiven durch Adsorption am Kationenaustauscher ohne weiteres in der üblichen alkoholischen Lösung möglich, der zur besseren Lösung der Tenside eine geringe Menge Wasser zugesetzt worden ist.

Die zum Teil amphoter reagierenden Fettsäure-Eiweißkondensate lassen sich unter den gleichen Bedingungen nur teilweise am Kationenaustauscher adsorbieren. Etwa 50 bis 65 % laufen durch den Kationenaustauscher in neutraler äthanolisch-wässriger Lösung hindurch und werden bis auf etwa 10 % nichtionogene Anteile am Anionenaustauscher adsorbiert.

Dünnschichtchromatographische Trennungen

Liegen amphotere Tenside im Gemisch mit anionaktiven Tensiden vor, dann erscheinen diese bei der dünnschichtchromatographischen Trennung sowohl nach Mangold und Kammereck[95] als auch nach Bey[7] im Gebiet der carboxylgruppenhaltigen Verbindungen, und zwar mit etwa gleichen Rf-Werten wie die Fettsäure-Eiweißkondensate. Die nach beiden Methoden erhaltenen Rf-Werte sind zusammen mit den Nachweisgrenzen in Tab. 12 und Tab. 13 aufgeführt. Die zugehörigen Dünnschichtchromatogramme sind in Abb. 4 und Abb. 5 wiedergegeben. Während die Fettsäure-Eiweißkondensate bei der Trennung nach Mangold und Kammereck[95] direkt am Startpunkt verbleiben, wandern die amphoteren Tenside mit dem Laufmittelgemisch ein kurzes Stück vom Startpunkt weg und lassen sich kurz über dem Startpunkt nachweisen. Sie lassen sich aber von den Fettsäure-Eiweißkondensaten nicht trennen, wenn sie im Gemisch mit diesen vorliegen. Während die Flecken der amphoteren Tenside bei der Methode von Mangold und Kammereck[95] auch mit dem Dichlorfluoresceinreagenz sichtbar werden, sind sie beim Besprühen mit Pinakryptolgelb nach Bey[7] mit Ausnahme der Betaine nicht sichtbar. Sie können aber mit Joddämpfen anschließend sichtbar gemacht werden und geben dann intensiv gelbbraune Flecken. Mit Hilfe des Sprühreagenzes ist also nach Bey[7] eine Unterscheidung von Imidazolinderivaten und aminocarboxylsauren Salzen einerseits und Verbindungen mit Betain-Struktur und Fettsäure-Eiweißkondensaten andererseits möglich. Nach der Methode von Mangold und Kammereck[95] ist eine dünnschichtchromatographische Unterscheidung von den 3 Gruppen der amphoteren Tenside und den Fettsäure-Eiweißkondensaten kaum erzielbar; doch lassen sich diese Verbindungen von allen anionaktiven Tensiden gut trennen, auch von den Seifen und den Fettsäuresarkosiden. Die Rf-Werte der amphoteren Tenside in der sauren Form (als Hydrochloride) unterscheiden sich von denjenigen der Verbindungen in der Zwitterionenform oder der basischen Form nur wenig, so daß Identifizierungsschwierigkeiten durch das eventuelle Vorliegen verschiedener Formen der Amphotenside nicht auftreten.

Tabelle 12

DC-Trennung amphoterer Tenside nach der Methode von Mangold und Kammereck[95] (Anfärbung mit Dichlorfluorescein)

Gruppen-Nr.	Handelsname	Rf-Wert	Nachweisgrenze in γ
I.	Deriphat 160 C	0	100
II.1.	Empigen BB	0,25	50
II.2.	Tego-Betain L 10	0,14	100
III.1.	Miranol C2M konz.	0,05	100
III.2.	Miranol SM konz.	0,14	100

Fluoreszenzfarben der Flecken: hellgelb

Tabelle 13

DC-Trennung amphoterer Tenside nach einer Methode von Bey[7], jedoch Anfärbung mit J_2

Gruppen-Nr.	Handelsname	Rf-Wert	Nachweisgrenze in γ
I.	Deriphat 160 C	0,1	100
II.1.	Empigen BB	0,38	100
II.2.	Tego-Betain L 10	0,33	100
III.1.	Miranol C2M konz.	0,3	100
III.2.	Miranol SM konz.	0,3	100

Fluoreszenzfarben der Flecken: gelb-braun

Dünnschichtchromatogramme amphoterer Tenside nach den Methoden von Mangold und Kammereck[95] (Abb. 4) und Bey[7] (Abb. 5).

Es wurden jeweils 5 µl einer 1%igen äthanolisch-wässrigen Lösung (bezogen auf Trockensubstanz) aufgetragen.

Abb. 4

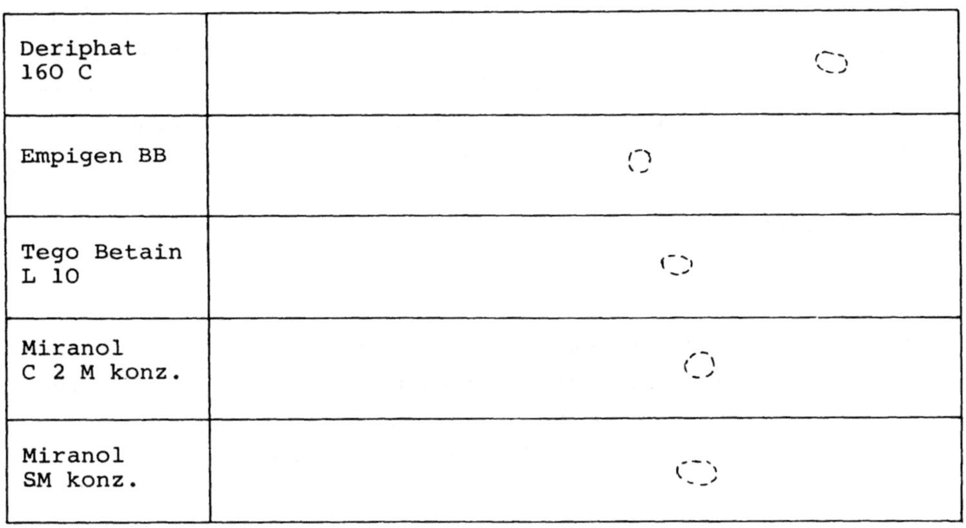

Abb. 5

Identifizierung amphoterer Tenside

IR-Spektroskopie amphoterer Tenside

Die amphoteren Tenside haben bandenarme, wenig strukturierte IR-Spektren. Die verschiedenen Ionenarten, die je nach dem pH-Wert der Lösung vorliegen, geben auch verschiedene IR-Spektren, was bei der Identifizierung beachtet werden muß. So erhält man bei der Desorption der am Kationenaustauscher adsorbierten amphoteren Verbindungen mit Äthanol/konz. Salzsäure die Hydrochloride. Das bedeutet, daß die Spektren deutliche Abweichungen von den Zwitterionenformen aufzeigen. Die breite Absorptionsbande der Carboxylatstruktur im Bereich von 6,0 bis 6,5 µ wird merklich kleiner, dafür treten die Carboxylbanden bei 5,8 µ und im Bereich von 8,1-8,4 µ stark hervor.

I. Aminocarboxylsäuren

Im Spektrum des Deriphat 160 C ist als stärkste Bande, wie bei allen amphoteren Verbindungen in der Neutralform, die Carboxylatbande (νCO) bei 6,3 µ zu sehen, die sich mit der NH-Schwingung überlagert. Eine Schulter bei 6,0 µ zeigt die freie Carboxylgruppe an. Die breite Bande bei 7,2-7,4 µ deutet ebenfalls auf die Carboxylatstruktur hin. Außerdem sind bei 3,41 µ, 3,51 µ und 14,0 µ die CH-Valenz- und Deformationsschwingungen zu erkennen. Bei 10,3 µ und 10,9 µ erscheinen Banden, die wahrscheinlich von der quaternären Ammoniumstruktur herrühren.
IR-Spektrum Nr. 29

II. Betaine

II.1.

Das Spektrum des Empigen BB zeigt neben den Absorptionsbanden der Alkylgruppe die Banden der Carboxylatgruppe wie bei den zwitterionischen Aminocarboxylsäuren bei 6,2-6,3 µ, 7,1-7,2 µ und 7,5 µ. Die Bande bei 10,75 µ rührt wahrscheinlich auch von der Carboxylatstruktur her, während die Bande bei 11,05 μ von einer CN-Valenzschwingung des quaternären Stickstoffs stammen könnte. Die beiden Banden bei 10,1 μ und 11,55 μ können nicht ohne weiteres zugeordnet werden, möglicherweise stammen sie von Nebenprodukten. IR-Spektrum Nr. 30

II.2.

Im Spektrum des Tego-Betain L 10 ist die sekundäre Amidgruppe bei 3,0-3,1 μ, bei 6,15 μ und 6,5 μ zu erkennen. Die Carboxylatbanden liegen bei 6,25 μ und 7,15 μ. Die letztgenannte Bande überlagert die Bande der bei der gleichen Wellenlänge auftretenden Ammoniumstruktur. IR-Spektrum Nr. 31

III. Imidazolinderivate

III.1.

Im Spektrum des Miranol C 2 M konz. sind wiederum die Banden bei 6,3 μ und 7,15 μ vorherrschend und sehr breit. Wahrscheinlich überlagern sich dabei die Schwingungen der Carboxylatgruppe und der C=N-Doppelbindung des Imidazolringes. IR-Spektrum Nr. 32

III.2.

Das Spektrum des Miranol SM konz. zeigt ebenfalls als vorherrschende Banden die Carboxylatbande bei 6,3 μ und 7,15 μ. Stark ausgeprägt ist auch die Bande der Äthanolgruppierung bei 9,5 μ und die Bande bei 10,8-10,9 μ, die von dem quartären Stickstoffatom herrührt. IR-Spektrum Nr. 33

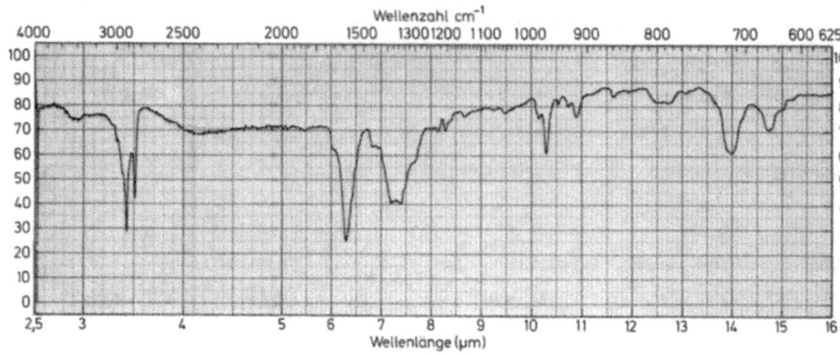

IR-Spektrum Nr. 29 Deriphat 160 C

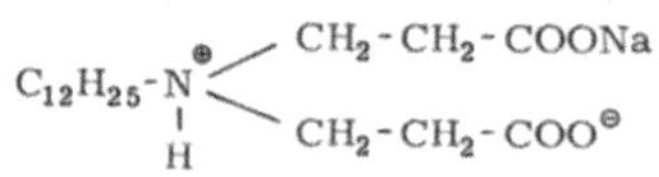

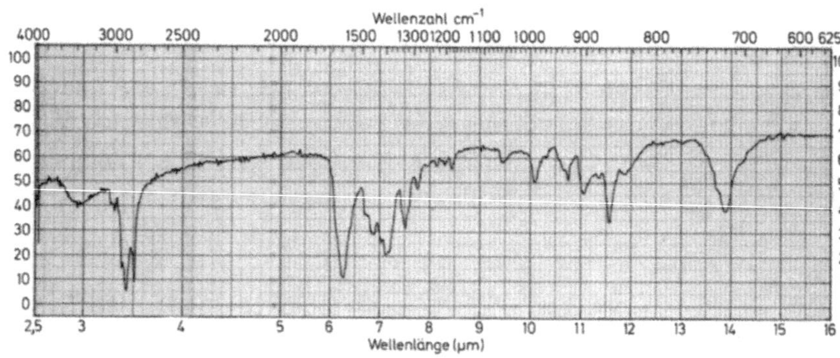

IR-Spektrum Nr. 30 Empigen BB

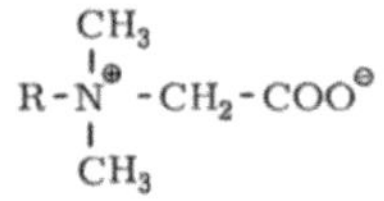

$R = C_{12}H_{25} - C_{14}H_{29}$

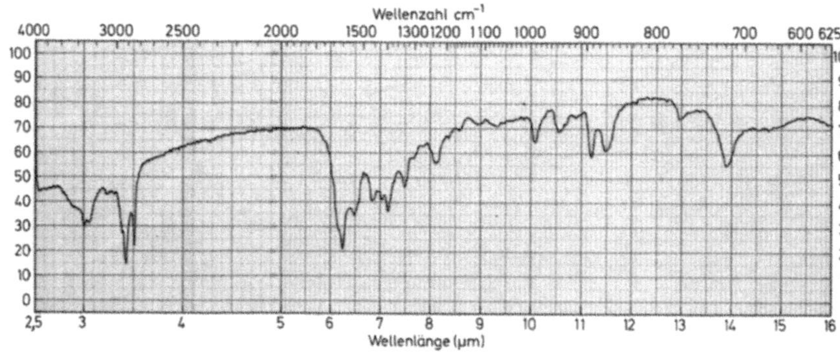

IR-Spektrum Nr. 31 Tego Betain L 10

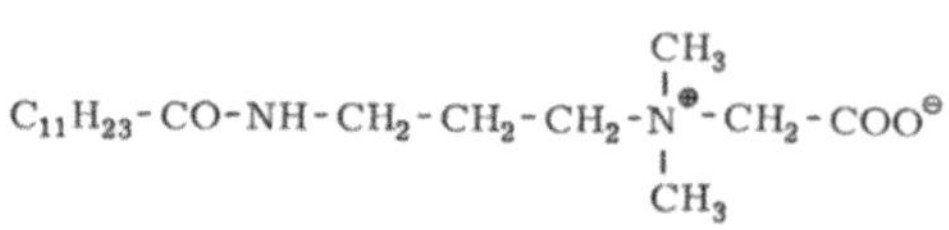

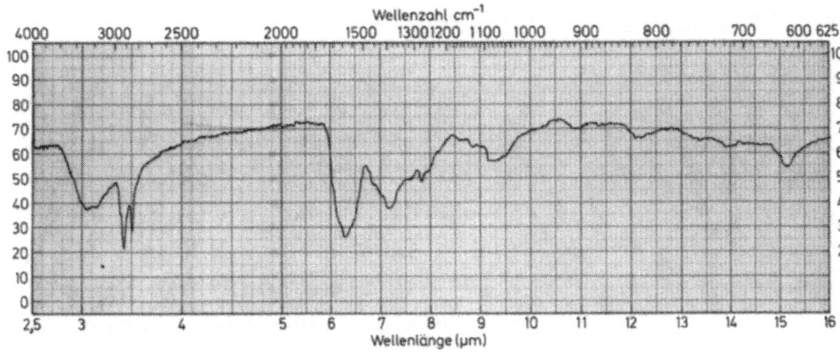

IR-Spektrum Nr. 32 Miranol C 2 M konz.

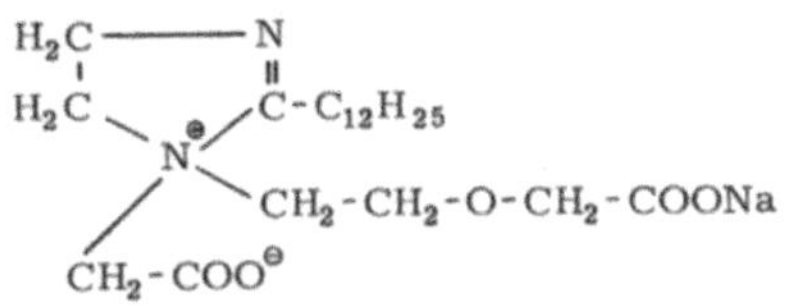

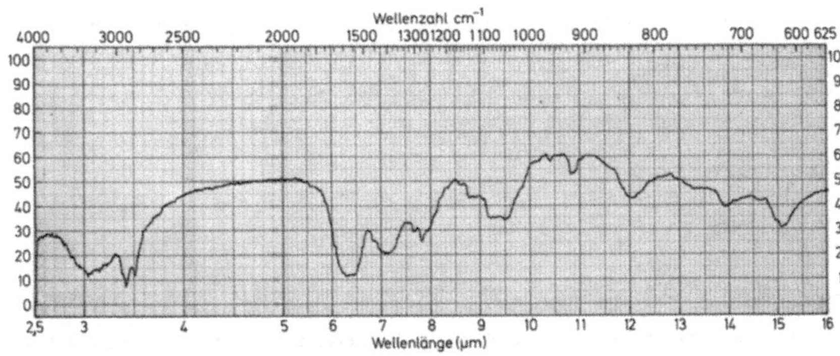

IR-Spektrum Nr. 33 Miranol SM konz.

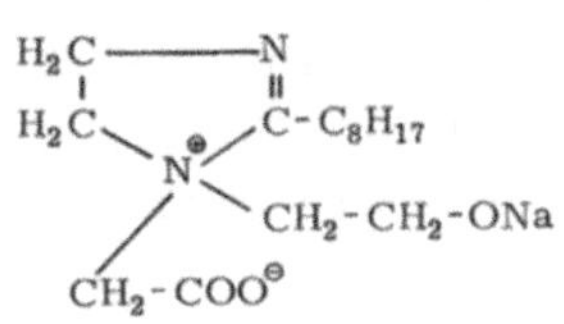

NMR-Spektroskopie amphoterer Tenside

I. Aminocarboxylsäuren

Im Spektrum des Deriphat 160 C sind neben den Signalen der CH_3- und CH_2-Protonen das Signal der Protonen der CH_2-COO-Gruppierung bei ca. 2,6 ppm und das Signal der Protonen der CH_2-Gruppen, die dem Stickstoff benachbart sind, bei 3,2 ppm zu erkennen. Bei 1,8 ppm tritt ein Signal auf, das bei allen kationaktiven und amphoteren Tensiden mehr oder weniger deutlich erscheint; wahrscheinlich rührt es von den Methylenprotonen der Alkylkette her, die in 2-Stellung am Stickstoff sitzen. NMR-Spektrum Nr. 28

II. Betaine

II.1.

Im Spektrum des Empigen BB ist neben den Signalen der Protonen der Alkylkette bei 3,2 ppm das Signal der beiden dem Stickstoff benachbarten Methylgruppen zu sehen. Bei 3,6 ppm liegt das Signal der CH_2-Gruppe, die dem Stickstoff benachbart ist, und bei 3,8 ppm das Signal der beiden Protonen der Methylengruppe, die zwischen dem Stickstoffatom und der Carboxylgruppe liegt. NMR-Spektrum Nr. 29

II.2.

Im Spektrum des Tego-Betain L 10 sind die der Carboxylgruppe der Carbonamidbindung benachbarten Protonen an dem Signal bei 2,2 ppm zu erkennen. Die Dimethylammoniumstruktur ist an dem scharfen Signal bei 3,2 ppm zu sehen, während zwischen 3,4 und 4 ppm die Signale der CH_2-Protonen liegen, die dem Stickstoff benachbart sind. Das scharfe Signal bei 2,9 ppm deutet darauf hin, daß die Substanz nicht voll quaternisiert ist. NMR-Spektrum Nr. 30

III. Imidazolinderivate

III.1.

Das Spektrum des Miranol C 2 M konz. zeigt neben den Signalen der Protonen der Alkylkette bei 3,1 ppm, 3,5 ppm und 4,0 ppm die Signale der verschiedenen, dem Stickstoff benachbarten Methylenprotonen. Um 2,2 ppm erscheint das Signal der Methylengruppe des Alkylrestes, die in 2-Stellung am Imidazolinring sitzt; bei 3,8 ppm und 4,2 ppm treten die Signale der Äthoxygruppe auf. NMR-Spektrum Nr. 31

III.2.

Das Spektrum des Miranol SM konz. zeigt ebenfalls neben den Signalen der Alkylprotonen die Signale der verschiedenen, dem Stickstoff benachbarten Methylenprotonen bei 2,8 ppm, 3,2 ppm und 3,9 ppm. Die CH_2-O-Protonen der Äthoxylatgruppe geben bei 3,6 ppm ein Signal, und bei 2,2 ppm erscheint das Signal der Methylengruppe des Alkylrestes, die am Imidazolinring gebunden ist. NMR-Spektrum Nr. 32

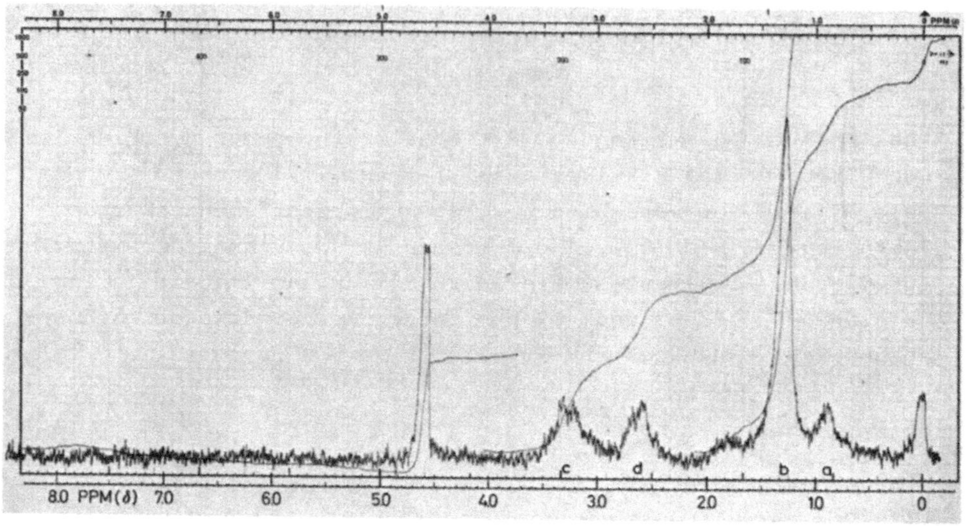

NMR-Spektrum Nr. 28 Deriphát 160 C (in D_2O)

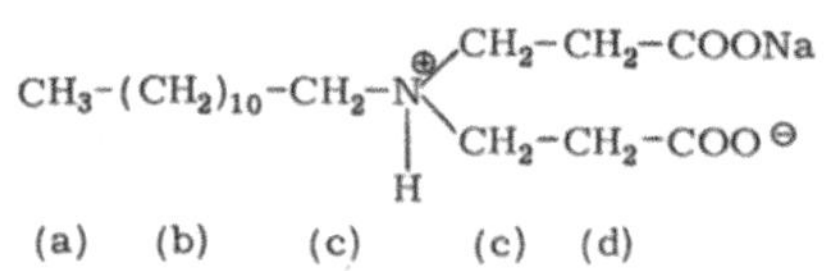

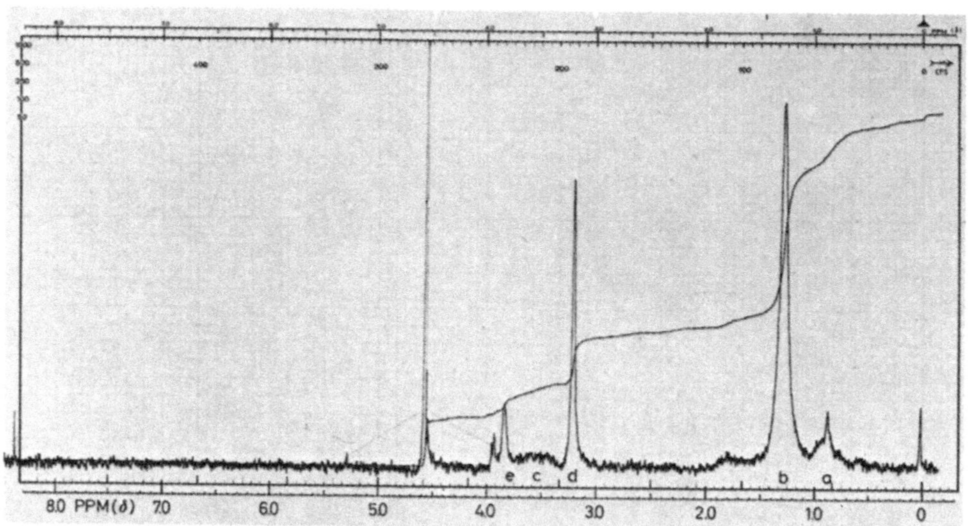

NMR-Spektrum Nr. 29 Empigen BB (in D_2O)

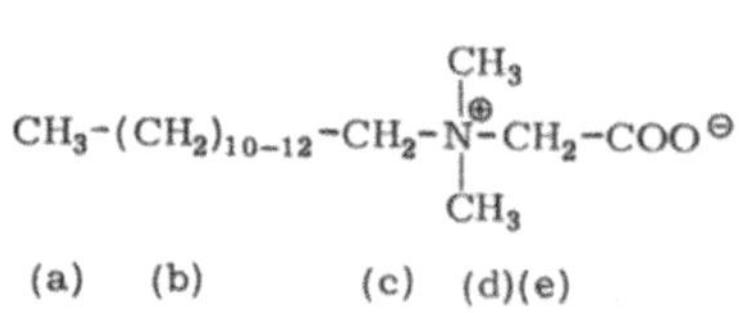

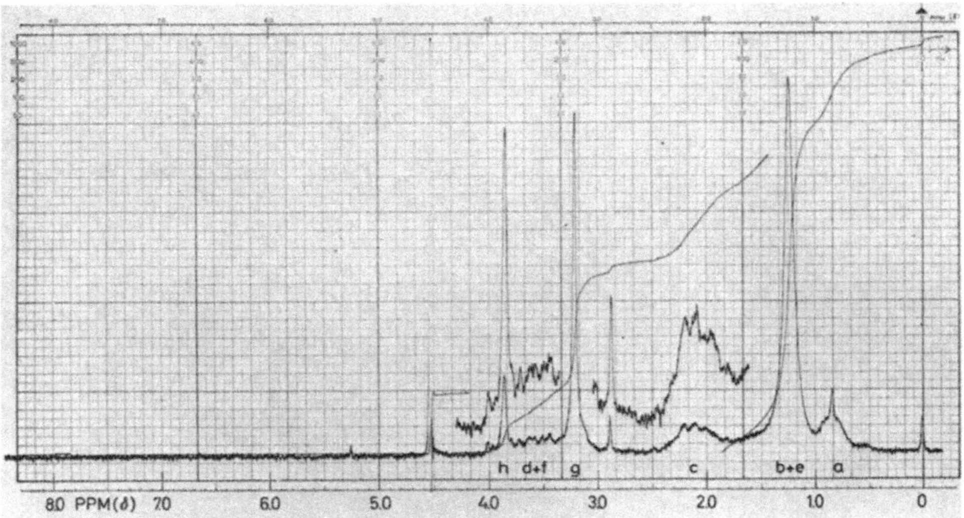

NMR-Spektrum Nr. 30 Tego Betain L 10 (in D_2O)

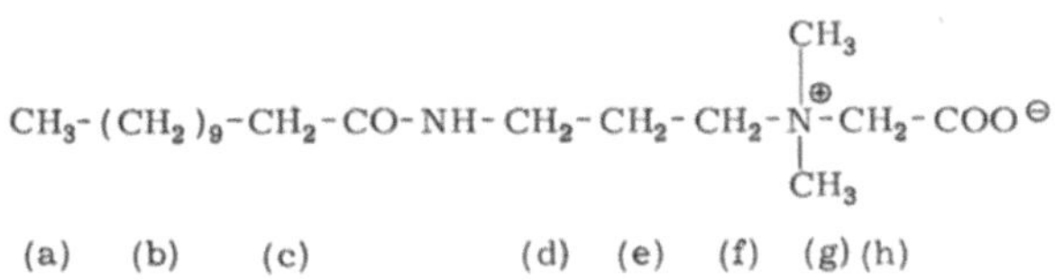

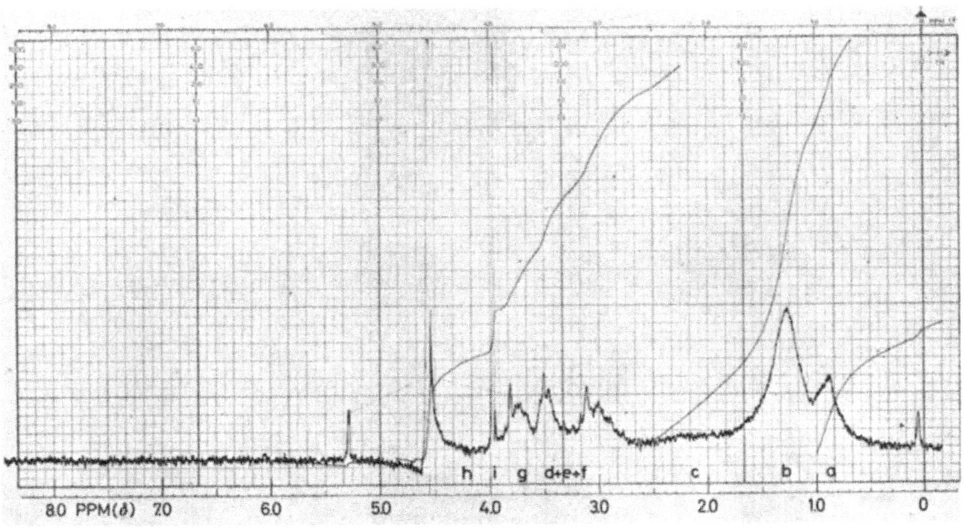

NMR-Spektrum Nr. 31 Miranol C 2 M konz. (in D_2O)

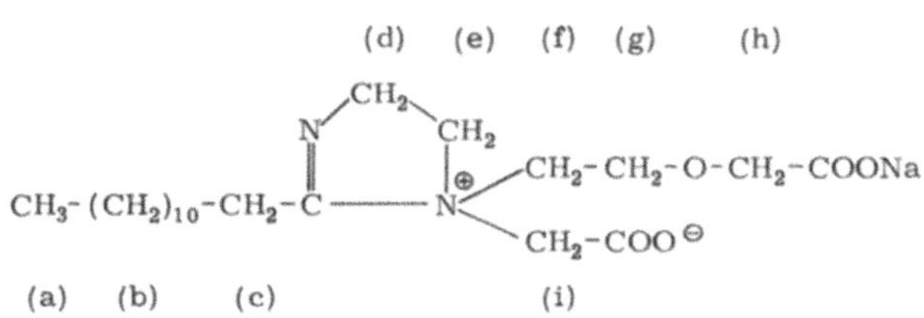

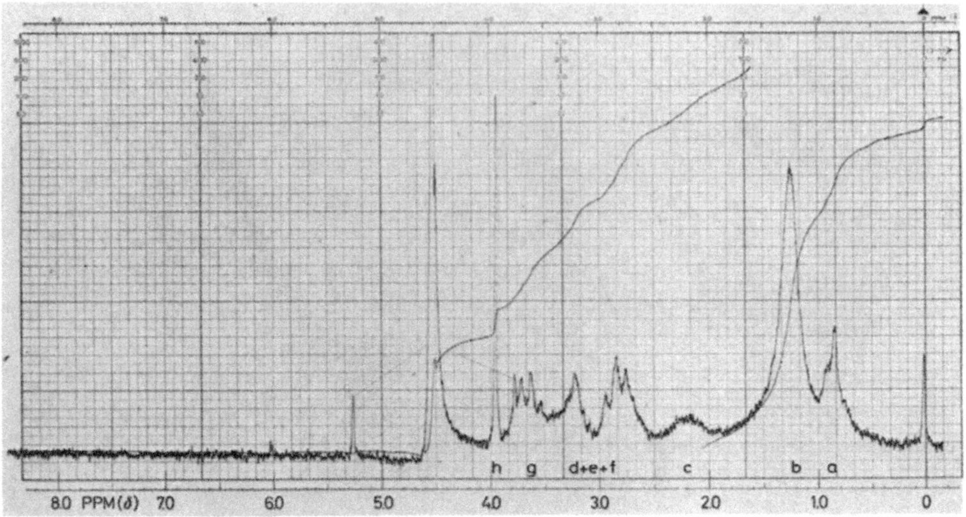

NMR-Spektrum Nr. 32 Miranol SM konz. (in D_2O)

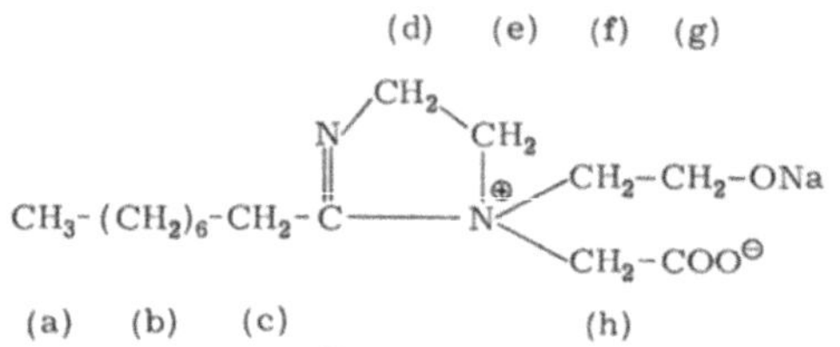

Auftrennung eines Gemisches nichtionogener Tenside und anderer nichtionischer Verbindungen

Im Eluat der Ionenaustauschersäulen werden zusammen mit den nichtionogenen Tensiden auch noch andere nichtionische organische Verbindungen gefunden, sofern sie in den Alkoholextrakt gegangen sind, wie z.B. alle mehrwertigen Alkohole, Fettalkohole, Triglyceride, Wachse und ähnliche Verbindungen. Nach unseren Erfahrungen werden die nichtionischen Anteile quantitativ im Eluat der Austauschersäulen erhalten. Mit der Auftrennung von Gemischen verschiedener nichtionogener, oberflächenaktiver Substanzen und ähnlicher Verbindungen haben sich bisher nur wenige Autoren beschäftigt und Versuche gemacht, die Analyse solcher Mischungen zu systematisieren.

Säulenchromatographische Trennungen

Von Ravin und Mitarbeitern[122)] und von Quinlin und Weiser[121)] wurden säulenchromatographische Methoden zur Trennung von Mono-, Di- und Triglyceriden durchgeführt. Quinlin und Weiser[121)] eluierten an Silicagel-Säulen die Triglyceride mit Benzol, die Diglyceride mit einem Gemisch von Benzol und Diäthyläther 90:10 und die Glycerinmonofettsäureester mit Diäthyläther. Papariello und Mitarbeiter[112)] erweiterten das Verfahren um die zusätzliche Abtrennung von Mono- und Diestern von Äthylenglykol und Polyäthylenglykolen. Für die Trennung von Mischungen von Fettsäureglycerin- und -glykolestern an Kieselgel-Säulen verwendeten sie Gemische von Isooctan und Isopropyl- bzw. Äthyläther sowie Isopropyläther und Äthanol und für die Auftrennung von Polyäthylenglykolestern verschiedene Gemische von Isopropyläther bzw. Chloroform und Methanol als Elutionsmittel. Privett und Mitarbeiter[117)] führten die Bestimmung von Mono-, Di- und Triglyceriden durch Molekulardestillation sowie dünnschichtchromatographisch auf Silicagel-Platten mit Äther/Hexan-Gemischen durch. Eine Flüssig-flüssig-Extraktionsmethode zur Trennung von in Hexan löslichen und unlöslichen nichtionischen Verbindungen wurde von Rosen und Goldsmith[129] veröffentlicht. Eine allgemeine Methode zur Trennung nichtionogener Tenside und deren Mischungen mit anderen nichtionischen verwandten Verbindungen hat Rosen[127] angegeben. Er arbeitete mit Kieselgel-Säulen und verwendete Chloroform in verschiedenen Mischungen mit Äther, Aceton und Methanol als Eluiermittel.

Bei Handelsprodukten erhält man natürlich oft mehrere Fraktionen bei Einsatz nur eines einzigen Produktes, da diese oft aus Mischungen von Verbindungen mit etwas verschiedenen hydrophil/hydrophob-Gleichgewichten bestehen.

In ähnlicher Weise trennten Newburger und Mitarbeiter[110] Gemische nichtionogener Verbindungen an mit Kieselgel beschickten Säulen mit Isooctan/Äther-Mischungen auf.

Eigene Versuche haben gezeigt, daß Gemische mit sehr vielen Komponenten von nichtionogenen Tensiden und verwandten Substanzen sich nach beiden Methoden nur in Ausnahmefällen völlig trennen lassen. Im allgemeinen sind die hydrophil/hydrophob-Gleichgewichte vieler Verbindungen zu ähnlich, um eine vollständige Trennung zu ermöglichen.

Bei Gemischen von wenigen Verbindungen, die sich ihrem hydrophilen Verhalten nach stärker voneinander unterscheiden, ist es allerdings eher möglich, eine vollständige Trennung zu erzielen. Dabei kann nicht ohne weiteres einer Methode der Vorzug gegeben werden, sondern je nach dem vorliegenden Trennproblem wird man entsprechend vorgehen müssen. So läßt sich z.B. ein Fettsäurepolyglykolester von einem Fettsäurealkanolamid nach Newburger[110] überhaupt nicht, nach Rosen[127] jedoch sehr gut trennen. Andererseits läßt sich ein Fettsäurepolyglykolester von Paraffinöl nur nach Newburger[110] trennen. Die eingesetzten Substanzmengen sind in allen Fällen quantitativ wieder eluierbar.

Papierchromatographische Trennungen

Galbo[40,41,42] hat als erster die Papierchromatographie zur Trennung von Äthylenoxid-Addukten und freien Polyäthylenglykolen eingesetzt. Er verwendete dazu Whatman Papier Nr. 1 und ein Gemisch von n-Butanol/Wasser/Essigsäure (40:50:10) als mobile Phase. Die Äthylenoxid-Addukte zeigten zwar ziemlich ähnliche Rf-Werte, ließen sich jedoch gut von den Polyglykolen trennen. Eine teilweise Trennung und Identifizierung von Äthylenoxid-Addukten haben Selden und Benedict[141] papierchromatographisch durchgeführt, wobei sie zwei verschiedene Laufmittelgemische einsetzten: Äthanol/konz. Salzsäure/Wasser (20:10:70) und n-Heptan/Essigsäure/Butanol (65:20:15).

Dünnschichtchromatographische Trennungen

Von den dünnschichtchromatographischen Arbeiten, die sich nur mit der Trennung nichtionogener Tenside beschäftigen, ist neben einer Arbeit von Obruba[111], die die Bestimmung freier Polyäthylenglykole in Äthylenoxid-Addukten auf dünnschichtchromatographischem Wege behandelt, vor allem eine Veröffentlichung von Bürger[17] zu nennen, in welcher die Bestimmung der Molekulargewichtsverteilung und des Äthoxylierungsgrades von Polyäthylenoxid-Verbindungen auf Kieselgel G beschrieben wird. Als Fließmittel verwendete Bürger[17] ein Butanon/Wasser (1:1)-Gemisch, zum Anfärben das modifizierte Dragendorff-Reagenz (Kaliumtetrajodobismutat und Bariumchlorid). Unter diesen Bedingungen erhielt er eine völlige Auftrennung der äthoxylierten Verbindungen nach dem Äthoxylierungsgrad; die hydrophoben Molekülteile, nämlich Fettsäure-, Fettalkohol- und Alkylphenolreste hatten dagegen keinen wesentlichen Einfluß auf die Rf-Werte. Sehr prägnant kam dagegen die Länge der Äthylenoxidketten zum Ausdruck: mit zunehmendem Äthylenoxidgehalt wurden die Rf-Werte immer kleiner, hoch äthoxylierte Substanzen und Polyäthylenglykole verblieben an der Startlinie. Außerdem sei noch einmal auf die schon bei den anionaktiven Tensiden angeführten Veröffentlichungen[7,95] hingewiesen, die sich zum Teil auch mit der dünnschichtchromatographischen Trennung einiger nichtionogener Tenside beschäftigen.

Mit der systematischen Trennung aller in Tab. 14 angeführten Gruppen von nichtionogenen Tensiden auf dünnschichtchromatographischem Wege haben wir[78] uns zum erstenmal befaßt, also auch mit den Fettsäurepartialestern mehrwertiger Alkohole und ihren Äthylenoxid-Addukten. Wir haben dabei zahlreiche Versuche mit allen in Tab. 14 angeführten Klassen nichtionogener Tenside durchgeführt, wobei wir die in Tab. 15 aufgeführten entsprechenden Handelsprodukte eingesetzt haben. Die verschiedensten Adsorptionsschichten, Laufmittelgemische und Sprühreagentien wurden zur Sichtbarmachung angewendet, die in Tab. 16 angegeben sind. 1%ige äthanolische Lösungen der nichtionogenen Tenside (bezogen auf Trockensubstanz) wurden auf die verschiedenen Schichten aufgetragen und in den Laufmittelgemischen entwickelt. Die Laufstrecke betrug bei allen Versuchen 16 cm. Da wir nicht eine Auftrennung der Äthylenoxid-Addukte nach dem Äthoxylierungsgrad, sondern nach den funktionellen Gruppen bzw. den hydrophoben Bausteinen erzielen wollten, führten früher in der Literatur angegebene Verfahren nicht zum Ziel. Erst Versuche mit Kieselgel G-Platten, die wir mit Oxalsäure imprägnierten, brachten Erfolg: die Verbindungen wurden nicht mehr nach dem Äthoxylierungsgrad aufgetrennt, sondern bei Anwendung eines Fließmittelgemisches von Chloroform und Methanol im Verhältnis 9:1 erhielten wir recht gute Trennergebnisse nur nach Verbindungsklassen. Auf die Vorteile einer sauren bzw. basischen Imprägnierung von Kieselgelschichten hat bereits Stahl[145] 1959 hingewiesen. Zur Herstellung der Streichmasse verwendete er an Stelle von Wasser 0,1 bis 0,5 n Oxalsäure bzw. 0,1-0,5 n Kalilauge. "Saure" Kieselgelschichten setzte Stahl[145] zur Trennung sauer reagierender Verbindungen ein, wie Phenole oder Säuren, "basische" für die Trennung von Aminen und Alkaloiden. Bilden die zu trennenden Substanzen mit dem Imprägnierungsmittel Salze, so wandern diese

Tabelle 14
==========

Systematische Gliederung der nichtionogenen Tenside

I. Fettsäureester mehrwertiger Alkohole
   A. Fettsäureester zweiwertiger Alkohole
   B. Fettsäureester drei- und mehrwertiger Alkohole
      1. Fettsäurepartialester des Glycerins
      2. Fettsäurepartialester von Anhydrosorbiten und von Zuckern

II. Fettsäurealkanolamide
   1. Fettsäurediäthanolamide
   2. Fettsäuremonoäthanolamide
   3. Fettsäuremonoisopropanolamide

III. Äthylenoxid-Addukte
   A. Äthoxylierte Fettsäurepartialester
      1. Äthoxylierte Fettsäurepartialester des Glycerins
      2. Äthoxylierte Fettsäurepartialester von Anhydrosorbiten
      3. Äthoxylierte Fettsäurepartialester von mehrwertigen Alkoholen mit quaternärem Kohlenstoffatom
   B. Fettsäureester von Polyglykolen
   C. Äthoxylierte Fettalkohole
   D. Äthoxylierte Alkylphenole
   E. Äthoxylierte Polypropylenglykole
   F. Äthoxylierte Amide
      1. Äthoxylierte Fettsäureamide
      2. Äthoxylierte Fettsäurealkanolamide
   G. Äthoxylierte Amine
      1. Äthoxylierte Aminoalkohole
      2. Äthoxylierte Fettamine

Tabelle 15

Nichtionogene Tenside

Gruppen-Nr.	Handelsname	Chem. Bezeichnung	Hersteller
I.A.	Glykoldistearat	Glykoldistearat	Atlas-Goldschmidt
I.B.1.	Empilan GMS/ NSE 40	Glycerinstearat	Marchon
I.B.2.	Arlacel 60	Sorbitanmonostearat	Atlas-Goldschmidt
II.1.	Comperlan KD	Kokosfettsäurediäthanolamid	Dehydag (Henkel)
II.2.	Comperlan 100	Kokosfettsäuremonoäthanolamid	Dehydag (Henkel)
II.3.	Steinamid IPP 240	Kokosfettsäuremonoisopropanolamid	Rewo
III.A.1.	Telgatol SM 800	äthoxyliertes Glycerinmonostearat	Bärlocher
III.A.2.	Tween 20	Polyoxyäthylensorbitanmonolaurat	Atlas-Goldschmidt
III.A.3.	Telgatol TM 600	äthoxyliertes Trimethylolpropylmonooleat	Bärlocher
III.B.	Deplastol	Fettsäurepolyglykolester	Dehydag
III.C.	Dehydol LS 2	Fettalkoholpolyglykoläther	Dehydag
III.D.	Stokolan NS 9	Nonylphenolpolyglykoläther	Stockhausen
III.E.	Pluronic-Typen (L 61, L 64, F 68)	äthoxyliertes Polypropylenglykol	Wyandotte
III.F.1.	Dionil SH 100	Ölsäureamidpolyglykoläther	Chem. Werke Hüls
III.F.2.	Eumulgin C 4	Fettsäureäthanolamidpolyglykoläther	Dehydag (Henkel)

Tabelle 15 (Fortsetzung)

Gruppen-Nr.	Handelsname	Chem. Bezeichnung	Hersteller
III.G.1.	Tetronic 704	PO/AeO-Addukt an Äthylendiamin	Wyandotte
III.G.2.	Ethomeen C/25	äthoxyliertes Fettamin	Armour

Tabelle 16

Angewandte Versuchsbedingungen zur dünnschichtchromatographischen Trennung nichtionogener Tenside

	Schicht	Laufmittel	Sprühmittel
1.	Cellulose	n-Heptan/Eisessig/Butanol 65 : 20 : 15	5%ige salzsaure Bariumchloridlösung (pH 2) und 0,1 n Jodlösung
2.	Cellulose	Äthanol/Salzsäure/Wasser 65 : 20 : 15	Dragendorffs Reagenz
3.	Aluminiumoxid	Äthylacetat/Pyridin 40 : 60	Pinakryptolgelb
4.	Kieselgel GF_{254}	Chloroform/Methanol 80 : 20	Pinakryptolgelb/Dragendorffs Reagenz
5.	Kieselgel GF_{254}	Chloroform/Methanol 80 : 20	Pinakryptolgelb
6.	Kieselgel GF_{254} mit 0,1 n Oxalsäure	Chloroform/Methanol 80 : 20	Dragendorffs Reagenz
7.	Kieselgel GF_{254}	Chloroform/Methanol 90 : 10	Dragendorffs Reagenz
8.	Kieselgel GF_{254} mit 0,1 n Oxalsäure	Chloroform/Methanol 90 : 10	Dragendorffs Reagenz
9.	Kieselgel GF_{254} mit 0,1 n Oxalsäure	Chloroform/Methanol 90 : 10	5%ige salzsaure Bariumchloridlösung (pH 2) und 0,1 n Jodlösung

in der Regel in schwach polaren Fließmitteln nicht oder zumindest langsamer als die freien Säuren und Basen. In ähnlicher Weise läßt sich das Verhalten der Äthylenoxid-Addukte auf mit Oxalsäure imprägnierten Kieselgelschichten erklären: die in der stark sauren Schicht gebildeten schwach kationaktiven Oxoniumverbindungen bilden mit der Oxalsäure Salze, die weniger rasch wandern und sich daher nicht mehr nach dem Äthoxylierungsgrad auftrennen lassen.

Eine vollständige Trennung aller eingesetzten Tenside ist bei keinem der verwendeten Laufmittel möglich, jedoch gelingt unter den angegebenen Bedingungen eine gute Gruppentrennung in (äthoxylierte) Fettsäurepartialester, äthoxylierte Polypropylenglykole, äthoxylierte Fettalkohole und Alkylphenole, Fettsäurealkanolamide und ihre Äthylenoxid-Addukte sowie äthoxylierte Amine, Polyäthylenglykole und äthoxylierte Aminoalkohole, wie die Rf-Werte in Tab. 17 zeigen. Gleichzeitig enthält Tab. 17 die Fleckenfarben nach Anfärbung mit zwei verschiedenen Sprühmitteln und die ungefähren Nachweisgrenzen.

Die beste Methode zum Sichtbarmachen der getrennten Tenside scheint uns das Besprühen zuerst mit einer 5%igen salzsauren Bariumchloridlösung, eingestellt auf einen pH-Wert von 2, und anschließendes Besprühen mit 0,1 n Jodlösung zu sein. Auch mit dem modifizierten Sprühreagenz nach Dragendorff lassen sich die Tenside gut sichtbar machen. Eine genaue Zuordnung der nichtionogenen Tenside allein auf Grund ihrer Fleckenfarben scheint uns jedoch nach beiden Methoden nur sehr schwer möglich zu sein.

Abb. 6 zeigt die schematische Darstellung eines Dünnschichtchromatogramms aller von uns eingesetzten nichtionischen Tenside. Man sieht deutlich, daß die Gruppe der Fettsäurepartialester und ihrer Äthylenoxid-Addukte oberhalb von dem Rf-Wert 0,7 liegt. Sie gruppiert sich in der Hauptsache um 0,85. Eine Auftrennung in verschieden äthoxylierte Verbindungen tritt

Tabelle 17

Dünnschichtchromatographische Trennung nichtionogener Tenside und Polyäthylenglykole

Gruppen-Nr.	Handelsname	Rf-Werte	Färbung mit Dragendorffs Reagenz	Färbung mit $BaCl_2$- u. J_2-Lösung	Nachweisgrenze in γ
I.A.	Glykoldistearat	0,70	gelb	gelb	50
I.B.1.	Empilan GMS/NSE 40	0,86	gelb	gelb	50
I.B.2.	Arlacel 60	0,87	gelb	gelb	50
II.1.	Comperlan KD	0,40	gelb	bräunlich	30
II.2.	Comperlan 100	0,42	gelb	bräunlich	30
III.A.1.	Telgatol SM 800	0,60	orange	gelb	50
III.A.2.	Tween 20	0,30/0,60	gelb	gelb	20
III.A.3.	Telgatol TM 600	0,68	orange	gelb	50
III.B.	Deplastol	0,80	orange	gelb	30
III.C.	Dehydol LS 2	0,66	orange	gelb	30
III.D.	Stokolan NS 9	0,62	bräunlich	gelb	30
III.E.	Pluronic L 64	0,70	bräunlich	braun	30
III.F.1.	Dionil SH 100	0,57	gelb	hellbraun	30
III.F.2.	Eumulgin C 4	0,57	orange	bräunlich/ gelb	30
III.G.1.	Tetronic 704	0,10	orange	braun	30
III.G.2.	Ethomeen C/25	0,27	orange	rostbraun	50
	Polydiol 200	0,37	orange	dunkelbraun	15
	Polydiol 400	0,32	orange	dunkelbraun	15
	Polydiol 600	0,30	orange	dunkelbraun	15
	Polydiol 1000	0,30	orange	dunkelbraun	15

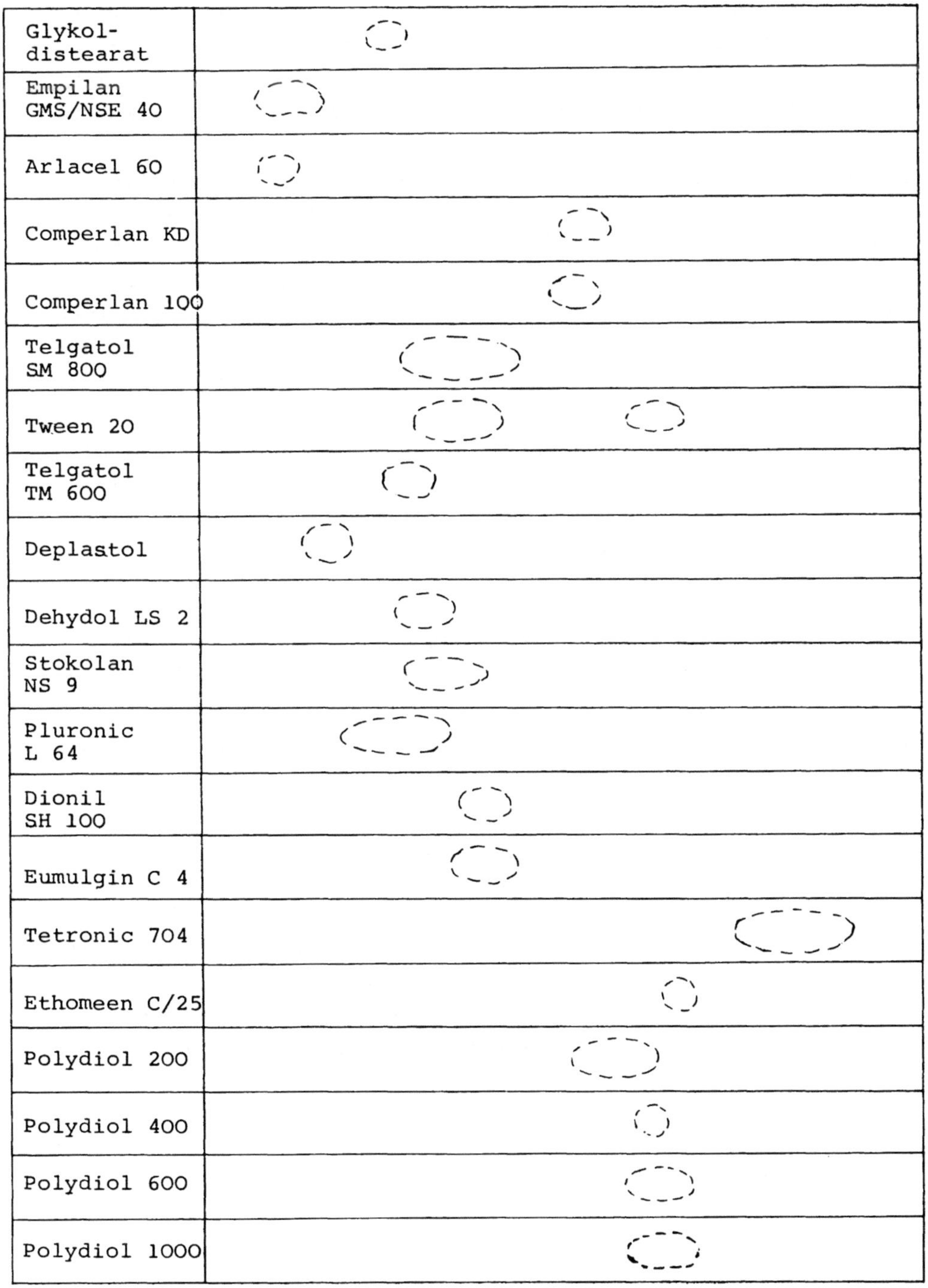

<u>Abb. 6</u> Schema eines Dünnschichtchromatogramms der untersuchten nichtionogenen Tenside

Es wurden jeweils 3 µl einer 1%igen äthanolischen Lösung (bezogen auf Trockensubstanz) aufgetragen.

unter den von uns angewandten Verbindungen nicht auf, wodurch die Identifizierung wesentlich erleichtert wird. Die Fettalkohol- und Alkylphenolpolyglykoläther erscheinen im Bereich von 0,5-0,7 deutlich abgesetzt von den Fettsäurepartialestern. Lediglich die äthoxylierten Polypropylenglykole erscheinen mit etwa gleichen Rf-Werten wie die äthoxylierten Sorbitanfettsäureester. Mit Rf-Werten um 0,4 sind Fettsäurealkanolamide von allen anderen nichtionogenen Tensiden gut trennbar. Nur die äthoxylierten Fettsäurealkanolamide erscheinen im Gebiet der Fettalkoholpolyglykoläther mit Rf-Werten um 0,6. Auch äthoxylierte Fettamine und äthoxylierte Aminoalkohole sind gut von allen anderen Verbindungen zu trennen; letztere verbleiben am Startpunkt. Die äthoxylierten Fettamine haben Rf-Werte von 0,2-0,3. Im Gebiet zwischen 0,3 und 0,4 erscheinen freie Polyäthylenglykole, die sich damit gut von allen anderen Verbindungen trennen lassen. Da alle äthoxylierten Verbindungen stets als Nebenprodukte freie Polyäthylenglykole enthalten, ist die Trennung von ihnen besonders wichtig.

Die angegebenen Rf-Werte können natürlich nur Näherungswerte darstellen, da sie sich etwas verschieben werden, je nach dem durchschnittlichen Äthoxylierungsgrad der eingesetzten Verbindungen. So erhält man unter den von uns angegebenen Bedingungen bei Einsatz verschieden hoch äthoxylierter Nonylphenole Rf-Werte von ca. 0,7 (für ein Nonylphenol mit 6 Äthylenoxid-Gruppen) bis 0,5 (für ein Nonylphenol bis 30 Äthylenoxid-Gruppen), wie Abb. 7 anhand von 7 Arkopal-Typen, deren mittlerer Äthoxylierungsgrad genau bekannt ist, sehr anschaulich zeigt. Dabei muß aber berücksichtigt werden, daß bei anderen Äthylenoxid-Addukten kaum je solche Variationsbreiten im Äthoxylierungsgrad erzielt werden, so daß die Schwankungen in den Rf-Werten bei den meisten äthoxylierten nichtionogenen Tensiden wesentlich geringer sein werden.

Es dürfte daher mit der angegebenen Methode in den meisten Fällen möglich sein, eine Gruppentrennung der nichtionogenen Tenside

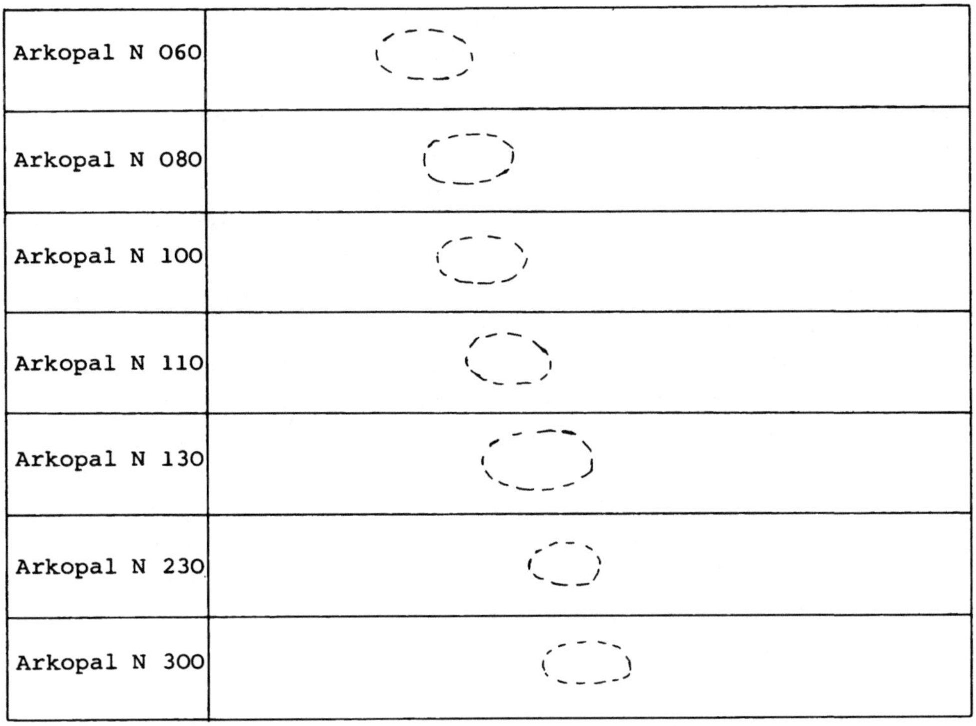

Abb. 7 Schema eines Dünnschichtchromatogramms verschiedener Arkopal-Typen mit genau definiertem mittlerem Äthoxylierungsgrad (6-30), hergestellt von der Firma Farbwerke Hoechst AG

Es wurden jeweils 3 µl einer 1%igen äthanolischen Lösung (bezogen auf Trockensubstanz) aufgetragen.

in Ester, Alkohole und stickstoffhaltige Verbindungen sowie freie Polyäthylenglykole durchzuführen.

Eine vollständige Identifizierung der nichtionogenen Tenside wird allerdings allein auf Grund der Rf-Werte und der Anfärbungen mit den von uns angewandten Sprühmitteln selten erreichbar sein. Am besten werden die getrennten Substanzflecken abgelöst, mit Tetrachlorkohlenstoff eluiert und anschließend IR-spektroskopisch identifiziert. Sofern innerhalb der getrennten Tensidklassen noch Gemische vorliegen, die weiter aufgetrennt werden sollen, läßt sich die weitere Trennung im allgemeinen mit anderen chemischen und physikalischen Methoden durchführen. So kann man Ester durch Verseifung, Spaltung und Abtrennung der freien Fettsäuren und Bestimmung der Alkohole im Sauerwasser charakterisieren. Alkylphenolpolyglykoläther können durch Messung der UV-Absorption neben Fettalkoholpolyglykoläthern bestimmt werden. Auf diese Weise ist es möglich, auch komplizierte Gemische nichtionogener Tenside einwandfrei zu trennen und zu identifizieren.

Abtrennung von Polyäthylenglykolen

Im Falle der Anwesenheit von Äthylenoxid-Addukten werden sich in den meisten Fällen freie Polyäthylenglykole finden, die bei der Herstellung als Nebenprodukte entstehen. Die Bestimmung der Polyäthylenglykole in diesen nichtionogenen Tensiden kann entweder durch extraktive oder durch chromatographische Methoden erfolgen. So bildeten Malkemus und Swan[94)] ein Koazervat aus dem zu trennenden Gemisch und gesättigter Kochsalzlösung und extrahierten die Polyäthylenglykole mehrfach bei 95°C mit gesättigter Kochsalzlösung. Eine andere Extraktionsmethode wurde von Weibull[164)] vorgeschlagen, welcher mit 5 n Kochsalzlösung und Äthylacetat die Polyäthylenglykole als die hydrophileren Verbindungen von den Tensiden trennte, die in der organischen Phase verblieben. Durch Extraktion der wässrigen Phase mit Chloroform werden die Polyäthylenglykole von der Salzlösung in die Chloroformschicht übergeführt, die dann abgedampft wird. Zur Entfernung von Kochsalzspuren wird mit Aceton gereinigt. Diese Methode soll auf eine große Anzahl nichtionogener Tenside anwendbar sein und gut reproduzierbare Ergebnisse liefern. Nach Bürger[15] wird die Trennung des Äthylenoxid-Adduktes von freien Polyglykolen am besten durch Verteilen zwischen Methyläthylketon und Wasser oder durch Verteilen zwischen Butanol und wässriger Natriumhydrogencarbonatlösung erreicht. Dabei geht das Addukt wieder in die organische Phase, das Polyäthylenglykol in die wässrige Phase. Die Trennung gelingt bis zu einem Äthoxylierungsgrad von 25 (25 Mole Äthylenoxid pro Mol Ausgangsprodukt).

Wohl am saubersten getrennt werden Äthylenoxid-Addukte und Polyäthylenglykole durch ein von Pollerberg und Heinerth[115] beschriebenes säulenchromatographisches Verfahren. Die Säulenfüllung besteht aus feinkörniger, mit Dichlordimethylsilan hydrophobierter Kieselgur, die mit Chlorbenzol als stationärer Phase getränkt wurde. Die mobile Phase ist zugleich Lösungsmittel für das Analysengemisch und besteht aus einem Aceton/Wasser-Gemisch, das 10 % Essigsäure enthält. Die Polyglykole wandern bei dieser Anordnung schneller als die Äthylenoxid-Addukte. Nach dieser Methode lassen sich Fettalkoholpolyglykoläther bis zu einem Äthoxylierungsgrad von 20 und Nonylphenol-Addukte bis zu 10 Äthylenoxidgruppen pro Molekül von den beigemischten Polyglykolen trennen.

Nach Blomeyer[10] wurde in jüngster Zeit von der niederländischen Delegation der C.I.A. eine ähnliche säulenchromatographische Methode zur Bestimmung von freien Polyäthylenglykolen in nichtionogenen Tensiden vorgeschlagen, die auf der Adsorption nichtionogener Tenside an silaniertem Kieselgel beruht. Mit 30%igem wässrigem Isopropanol lassen sich die freien Polyäthylenglykole vollständig aus der Säule eluieren, während die Desorption von Äthylenoxid-Addukten mit 96%igem Äthanol erfolgt. Die Vorteile der chromatographischen Methode liegen vor allem in der Anwendbarkeit auf Substanzen, die mit der Weibullschen[164] Extraktionsmethode nicht untersucht werden können, wie z.B. Äthylenoxid-Addukte von Fettsäureäthanolamiden, und in der benötigten geringen Substanzmenge von etwa 1 g.

Auftrennung von Äthylenoxid-Addukten nach dem Äthoxylierungsgrad

Da bei der Anlagerung von Äthylenoxid immer Gemische von Verbindungen mit verschieden hohem Äthoxylierungsgrad entstehen, hat auch die Auftrennung dieser Substanzen nach dem Äthoxylierungsgrad besonderes Interesse gefunden. So haben Kelly und Greenwald[75] äthoxylierte Alkylphenole säulenchromatographisch in die einzelnen Alkylphenolpolyglykoläther getrennt. Sie erprobten die Trennung sowohl an mit Kieselgel als auch an mit Aluminiumoxid gefüllten Säulen. Letztere erwiesen sich als ungeeignet, da die Hydratation des Aluminiumoxids sich mit variierendem Wassergehalt der Lösungsmittel ändert und die Trennungen nicht reproduzierbar werden. Mit Kieselgel ließen sich hingegen gute Trennergebnisse erzielen; die einzelnen Fraktionen enthielten fast reine Äthylenoxid-Addukte von steigendem Molekulargewicht. Die Methode ist jedoch mühsam und zeitraubend und läßt sich bis zu Addukten von 9 Molen Äthylenoxid besser gaschromatographisch durchführen, wie weiter unten beschrieben wird. Auch die Auftrennung von Fettalkoholpolyglykoläthern läßt sich gaschromatographisch am besten durchführen. Puthoff und Benedict[120] führten die Auftrennung über die Phenylazobenzoylderivate an Säulen mit saurem Aluminiumoxid aus, dessen Wassergehalt auf 3 % eingestellt war. Die Umsetzung der äthoxylierten Fettalkohole erfolgte dabei in Pyridin; die isolierten Ester wurden in Hexan überführt und auf die Säule gegeben. Als Elutionsmittel diente Benzol. Auf diese Weise lassen sich Fettalkoholpolyglykoläther, die bis zu 4 Molen Äthylenoxid enthalten, auftrennen.

Die qualitative Auftrennung von Fettalkohol- und Alkylphenolpolyglykoläthern ist dünnschichtchromatographisch leicht durchführbar, wie Bürger[17] gezeigt hat. Auf diese Weise ist die Molekulargewichtsverteilung des Polyäthylenoxidanteils und der Äthoxylierungsgrad in Äthylenoxid-Addukten von Fettsäuren, Fettalkoholen, Alkylphenolen und Fettaminen bestimmbar.

Da sich die Dünnschichtchromatographie schlechter für quantitative Untersuchungen eignet, ist daneben auch die Gaschromatographie zur Auftrennung von Äthylenoxid-Addukten eingesetzt worden. Allerdings bereiten gerade die Äthylenoxid-Addukte bei der Gaschromatographie einige Schwierigkeiten, da sie so hohe Siedepunkte haben, daß sie sich schlecht verdampfen lassen. Sie haben daher im allgemeinen lange Retentionszeiten; außerdem werden sie wegen ihrer freien Hydroxylgruppe leicht an festen Oberflächen adsorbiert, wodurch die Peaks zu Schwanzbildungen neigen. Immerhin konnten Nadeau und Mitarbeiter[103] an mit Silikonkautschuk belegten Säulen Nonylphenolpolyglykoläther mit bis zu 8 Molen Äthylenoxid pro Molekül auftrennen. Diese Schwierigkeiten lassen sich zum Teil dadurch beheben, daß man die OH-Gruppe durch Acetylierung oder Silylierung blockiert. So trennten Gildenberg und Trowbridge[43] Äthylenoxid-Addukte des Lauryl- und Cetylalkohols als Acetate an Silikonkautschuk. Pollerberg[114] trennte gleichfalls äthoxylierte Fettalkohole und Alkylphenole nach Acetylierung, verwendete jedoch silanierte Apiezonfett-Säulen von 20 bis 30 cm Länge; die stationäre Phase blieb bei der Temperaturprogrammierung bis über 250 ^{o}C stabil. Auf diese Weise konnte er Alkylphenolpolyglykoläther mit einem Gehalt bis zu 14 Molen Äthylenoxid trennen. Pollerberg[114] konnte auch zeigen, daß mit längeren Säulen (1 m) unter geeigneten Versuchsbedingungen sich auch die Äthylenoxid-Addukte homologer Fettalkoholreihen und Alkylphenolreihen auftrennen lassen. Aus der Form einer Peakgruppe, die aus Addukten gleicher Anzahl Moleküle Äthylenoxid pro Fettalkohol- bzw. Alkylphenol-Molekül besteht, kann man auch auf das nicht äthoxylierte Ausgangsprodukt schließen.

Die Gaschromatographie organischer Hydroxyverbindungen durch Darstellung ihrer Trimethylsilyläther wurde von Sweeley und Mitarbeitern[152] zur qualitativen Analyse von Kohlehydraten zum ersten Male beschrieben. Sie verwendeten eine Mischung von Trimethylchlorsilan und Hexamethyldisilazan im Volumenverhältnis 1:2. Der Reaktionsmechanismus wird durch folgende Gleichungen beschrieben:

$$ROH + (CH_3)_3SiCl \longrightarrow ROSi(CH_3)_3 + HCl$$
$$2\ ROH + (CH_3)_3SiNHSi(CH_3)_3 \longrightarrow 2\ ROSi(CH_3)_3 + NH_3$$

$$3\ ROH + (CH_3)_3SiCl + (CH_3)_3SiNHSi(CH_3)_3 \longrightarrow 3\ ROSi(CH_3)_3 + NH_4Cl$$

Säuren können in gleicher Weise in Silylester umgewandelt werden. Wasser reagiert sehr rasch unter Bildung von Hexamethyldisilyläther. Für eine quantitative Durchführung der Reaktion ist es nötig, in Lösung zu arbeiten; am weitesten verbreitet ist als Lösungsmittel für die Silylierung Pyridin. Verhaar und de Wilt[158] empfehlen statt dessen Dimethylsulfoxid. Beim Arbeiten in Dimethylsulfoxid bilden sich zwei Schichten; die obere enthält die silylierten Verbindungen, die auf diese Weise konzentriert sind und bei der Gaschromatographie geringeres Tailing der Peaks ergeben als beim Arbeiten in Pyridin. Davison und Young[26] führen die Silylierungsreaktion zwar in Pyridin durch, destillieren aber anschließend das Pyridin im Rotationsvakuumverdampfer ab und nehmen die Silylierungsprodukte in Tetrachlorkohlenstoff auf. Die Lösung der Verbindungen in Tetrachlorkohlenstoff wird auf die Säule gegeben. Auf diese Weise läßt sich das Tailing auch verhindern, ohne daß die Stabilität der Trimethylsilyläther beeinflußt wird.

Von einer Anwendung dieser Methode zur Trennung von Fettalkoholpolyglykoläthern durch vorherige Überführung in die Silyläther hat Törnquist[156] eine Kurzmitteilung gegeben, ohne allerdings mitzuteilen, wie er die Trimethylsilyläther der Tenside hergestellt hat. Ausführlicher berichtet darüber Withers[175], der

Polyäthylenglykole in Form ihrer Silyläther an Säulen mit einem Phenylmethylsilikonöl als stationärer Phase bei Temperaturen von 100–320°C trennte. Unter diesen Bedingungen gelang es ihm, noch Polyglykole mit bis zu 13 Äthylenoxidgruppen nachzuweisen. Die gaschromatographische Trennung von Fettsäuremono- und -diglyceriden sowie von Propylenglykol-Fettsäureestern über ihre Silyläther haben Sahasrabudhe und Legari[131,132] in zwei Artikeln beschrieben. Allgemein scheint diese Methode inzwischen eine weitere Verbreitung gefunden zu haben, vor allem wegen der leichten Darstellbarkeit der Trimethylsilyl-Verbindungen. Nadeau und Waszniak[104] haben generell nichtionogene Verbindungen nach der Methode von Sweeley und Mitarbeitern[152] mit gutem Erfolg trennen können.

Wegen der außerordentlichen Bedeutung der gaschromatographischen Trennung nichtionogener Tenside über die Silyläther haben wir uns sehr eingehend mit dieser Methode beschäftigt. An 2 m langen Edelstahlsäulen mit Chromosorb G, AW-DMCS 80/100 und 2,5 Gew.-% Silikongummi SE-52 als stationäre Phase lassen sich die Silylverbindungen der Fettsäureester mehrwertiger Alkohole und der Fettsäurealkanolamide gut auftrennen, und zwar arbeitet man am besten temperaturprogrammiert von 100–300°C. Man erhält dabei stets eine Auftrennung der Verbindungen in die Homologen, so daß oft eine Vielzahl von Peaks in den Gaschromatogrammen auftreten. Auch die Ausgangsverbindungen oder Nebenprodukte, die oft in den Handelsprodukten noch enthalten sind, werden abgetrennt. So kann man die zwei- und mehrwertigen Alkohole wie auch die freien Fettsäuren und Fettalkohole gut abtrennen und ihre Mengen quantitativ bestimmen. Fettsäuren und Fettalkohole mit der gleichen Kohlenstoffzahl lassen sich gut voneinander trennen; die Säuren haben dabei die längeren Retentionszeiten.

Unter den angegebenen Arbeitsbedingungen lassen sich Äthylenoxid-Addukte allerdings nicht mehr vollständig auftrennen. Während die Anfangsglieder von niedrig äthoxylierten Fettalkoholen, Alkylphenolen und Fettsäureestern sowie reine Polyäthylenglykole bis zum Molekulargewicht von etwa 600 noch nach der Anzahl der AeO-Gruppen und der Länge der Alkylketten getrennt werden, kann eine Auftrennung höher äthoxylierter Verbindungen auf diese Weise nicht mehr durchgeführt werden. So läßt sich schon ein Nonylphenolpolyglykoläther mit 9 AeO-Gruppen nicht mehr erfassen, und auch alle anderen in Tab. 15 angeführten nichtionogenen AeO-Addukte sind nach dieser Methode nicht auftrennbar. Nimmt man jedoch kürzere Säulen von nur 20-30 cm Länge mit noch geringerer Belegung (1 % stationäre Phase), dann entfällt die u.U. lästige Auftrennung nach homologen Alkylketten und man erhält nur die AeO-Addukte getrennt und damit übersichtlichere Verhältnisse. Allerdings lassen sich auch auf diese Weise keine wesentlich höher äthoxylierten Tenside erfassen.

In jüngster Zeit konnten Calzolari und Mitarbeiter[19)] zeigen, daß die Säulenchromatographie bei der Trennung von AeO-Addukten der Gaschromatographie insofern überlegen ist, als sie eine Auftrennung von höher äthoxylierten Tetramethylbutylphenylpolyglykoläthern noch bis zu einem Äthoxylierungsgrad von 12 gestattet, während die gaschromatographische Trennung der silylierten Verbindungen nur Glieder bis zu einem Äthoxylierungsgrad von 7 erfaßt, allerdings mit größerer Genauigkeit. Calzolari und Mitarbeiter[19)] verwendeten mit Kieselgel gefüllte Glassäulen und Methylenchlorid/Aceton-Mischungen als Elutionsmittel.

Identifizierung nichtionogener Tenside

Da in vielen Fällen nur ein oder zwei nichtionogene Tenside im Ausgangsprodukt vorhanden sind, wird es meist möglich sein, die Identifizierung dieser Verbindungen mittels IR-Spektroskopie vorzunehmen. Häufig wird es auch bei einem Gemisch von 2 Komponenten gelingen, die beiden Verbindungen nebeneinander im IR-Spektrum zu identifizieren.

IR-Spektroskopie nichtionogener Tenside

Im folgenden werden die Spektren der nichtionogenen Tenside und die Unterschiede und damit die Identifizierungsmerkmale der einzelnen Verbindungen aufgezeigt. Der Einteilung wurde die Reihenfolge

I. Fettsäureester mehrwertiger Alkohole
II. Fettsäurealkanolamide
III. Äthylenoxid-Addukte

mit den entsprechenden Untergruppen entsprechend Tab. 14 zugrundegelegt. Als charakteristische Banden dienen zur Unterscheidung

bei Fettsäureestern mehrwertiger Alkohole
die Esterbande bei 5,75 bis 5,85 µ,

bei Fettsäurealkanolamiden
die Amidbanden bei 6,1 bis 6,2 µ und 6,5 µ
sowie die CO-Valenzschwingung des primären
Alkohols der Alkanolamidgruppe bei 9,5 µ,

bei Äthylenoxid-Addukten
die Ätherbande bei 9,0 µ.

I.A. Fettsäureester zweiwertiger Alkohole

Die Spektren dieser Gruppe (z.B. Äthylenglykoldistearat) weisen Banden bei 2,9 bis 3,0 µ (νOH), 3,4 bis 3,5 µ (νCH), 5,8 µ (νCO), 6,8 und 7,2 µ (δCH), ein wagging um 8 µ und Banden bei 8,5 µ (νCO), bei 11,2 µ, 13,7 µ und 13,9 µ (δCH aus der Ebene) auf.
IR-Spektrum Nr. 34

I.B.1. Fettsäurepartialester des Glycerins

Das Spektrum des Empilan GMS/NSE 40 unterscheidet sich kaum von dem Spektrum der Glykolester. Lediglich die Bande bei 11,2 μ fehlt. IR-Spektrum Nr. 35

I.B.2. Fettsäureester von Anhydrosorbiten

Das Arlacel 60 besitzt außer der OH-Bande bei 2,9 bis 3,0 μ, den CH-Streckschwingungen bei 3,4 und 3,5 μ, der Esterbande bei 5,8 μ und den δCH-Schwingungen bei 6,8 μ, 7,25 μ und 13,9 μ keine scharf ausgeprägten Banden. Um 8 μ ist ein wagging der Alkylkette zu sehen, bei 8,5 μ ist eine CO-Streckschwingung, und bei 9,0 bis 9,5 μ sind die Ätherschwingungen der Sorbitanstruktur vorhanden. IR-Spektrum Nr. 36

II. Fettsäurealkanolamide

Fettsäurealkanolamide werden meist als Fettsäuremonoäthanolamide, -diäthanolamide oder -monoisopropanolamide eingesetzt. Tab. 18 zeigt die charakteristischen Banden und die Unterscheidungsmöglichkeiten der drei Alkanolamidarten.

II.1.

Im Spektrum des Comperlan KD sind neben den Banden des Alkylrestes die Amidbande I bei 6,25 μ und die C-O-Streckschwingung bei 9,6 μ, die vom primären Alkohol herrührt, am stärksten. Die νOH-Bande tritt bei 2,95 μ ebenfalls stark hervor. IR-Spektrum Nr. 37

II.2.

Das Comperlan 100 zeigt neben den Banden der Alkylkette die νNH-Schwingungen des sekundären Amids bei 3,03 und 3,23 μ. Die Amidbanden I und II erscheinen bei 6,1 und 6,45 μ. Bei der Amidbande I handelt es sich um eine CO-Streckschwingung der Säure-

Tabelle 18

Zuordnungen für die IR-Spektroskopie von Fettsäurealkanolamiden

	Comperlan KD	Comperlan 100	Steinamid IPP 240
νOH	2,95		2,92
νNH		3,03 3,23	3,03 3,20
νCH	3,42	3,42	3,42
νCH	3,51	3,51	3,51
Amidbande I νCO	6,25	6,1	6,2
Amidbande II νCN/δNH		6,45	6,4
δCH	6,85	6,83	6,85
δCH	7,35	7,3	7,3
			7,6
νCO	8,3	8,2	
νCO		8,9	8,7-8,9
νCO			9,05
νCO (prim.Alkohol)	9,6	9,6	9,45
νCO		10,75	10,7
δNH	11,7		11,8 -11,95
δCH	13,9	13,9	13,9

amidbindung; die Amidbande II wird einerseits durch die C=N-Streckschwingung der Enolform des sekundären Säureamids hervorgerufen, andererseits durch die NH-Deformationsschwingung der normalen Ketoform. Die Absorption der νCO-Schwingung des primären Alkohols bei 9,6 μ wird geringer im Verhältnis zur entsprechenden Bande beim Comperlan KD. IR-Spektrum Nr. 38

II.3.

Im Spektrum des Steinamid IPP 240 sind ebenfalls die Banden der Alkylkette zu erkennen. Die Bande der sekundären Alkoholgruppe (νCO) des Isopropanolamids tritt schwach bei 9,05 μ auf. Bei 6,2 bis 6,4 μ ist an der Amidbande I und II zu erkennen, daß es sich um sekundäres Amid handelt. IR-Spektrum Nr. 39

III.A.1. Äthoxylierte Fettsäurepartialester des Glycerins

Das Telgatol SM 800 weist die Esterbande bei 5,8 μ (νCO), die Ätherbande bei 9,0 μ, νCH-Schwingungen bei 3,42 μ, 3,51 μ, δCH-Schwingungen bei 6,8 μ, 7,4 μ und 13,9 μ auf. Weitere Banden treten bei 3,0 μ (νOH), 7,7 μ, 8,0 μ, 10,55 μ (νCO) und 11,85 μ (Ätherstruktur) auf. IR-Spektrum Nr. 40

III.A.2. Äthoxylierte Fettsäurepartialester von Anhydrosorbiten

Das Spektrum des Tween 20 ist von dem Spektrum eines äthoxylierten Fettsäurepartialesters des Glycerins schwer zu unterscheiden. IR-Spektrum Nr. 41

III.A.3. Äthoxylierte Fettsäurepartialester von mehrwertigen Alkoholen mit quaternärem Kohlenstoffatom

Das Spektrum des Telgatol TM 600 unterscheidet sich ebenfalls nicht sehr von den beiden zuvor beschriebenen Produkten. Lediglich die Bande bei 3,32 μ (νCH) deutet auf die ungesättigte Struktur der Verbindung hin, und die Bande bei 11,8 μ fehlt. IR-Spektrum Nr. 42

III.B. Fettsäureester von Polyglykolen

Das Spektrum des Deplastol ist von den Spektren der äthoxylierten Fettsäurepartialester ebenfalls kaum zu unterscheiden. IR-Spektrum Nr. 43

III.C. Fettalkoholpolyglykoläther

Die Spektren dieser Verbindungen (z.B. Dehydol LS 2) unterscheiden sich von den Fettsäurepolyglykolestern nur durch das Fehlen der Esterbande bei 5,8 μ und durch eine intensivere OH-Bande bei 2,9 μ. Die Fettalkoholpolyglykoläther können daher im Gemisch neben Fettsäurepolyglykolestern im IR-Spektrum nicht erkannt werden. IR-Spektrum Nr. 44

III.D. Alkylphenolpolyglykoläther

Die äthoxylierten Alkylphenole (z.B. Stokolan NS 9) können gut erkannt werden durch das Quadrublett der C=C-Gerüstschwingungen des Aromaten zwischen 6 und 7 μ. Bei 8,45 μ tritt eine C-O-C-Streckschwingung auf, die von der aromatischen Ätherstruktur an der Verbindungsstelle zwischen Benzolkern und der Äthylenoxid-Kette herrührt. Daß die Verbindung in para-Stellung substituiert ist, ist bei 12,1 μ (δCH aus der Ebene) zu erkennen.
IR-Spektrum Nr. 45

Die Banden von Fettsäurepolyglykolester, Fettalkoholpolyglykoläther und Alkylphenolpolyglykoläther werden in Tab. 19 gegenübergestellt, um die Unterscheidungsmöglichkeiten übersichtlicher darzustellen.

III.E. Äthoxyliertes Polypropylenglykol

Das Spektrum des Pluronic L 64 weist sehr intensive CH_3-Banden auf, die von der Propylenoxidgruppierung herrühren: bei 3,37 μ (νCH) und 7,3 μ (δCH einer symmetrischen CH_3-Schwingung). Weitere Banden sind: νOH bei 2,9 μ, CH-Streckschwingungen bei 3,4

Tabelle 19

Zuordnungen für die IR-Spektroskopie verschiedener Äthylenoxid-Addukte

	Deplastol	Dehydol LS 2	Stokolan NS 9
νOH	2,9	2,9	2,9
νCH			3,38
νCH	3,42	3,42	3,42
νCH	3,5	3,5	3,5
νCO	5,8		
νC=C (aromat.)			6,25
νC=C (aromat.)			6,6
δCH	6,9	6,9	6,9
δCH	7,3	7,25	(7,25)
δCH	7,45	7,4	7,4
νCO	7,8	7,8	7,75
νCO	8,05	8,05	8,05
νCO			8,45
νCO	9,0	9,0	9,0
νCO	10,6	10,6	10,6
δCH	11,3	11,3	(11,3)
δCH (para-Subst.)			12,1
δCH	13,9	13,9	

bis 3,5 µ, CH-Beugeschwingungen bei 6,85 µ und 7,41 µ. Die Banden bei 7,7 µ, 8,05 µ, 9,0 µ und 10,7 µ rühren von CO-Streckschwingungen her. Außerdem ist bei 9,9 µ die C-C-Gerüstschwingung vom Propylenoxid und bei 11,9 µ nochmals die Ätherstruktur zu erkennen. IR-Spektrum Nr. 46

Aus den relativen Intensitätsverhältnissen der Absorptionsbanden, die den Schwingungen der CH_3- bzw. OCH_2-Gruppen zuzuordnen sind, läßt sich das Mischungsverhältnis von Äthylenoxid/Propylenoxid-Mischpolymerisaten bestimmen. Bei einem Äthylenoxid/Propylenoxid-Mischpolymerisat, das nur sehr schwach äthoxyliert ist, wie z.B. das Pluronic L 61, erscheinen die νCH-Valenzschwingung bei 3,38 µ und die δCH-Schwingungen bei 7,3 µ, die von der CH_3C-Gruppierung des Propylenoxids herrühren, sehr groß im Vergleich zu den anderen Banden. IR-Spektrum Nr. 47
Bei einem stärker äthoxylierten Produkt, dem Pluronic L 64, werden diese Banden merklich kleiner, während die Ätherbande bei 9 µ sich verstärkt.

Beim Pluronic F 68, bei dem auf eine Propylenoxidgruppe ca. 3 AeO-Gruppen entfallen, ist die Bande bei 3,38 µ kaum noch zu erkennen, und die Bande bei 7,3 µ tritt nur noch als Schulter auf, während die Ätherbande bei 9 µ sehr stark und ausgeprägt erscheint und in 3 Banden aufspaltet mit Maxima bei 8,7 µ, 9,0 µ und 9,5 µ. Die Banden bei 10,4 µ, 10,6 µ und 11,9 µ, die bei den niedrig äthoxylierten Verbindungen breit und weniger scharf ausgeprägt erscheinen, werden zu spitzen scharfen Banden, wie sie bei den hochäthoxylierten kristallinen Polyoxyäthylenverbindungen auftreten. IR-Spektrum Nr. 48

Für die quantitative Bestimmung des Verhältnisses von Äthylenoxid- zu Propylenoxidgruppen lassen sich die Intensitäten der Banden bei 7,25 µ und 7,41 µ verwenden.

III.F.1. Äthoxylierte Fettsäureamide

Das Dionil SH 100 ist ein Fettsäureamidpolyglykoläther mit einer ungesättigten Fettkette, was im Spektrum bei 3,32 µ zu erkennen ist. Außerdem sind neben der OH-Gruppe bei 3,0 μ die CH-Schwingungen bei 3,42 μ, 3,51 μ, 6,9 μ, 7,4 μ und 13,9 μ zu erkennen. Die Amidbanden treten bei 6,1 μ und 6,5 μ auf, und bei 5,8 μ ist zu sehen, daß es sich um ein teilverestertes Amid handelt. Bei 7,7 μ, 8,0 μ, 9,0 μ und 10,6 μ sind die νCO-Schwingungen zu erkennen. Durch die sehr breite und sehr intensive Absorption der Ätherbande bei 9,0 μ wird die CO-Schwingung der primären Alkoholgruppen des Alkanolamids bei 9,5 μ überdeckt. IR-Spektrum Nr. 49

III.F.2. Äthoxylierte Fettsäurealkanolamide

Das Spektrum des Eumulgin C 4 ähnelt dem Spektrum des Dionil SH 100, wenn, wie im vorliegenden Fall, ein Fettsäureäthanolamid äthoxyliert worden ist, so daß nach der Äthoxylierung nicht mehr erkannt werden kann, ob das Produkt aus einem Fettsäureamid oder einem -äthanolamid hergestellt wurde. Das Verhältnis der Amidbande I und II des Eumulgin C 4 im Vergleich zum Dionil SH 100 deutet darauf hin, daß beim Eumulgin C 4 größere Anteile an sekundärem Amid vorhanden sind, während beim Dionil SH 100 der Anteil an äthoxyliertem Monoalkanolamid wesentlich geringer ist. IR-Spektrum Nr. 50

III.G.1. Äthoxylierte Aminoalkohole

Die Spektren dieser Gruppe (z.B. Tetronic 704) sind von den Spektren der äthoxylierten Polypropylenglykole praktisch nicht zu unterscheiden, da die symmetrische Äthylendiaminstruktur wahrscheinlich von den intensiven Absorptionen der Äthylen- und Propylenoxid-Gruppen überlagert wird. IR-Spektrum Nr. 51

III.G.2. Äthoxylierte Fettamine

Das Spektrum des Ethomeen C/25 ist mit dem Spektrum eines Fettalkoholpolyglykoläthers identisch, so daß die Aminstruktur nicht aus dem IR-Spektrum erkannt werden kann. Lediglich um 6,3 μ tritt zusätzlich eine schwache Bande auf, die wahrscheinlich von einer aminartigen Struktur (eventuell einer Verunreinigung) herrührt. IR-Spektrum Nr. 52

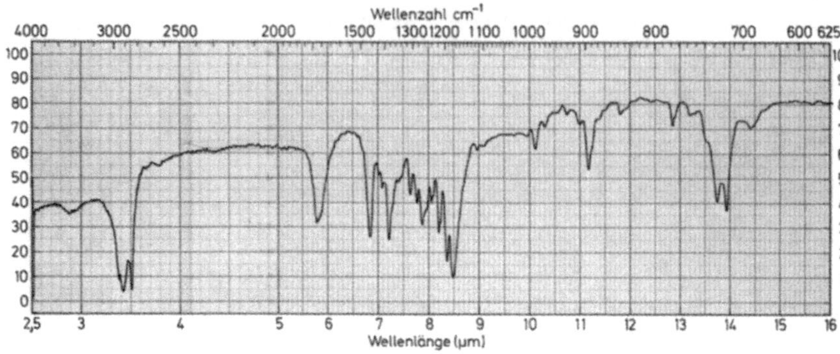

IR-Spektrum Nr. 34 Glykoldistearat

CH_2-O-$COC_{17}H_{35}$
|
CH_2-O-$COC_{17}H_{35}$

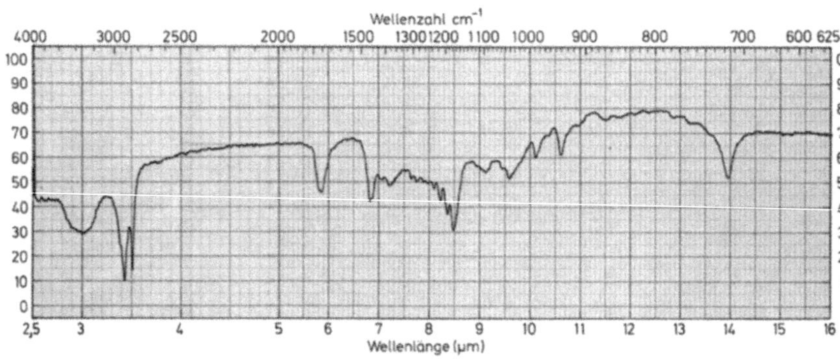

IR-Spektrum Nr. 35 Empilan GMS/NSE 40

$HOCH_2$-CHOH-CH_2-O-CO-$C_{17}H_{35}$

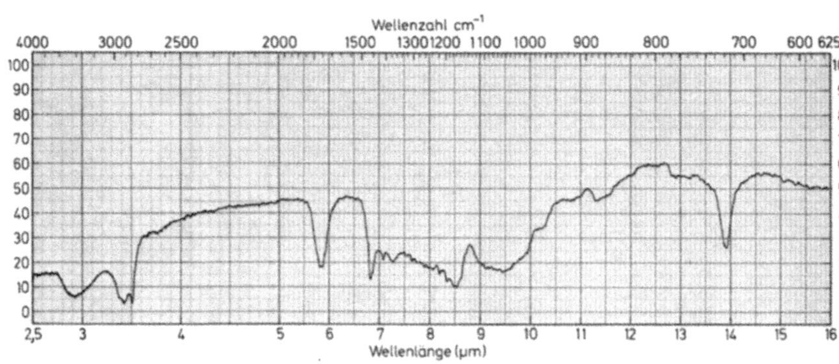

IR-Spektrum Nr. 36 Arlacel 60

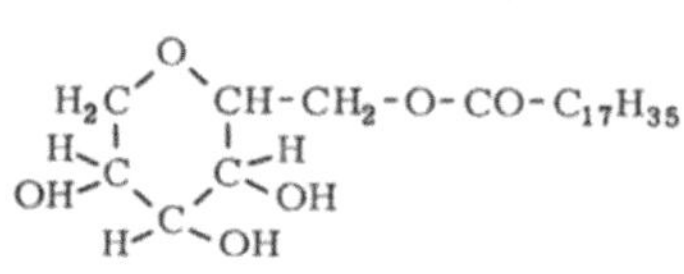

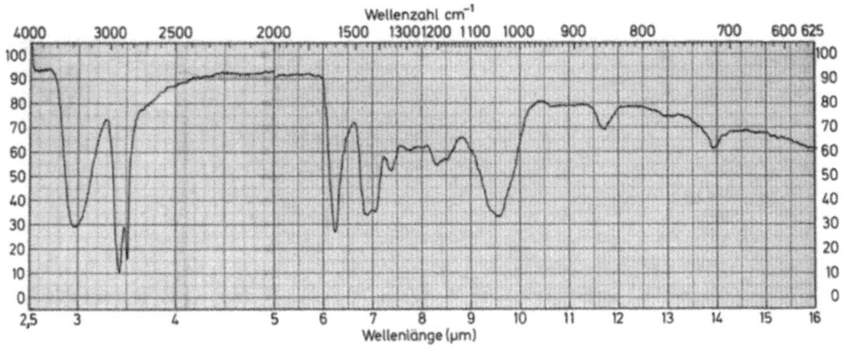

IR-Spektrum Nr. 37 Comperlan KD

$R\text{-}CON\begin{matrix} \diagup C_2H_4OH \\ \diagdown C_2H_4OH \end{matrix}$

$R = C_{11}H_{23}\text{-}C_{17}H_{35}$

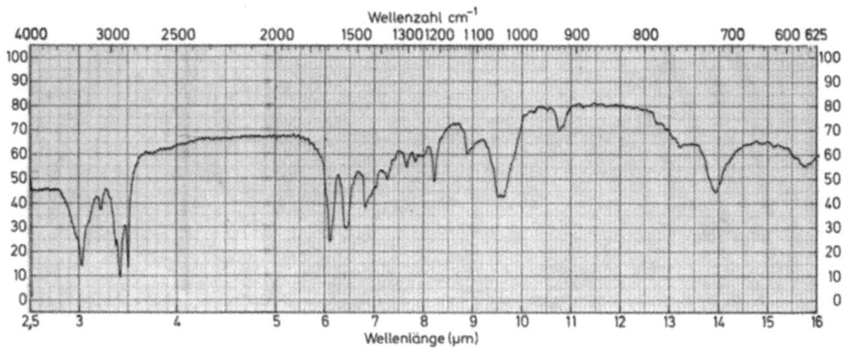

IR-Spektrum Nr. 38 Comperlan 100

$R\text{-}CON\begin{matrix} \diagup C_2H_4OH \\ \diagdown H \end{matrix}$

$R = C_{11}H_{23}\text{-}C_{17}H_{35}$

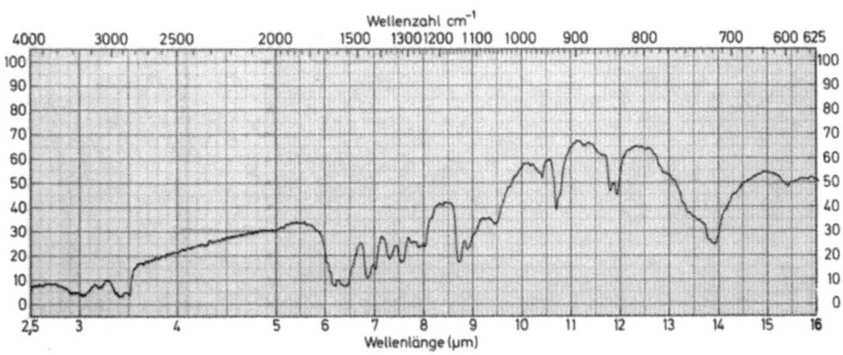

IR-Spektrum Nr. 39 Steinamid IPP 240

$R\text{-}CONH\text{-}CH_2\text{-}\underset{}{\overset{OH}{\overset{|}{C}}}H\text{-}CH_3$

$R = C_{11}H_{23}\text{-}C_{17}H_{35}$

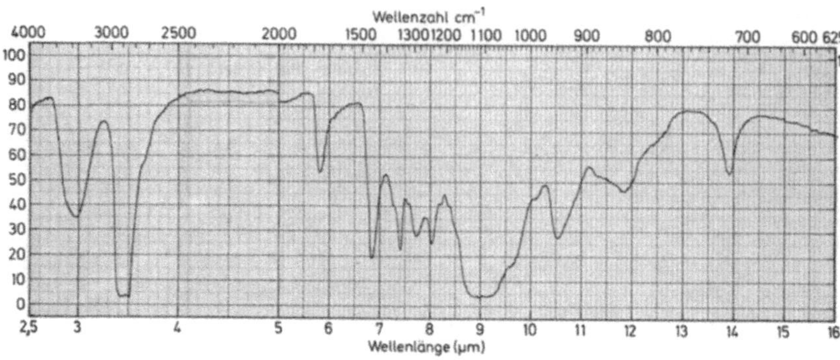

IR-Spektrum Nr. 40 Telgatol SM 800

$CH_2-OCO(CH_2)_{16}CH_3$
|
$CHO(C_2H_4O)_mH$
|
$CH_2-O(C_2H_4O)_nH$

$m + n = 8$

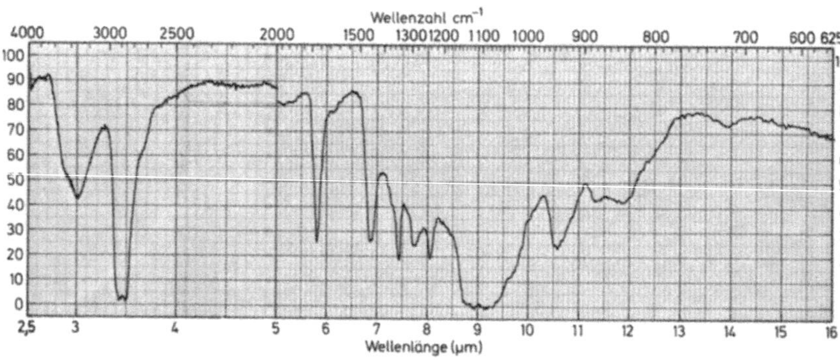

IR-Spektrum Nr. 41 Tween 20

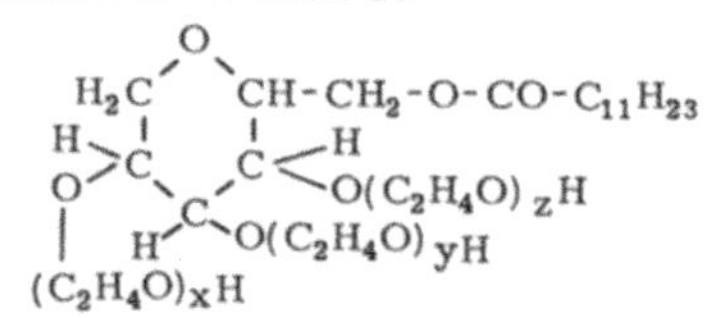

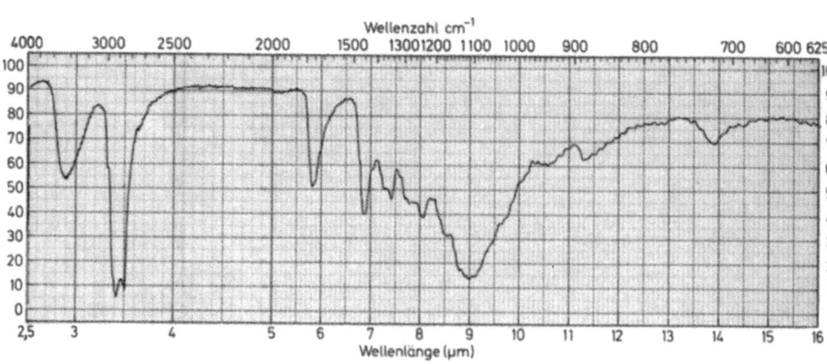

IR-Spektrum Nr. 42 Telgatol TM 600

$CH_2-O(C_2H_4O)_mH$
|
$CH_3-CH_2-C-CH_2-O-CO\ (CH_2)_7-CH{=}CH(CH_2)_7CH_3$
|
$CH_2-O(C_2H_4O)_nH$

$m + n = 6$

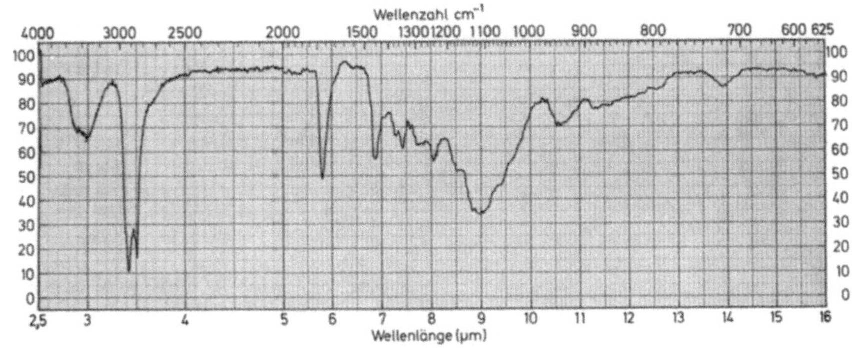

IR-Spektrum Nr. 43 Deplastol

$R-COO(C_2H_4O)_nH$

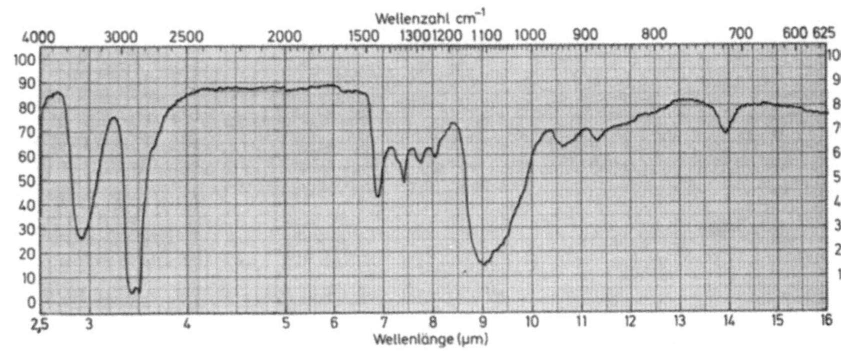

IR-Spektrum Nr. 44 Dehydol LS 2

$R-O(C_2H_4O)_nH$

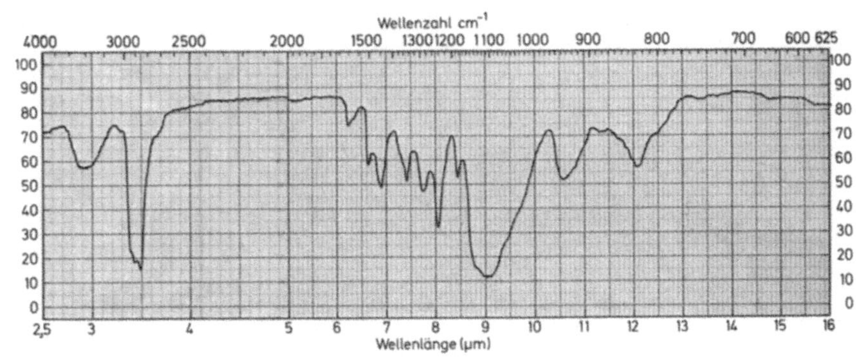

IR-Spektrum Nr. 45 Stokolan NS 9

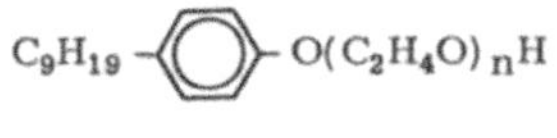

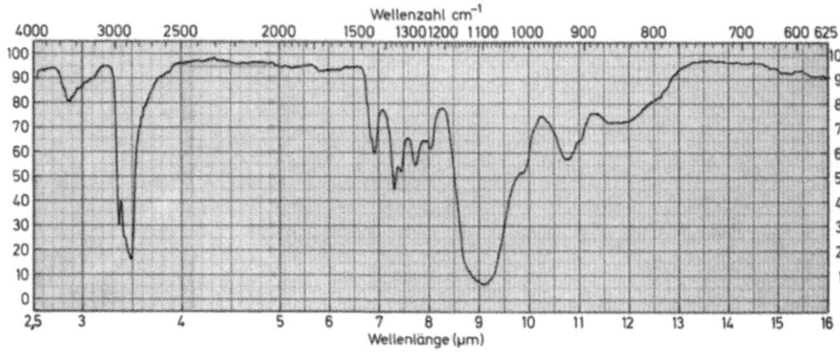

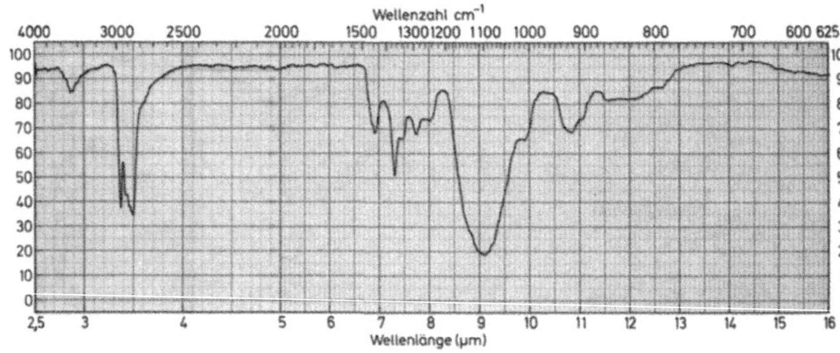

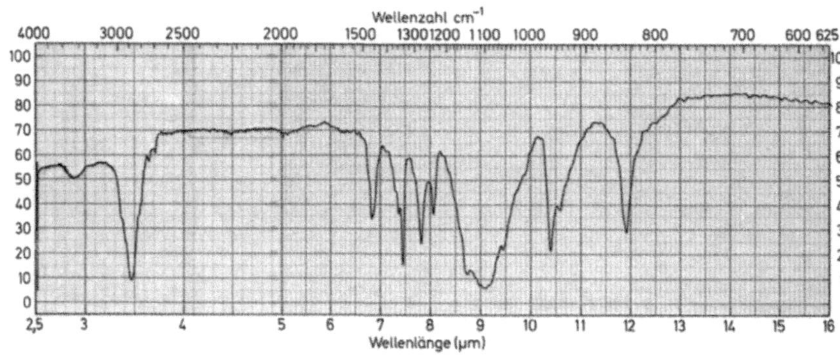

IR-Spektren Nr. 46, 47, 48 Pluronic-Typen (L 64, L 61, F 68)

$$HO(C_2H_4O)_x\text{-}(\underset{\displaystyle CH_3}{\underset{|}{CH}}\text{-}CH_2O)_y\text{-}(C_2H_4O)_zH$$

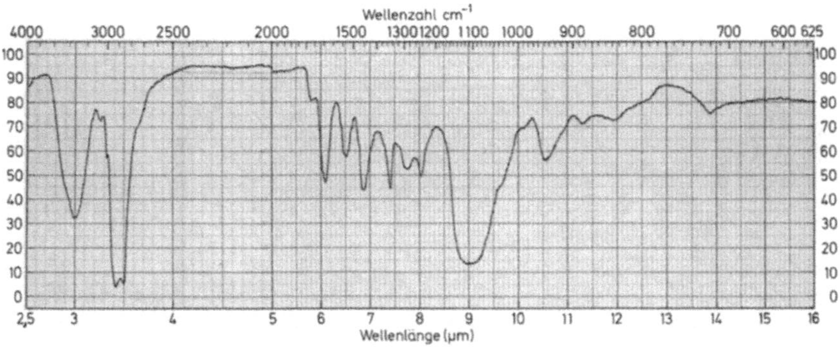

IR-Spektrum Nr. 49 Dionil SH 100

$$CH_3(CH_2)_7CH{=}CH(CH_2)_7\text{-}CO\text{-}N\begin{cases}(C_2H_4O)_mH\\(C_2H_4O)_nH\end{cases}$$

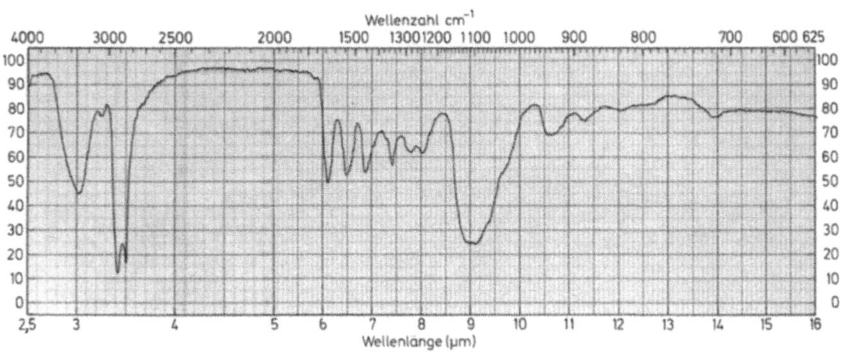

IR-Spektrum Nr. 50 Eumulgin C 4

$$R\text{-}CO\text{-}N\begin{cases}(C_2H_4O)_xH\\H\end{cases}$$ (Hauptbestandteil)

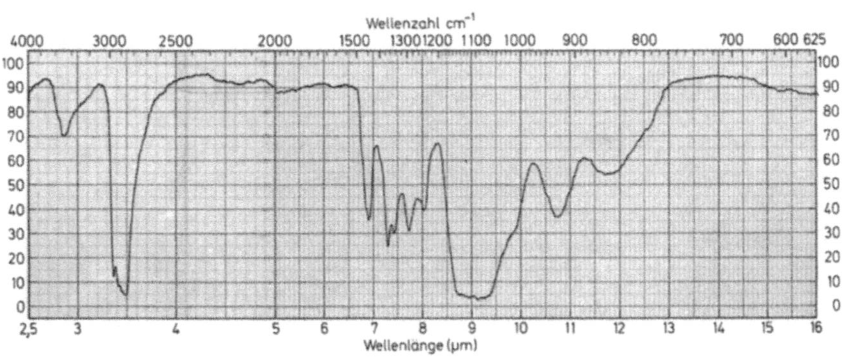

IR-Spektrum Nr. 51 Tetronic 704

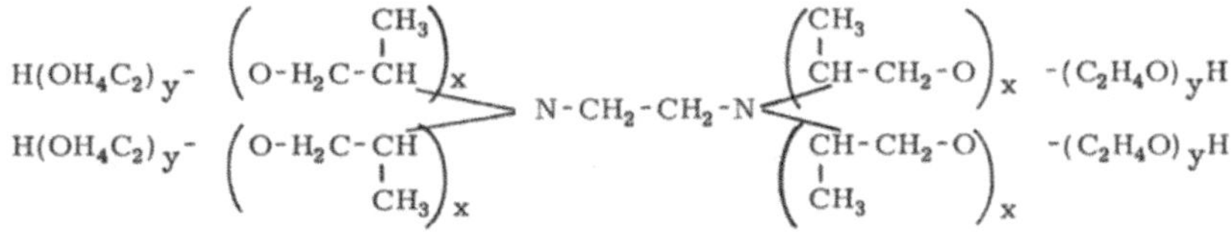

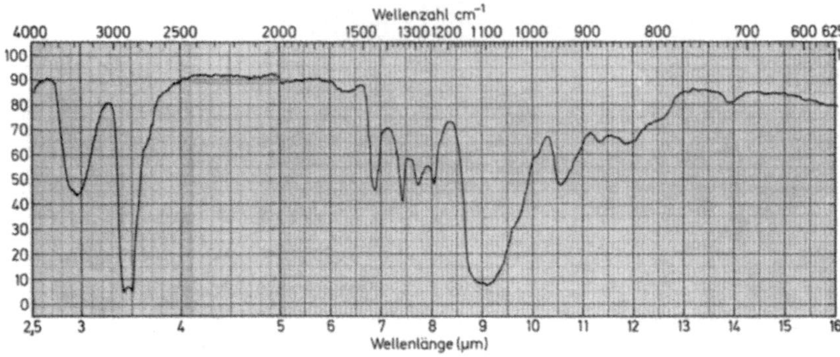

IR-Spektrum Nr. 52 Ethomeen C/25

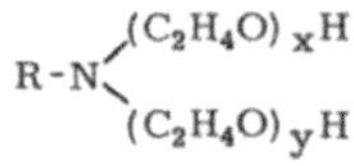

UV-Spektroskopie nichtionogener Tenside

Bei den nichtionogenen Tensiden haben in unserer Zusammenstellung nur die Alkylphenolpolyglykoläther (III.D.) aromatischen Charakter. Zu ihrer Identifizierung dienen die Maxima bei 224 nm, 277 nm und die meist nur als Schulter auftretende Bande bei 284 nm. Zur quantitativen Bestimmung kann eine 0,005%ige oder 0,0005%ige Lösung in Wasser gemessen werden. Beim Vorliegen einer reinen Alkylphenolpolyglykoläther-Lösung kann deren Molekulargewicht bzw. Äthoxylierungsgrad mit Hilfe einer Eichkurve festgestellt werden. Die Eichkurve wird mit verschieden äthoxylierten Alkylphenolpolyglykoläthern aufgestellt.

NMR-Spektroskopie nichtionogener Tenside

I.A. Fettsäureester zweiwertiger Alkohole

Im Spektrum des Glykoldistearats sind neben der Alkylkette bei 0,9 und 1,3 ppm die Signale der Protonen des Glykols (CH_2-O-Gruppe) bei 4,3 ppm und der Estergruppierung (-CH_2-COO-) bei 2,2 ppm zu sehen. NMR-Spektrum Nr. 33

I.B.1. Fettsäurepartialester des Glycerins

Im Spektrum des Empilan GMS/NSE 40 ist bei 3,7 ppm das Signal des Protons der CH-O-Struktur und bei 4,2 ppm das Signal der Protonen der CH_2-O-Gruppierungen des Glycerins zu erkennen. NMR-Spektrum Nr. 34

I.B.2. Fettsäurepartialester von Anhydrosorbiten

Beim Arlacel 60 liegen die Signale der Protonen der CH_2-O-Gruppe, der CH- und CH_2-Gruppierungen des Sorbitanringes unter einem breiten, unstrukturierten Berg bei ca. 4 ppm. NMR-Spektrum Nr. 35

Fettsäurealkanolamide

II.1. und II.2.

Im Spektrum des Comperlan KD (Kokosfettsäurediäthanolamid) überlagern sich die Signale der Protonen der N-CH_2- und der CH_2-O-Gruppe der Äthanolgruppen, während sie beim Comperlan 100 (Kokosfettsäuremonoäthanolamid) einen größeren Abstand haben. NMR-Spektren Nr. 36, 37

II.3.

Beim Steinamid IPP 240 (Kokosfettsäuremonoisopropanolamid) liegt das Signal der Methylenprotonen, die der Iminogruppe benachbart sind, bei 3,3 ppm, während das Proton der Methingruppe bei ca. 3,8 ppm erscheint. Die Methylgruppe des Isopropylrestes gibt das typische Dublett bei 1,2 ppm. NMR-Spektrum Nr. 38

III.A.1. Äthoxylierte Fettsäurepartialester des Glycerins

Im Spektrum des Telgatol SM 800, eines äthoxylierten Glycerinmonostearats, sind die Signale der Glycerinprotonen mit den Protonen der Äthylenoxidgruppen zusammengefallen und erscheinen bei 3,6 ppm.
NMR-Spektrum Nr. 39

III.A.2. Äthoxylierte Fettsäurepartialester von Anhydrosorbiten

Im Gegensatz zum nichtäthoxylierten Produkt gibt das Tween 20 ein relativ gut aufgespaltenes Spektrum. Die am Sorbitanring sitzende CH_2-O-Gruppe spaltet bei 4,1 ppm in ein Triplett auf. Die verschiedenen Ätherstrukturen sind zwischen 3 und 4 ppm zu finden. Nach der Integration des Spektrums enthält das Produkt 7 bis 8 Äthylenoxidgruppen. NMR-Spektrum Nr. 40

III.A.3. Äthoxylierte Fettsäurepartialester von mehrwertigen Alkoholen mit quaternärem C-Atom

Das Spektrum des Telgatol TM 600 zeigt neben den Protonen der Alkylkette diejenigen der Doppelbindung bei 5,3 ppm und die der CH_2-O-Gruppe des Esters bei 4,1 ppm. Während die Protonen der Äthylenoxidgruppen bei 3,6 ppm erscheinen, überlagern sich die Signale der Protonen der CH_2-CO-Gruppierung bei 1,9 bis 2,3 ppm denjenigen der CH_2-Gruppen, die der Doppelbindung benachbart sind. Merkwürdigerweise tritt bei 3,3 ppm ein Signal auf, das sonst nur bei Propylenoxidderivaten erscheint. NMR-Spektrum Nr. 41

III.B. Fettsäureester von Polyäthylenglykolen

Im Spektrum des Deplastol liegt bei 4,3 ppm ein Triplett der Protonen der CH_2-O-CO-Gruppierung, während die Signale der Protonen der Äthergruppe bei 3,7 ppm liegen. Die Integration ergibt einen durchschnittlichen Äthoxylierungsgrad von 3 bis 4 Äthylenoxidgruppen pro Molekül. Bei dem Fettsäurerest handelt es sich wahrscheinlich um einen Laurinsäurerest.
NMR-Spektrum Nr. 42

III.C. Äthoxylierte Fettalkohole

Der Äthoxylierungsgrad des Dehydol LS 2 beträgt nach dem NMR-Spektrum 2 bis 3 Mole Äthylenoxid pro Molekül.
NMR-Spektrum Nr. 43

III.D. Äthoxylierte Alkylphenole

Im Spektrum des Stokolan NS 9 ist zu erkennen, daß die Alkylkette stark verzweigt ist, da das Signal der Methylprotonen bei 0,8 ppm gegenüber dem der CH_2- und CH-Protonen bei 1,3 ppm bzw. 1,6 ppm sehr stark ist. Die Integration beider Signale ergibt ein Verhältnis von ca. 1:1, so daß wahrscheinlich eine Tripropylenkette vorliegt. Die Protonen der CH_2-Gruppe am Aromaten erscheinen bei 3,0 ppm, während die Protonen der CH_2-Gruppe, die dieser benachbart ist, sich bei ca. 1,6 ppm den Protonen der Methingruppen überlagern. Bei 3,6 ppm sind die Protonen der Äthylenoxidgruppen zu finden, deren Integration jedoch einen zu niedrigen Wert ergibt, was darauf hindeuten könnte, daß in dem Produkt noch nichtäthoxylierte Nebenprodukte vorliegen. Die genaue Deutung der Signalgruppe bei 3,7 bis 4,2 ppm bereitet Schwierigkeiten, da neben der O-CH_2-Gruppe, die sich am Ring befindet, wahrscheinlich noch Signale von Nebenprodukten dort zu finden sind. Aus der Aufspaltung der Signale bei 6,7 bis 7,3 ppm kann geschlossen werden, daß der aromatische Ring nicht nur in p-Stellung substituiert ist. NMR-Spektrum Nr. 44

III.E. Äthoxylierte Polypropylenglykole

Im Spektrum des äthoxylierten Polypropylenglykols Pluronic L 61 liegt bei 1,1 ppm ein Dublett der CH_3-Gruppe des Propylenglykols. Die restlichen Signale überlagern sich bei 3,2 bis 3,7 ppm. Aus dem Verhältnis der Intensitäten der Signale kann geschlossen werden, daß wesentlich mehr Propylenoxid- als Äthylenoxidgruppen im Molekül vorhanden sind. Nach der Integration dürfte auf 5 bis 7 Propylenoxidgruppen ca. 1 Äthylenoxidgruppe fallen. Beim Pluronic L 64 dagegen liegt das Verhältnis bei ca. 10 Molen Propylenoxid zu 7 Molen Äthylenoxid. Am höchsten äthoxyliert ist das Pluronic F 68, bei dem auf eine Propylenoxidgruppe ca. 3 Äthylenoxidgruppen vorhanden sind. NMR-Spektren Nr. 45, 46, 47

III.F.1. Äthoxylierte Fettsäureamide

Der ungesättigte Fettrest des Dionil SH 100 ist am Triplett bei 5,4 ppm zu erkennen. Das Signal bei 4,9 ppm könnte von den Protonen der endständigen OH-Gruppen herrühren. Das Signal der Äthylenoxidgruppe liegt bei 3,6 ppm, während die Protonen der CH_2-Gruppen, die dem Stickstoff benachbart sind, bei 3,3 bis 3,5 ppm zu sehen sind. Dem CH_2-CO-Signal bei 2 ppm überlagert sich das Signal der Protonen der beiden der Doppelbindung benachbarten CH_2-Gruppen. Nach den Integrationseinheiten hat das Produkt ca. 9 Äthylenoxidgruppen. NMR-Spektrum Nr. 48

III.F.2. Äthoxylierte Fettsäurealkanolamide

Im Spektrum des Eumulgin C 4 überlagern sich die Signale der Protonen der Äthylenoxidgruppen dem Signal der CH_2-Gruppe, die dem Stickstoff benachbart ist. Bei 7,2 ppm tritt ein Signal auf, das darauf hindeutet, daß im wesentlichen ein Fettsäuremonoäthanolamid vorliegt. NMR-Spektrum Nr. 49

III.G.1. Äthoxylierte Aminoalkohole

Das Spektrum des Tetronic 704 zeigt die gleichen Banden wie die Pluronics, nämlich das Dublett der Protonen der CH_3-Gruppe der Propylenoxidgruppierung und eine Überlagerung der restlichen Protonen der Propylenoxidgruppen mit denen der Äthylenoxidgruppen in den Signalen um 3,2 ppm bis 3,7 ppm. Das Signal der Protonen der CH_2-Gruppen, die dem Stickstoff benachbart sind, liegt bei 2,3 ppm. Die Integration ergibt ein Verhältnis von Propylenoxid- zu Äthylenoxidgruppen von ca. 1:1. NMR-Spektrum Nr. 50

III.G.2. Äthoxylierte Fettamine

Im Spektrum des Ethomeen C/25 sieht man bei 2,6 ppm eine Anzahl von Signalen, die wahrscheinlich von den Protonen der CH_2-Gruppen herrühren, die dem Stickstoff benachbart sind. Das scharfe Signal bei 3,2 ppm kommt vielleicht von den Protonen der endständigen OH-Gruppen her. NMR-Spektrum Nr. 51

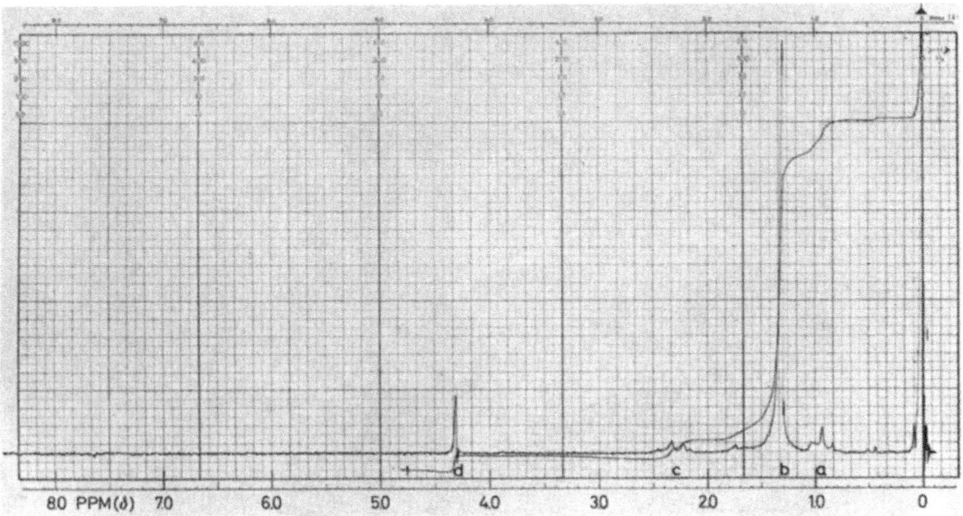

NMR-Spektrum Nr. 33 Glykoldistearat (in CCl_4)

$$\begin{array}{l} CH_2\text{-}O\text{-}CO\text{-}CH_2\text{-}(CH_2)_{15}\text{-}CH_3 \\ | \\ CH_2\text{-}O\text{-}CO\text{-}CH_2\text{-}(CH_2)_{15}\text{-}CH_3 \end{array}$$

(d) (c) (b) (a)

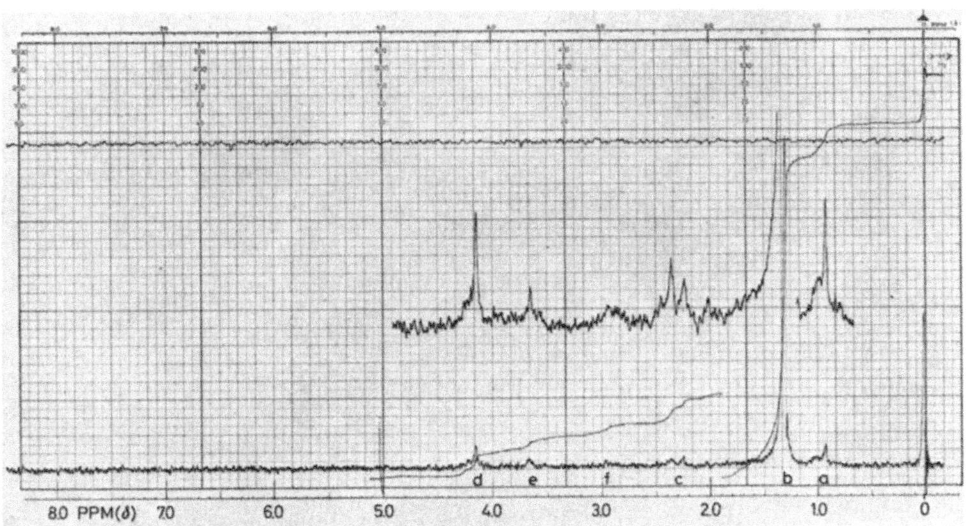

NMR-Spektrum Nr. 34 Empilan GMS/NSE 40 (in CCl_4)

$$\begin{array}{ll} (d) & CH_2\text{-}O\text{-}CO\text{-}CH_2\text{-}(CH_2)_{15}\text{-}CH_3 \\ & | \\ (e) & CH\text{-}OH \\ & | \\ (d) & CH_2\text{-}OH \end{array}$$

(f) (c) (b) (a)

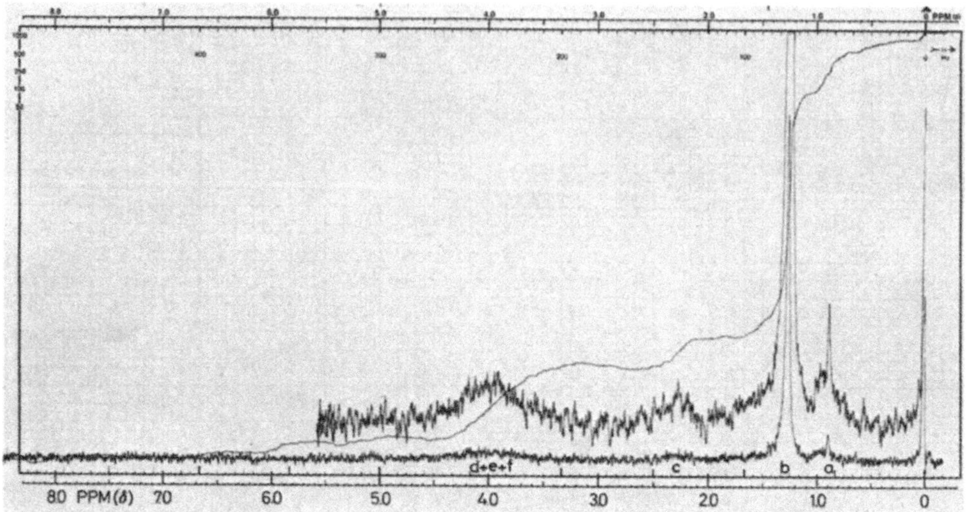

NMR-Spektrum Nr. 35 Arlacel 60 (in CCl_4)

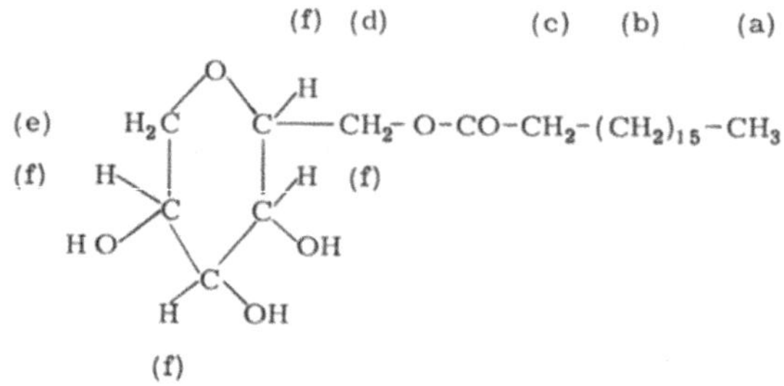

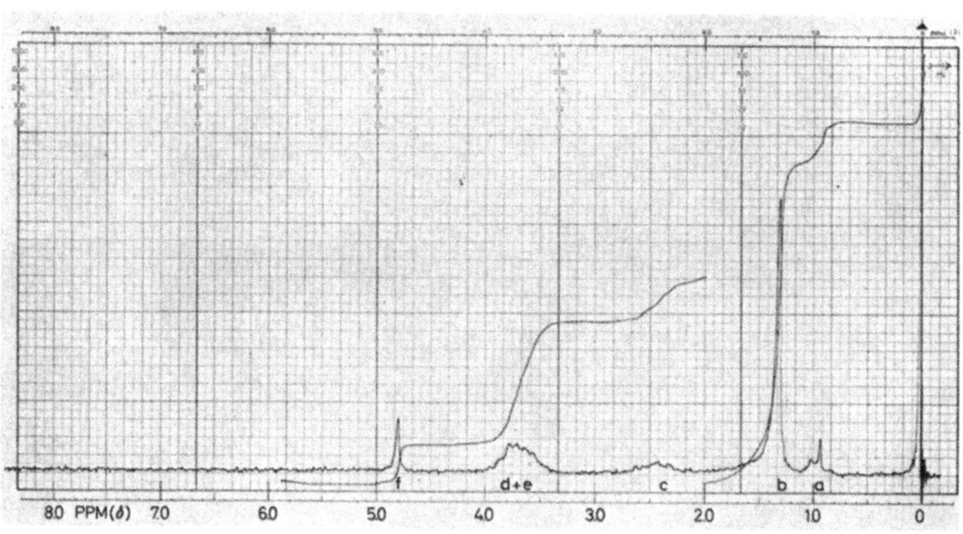

NMR-Spektrum Nr. 36 Comperlan KD (in CCl_4)

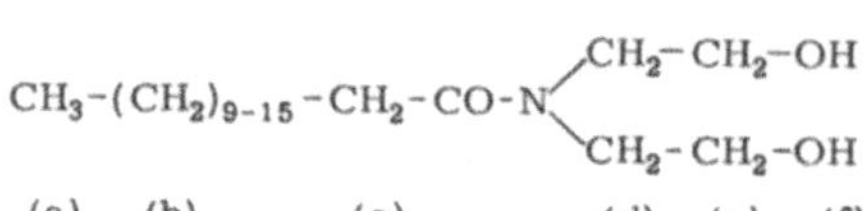

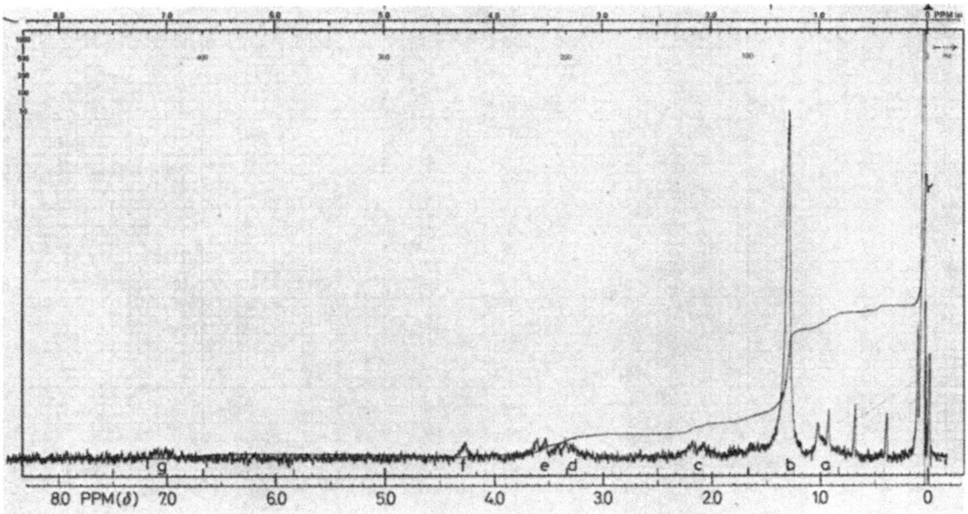

NMR-Spektrum Nr. 37 Comperlan 100 (in CCl_4)

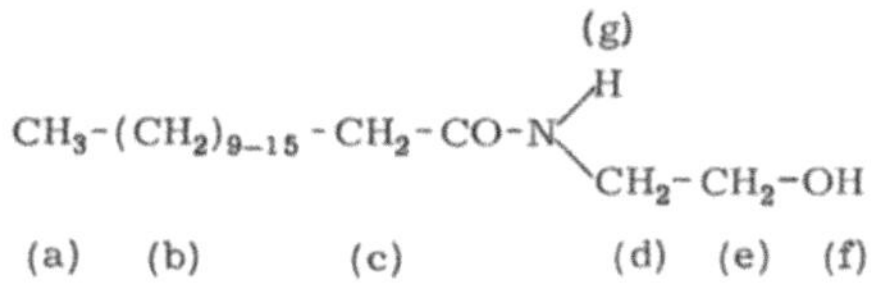

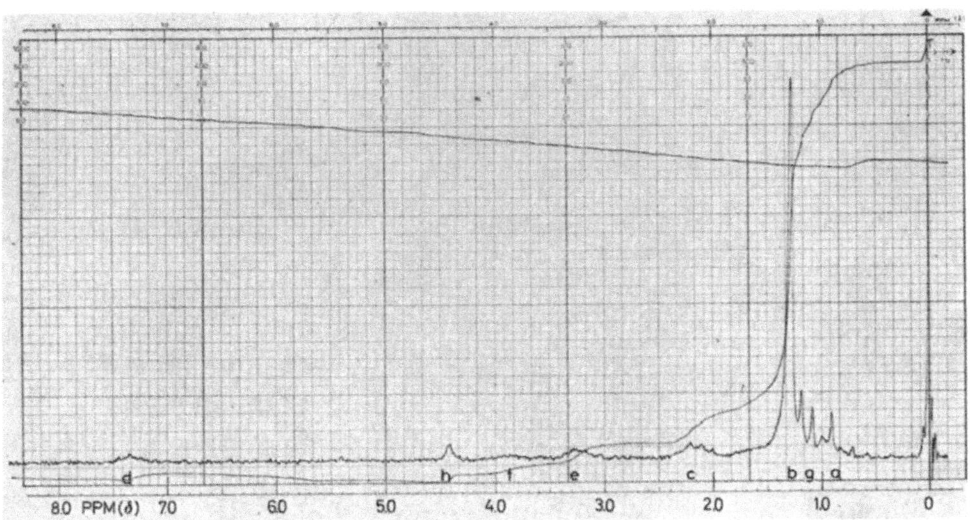

NMR-Spektrum Nr. 38 Steinamid IPP 240 (in CCl_4)

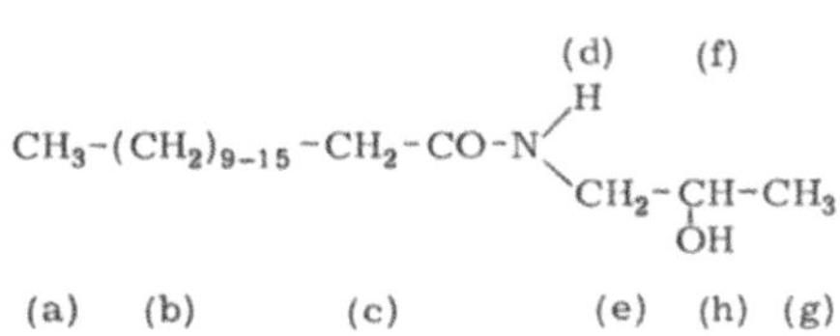

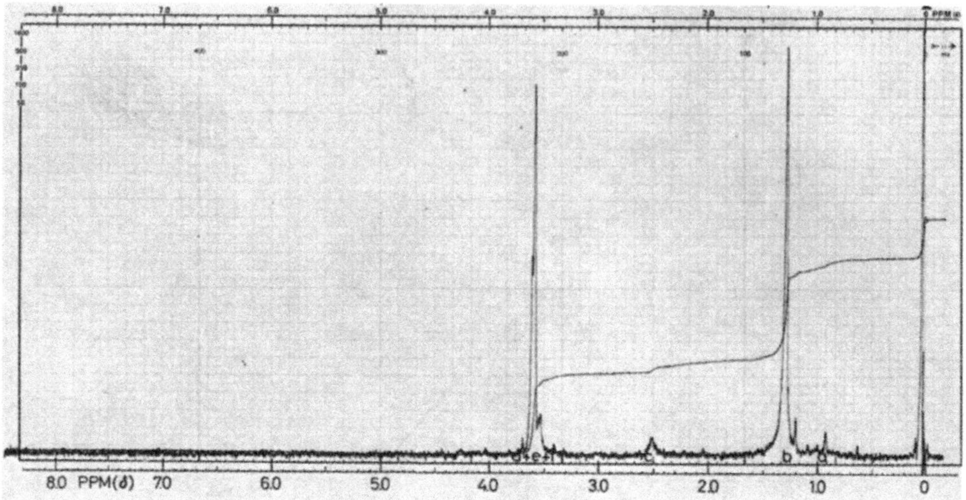

NMR-Spektrum Nr. 39 Telgatol SM 800 (in CCl_4)

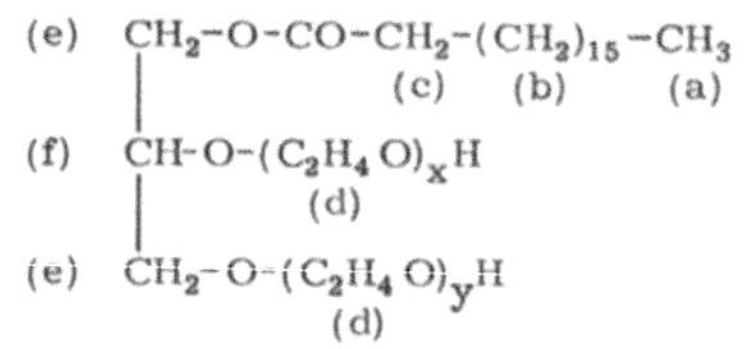

x + y = 8

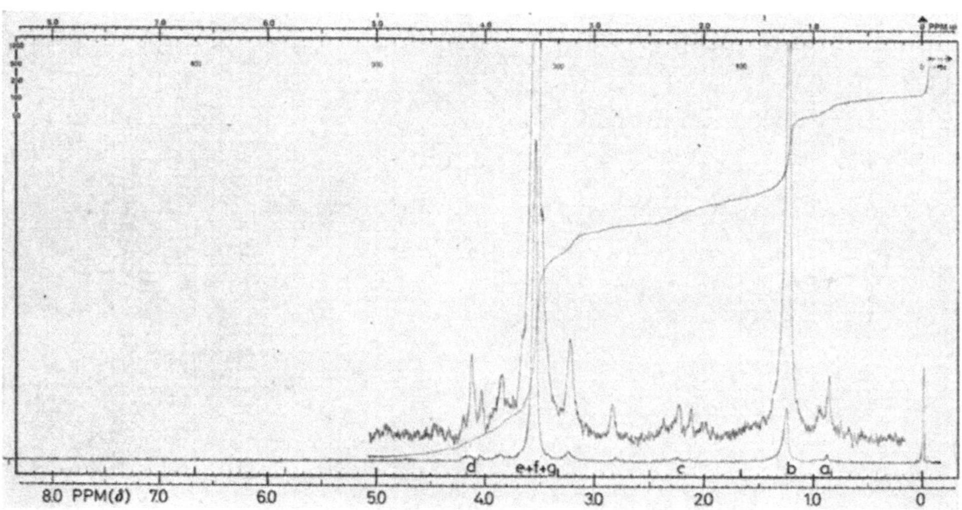

NMR-Spektrum Nr. 40 Tween 20 (in CCl_4)

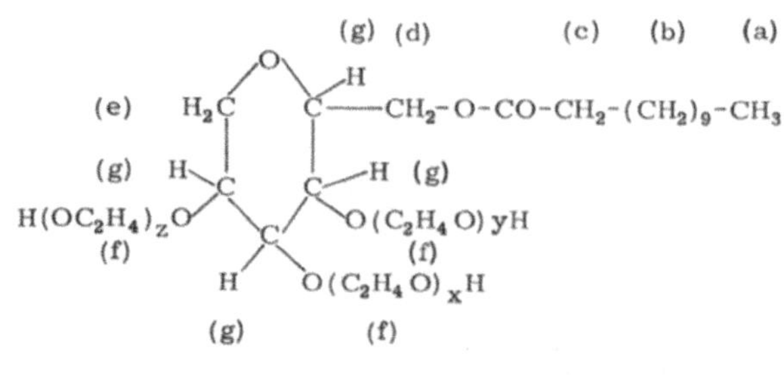

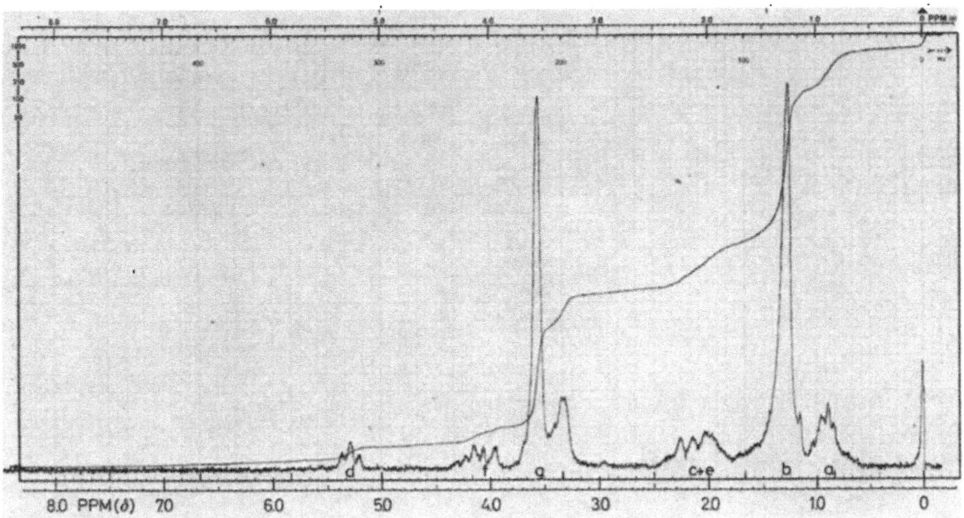

NMR-Spektrum Nr. 41 Telgatol TM 600 (in CCl_4)

$CH_2-O-(C_2H_4O)_xH$
(g) (g)

$CH_3-CH_2-C-CH_2-O-CO-CH_2-(CH_2)_5-CH_2-CH=CH-CH_2-(CH_2)_6-CH_3$
(a) (b) (f) (e) (b) (c) (d) (d) (c) (b) (a)

$CH_2-O-(C_2H_4O)_yH$
(g) (g)

x + y = 6

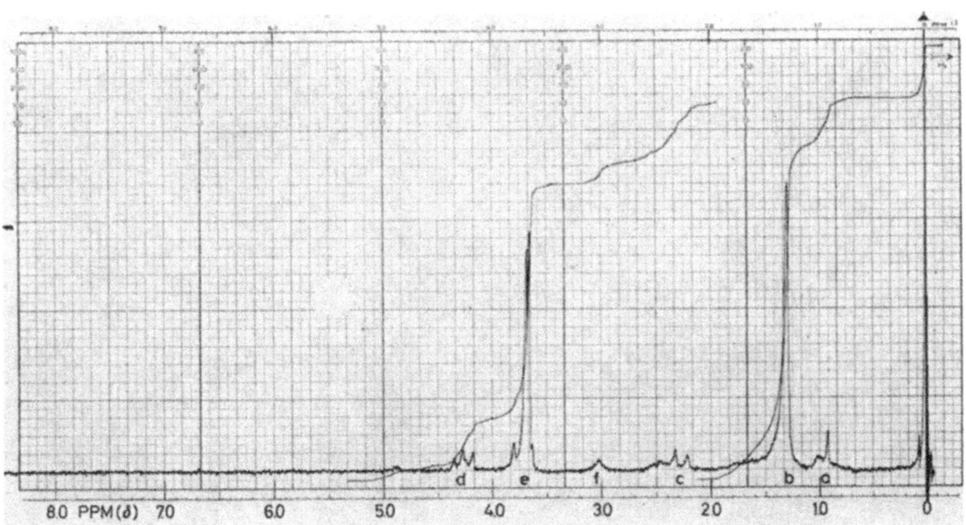

NMR-Spektrum Nr. 42 Deplastol (in CCl_4)

$CH_3-(CH_2)_n-CH_2-COO-CH_2-(CH_2-O-CH_2)_x-CH_2-OH$
(a) (b) (c) (d) (e) (e) (e) (f)

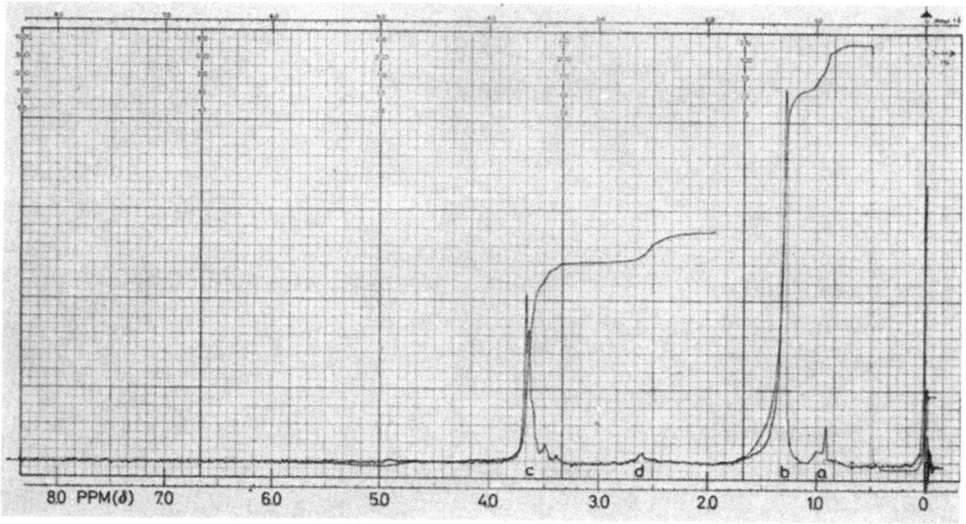

NMR-Spektrum Nr. 43 Dehydol LS 2 (in CCl_4)

$CH_3-(CH_2)_n-CH_2-O-(C_2H_4O)_xH$

(a) (b) (c) (c) (d)

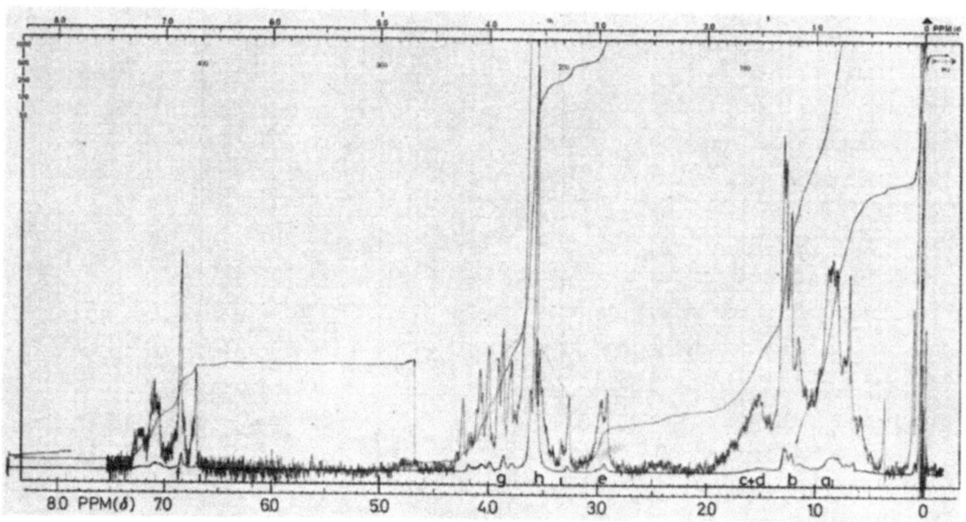

NMR-Spektrum Nr. 44 Stokolan NS 9 (in CCl_4)

zum Beispiel:

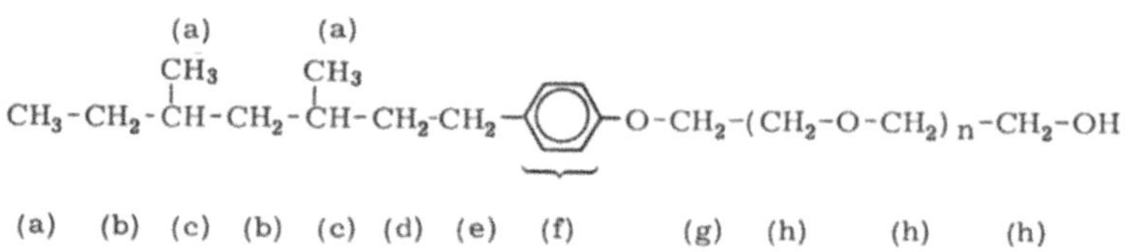

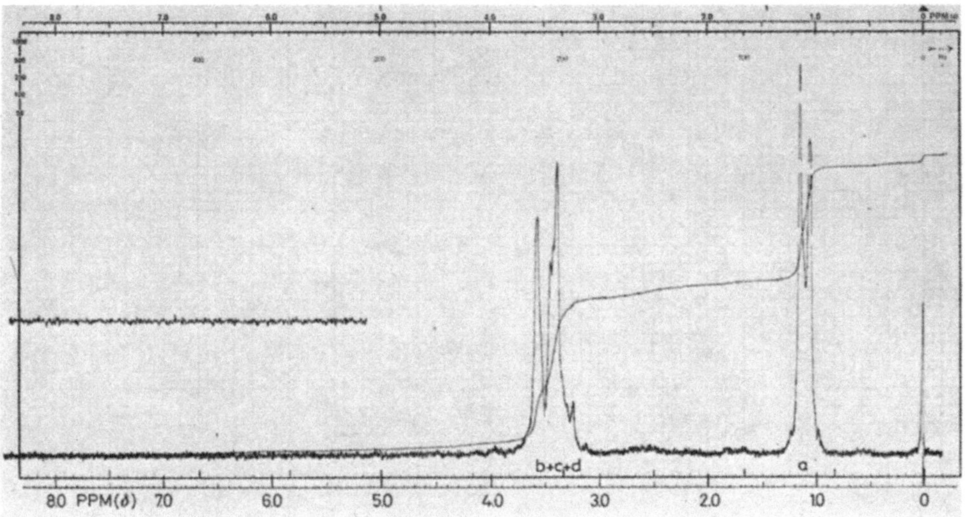

NMR-Spektrum Nr. 45 Pluronic L 61 (in CCl_4)

(d)

HO–(CH_2-CH_2-O)x-(CH-CH_2-O)$_y$-(CH_2-CH_2-O)$_z$H
with CH_3 on CH

(b) (b) (a) (c) (b) (b)

Durchschnittliches Molekulargewicht 2000

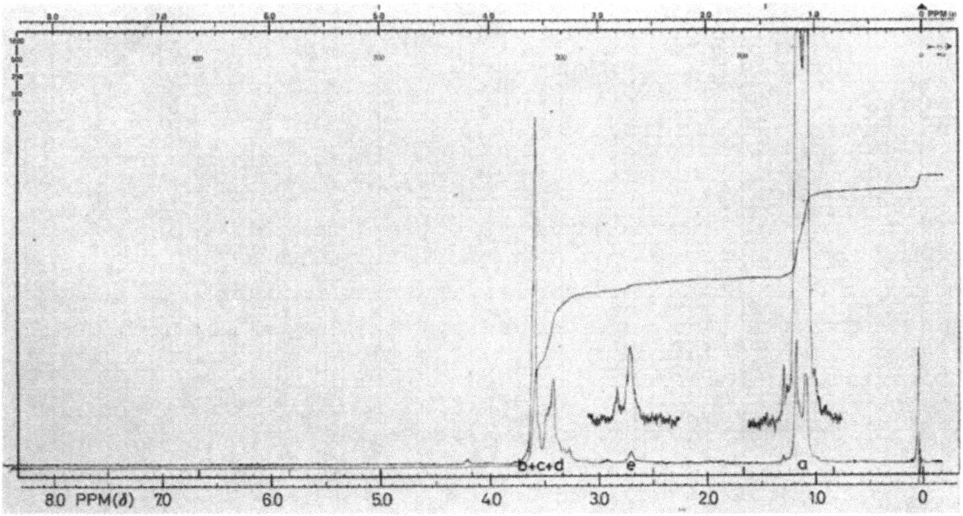

NMR-Spektrum Nr. 46 Pluronic L 64 (in CCl_4)

(d)

HO-(CH_2-CH_2-O)x-(CH-CH_2-O)$_y$-(CH_2-CH_2-O)$_z$H
with CH_3 on CH

(e) (b) (b) (a) (c) (b) (b) (e)

Durchschnittliches Molekulargewicht 2900

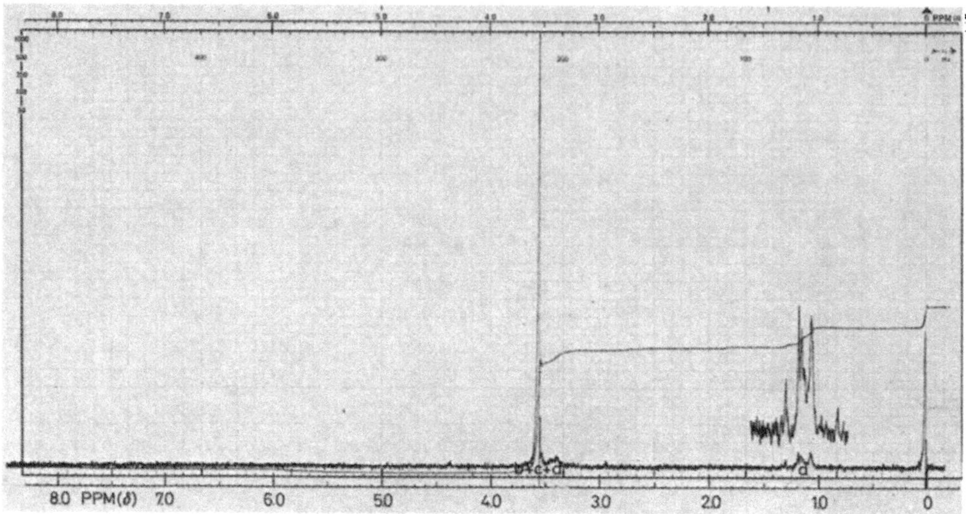

NMR-Spektrum Nr. 47 Pluronic F 68 Pulver (in CCl_4)

(d)

$HO-(CH_2-CH_2-O)_x-(\underset{|\atop CH_3}{CH}-CH_2-O)_y-(CH_2-CH_2O)_zH$

(b) (b) (a) (c) (b) (b)

Durchschnittliches Molekulargewicht 8350

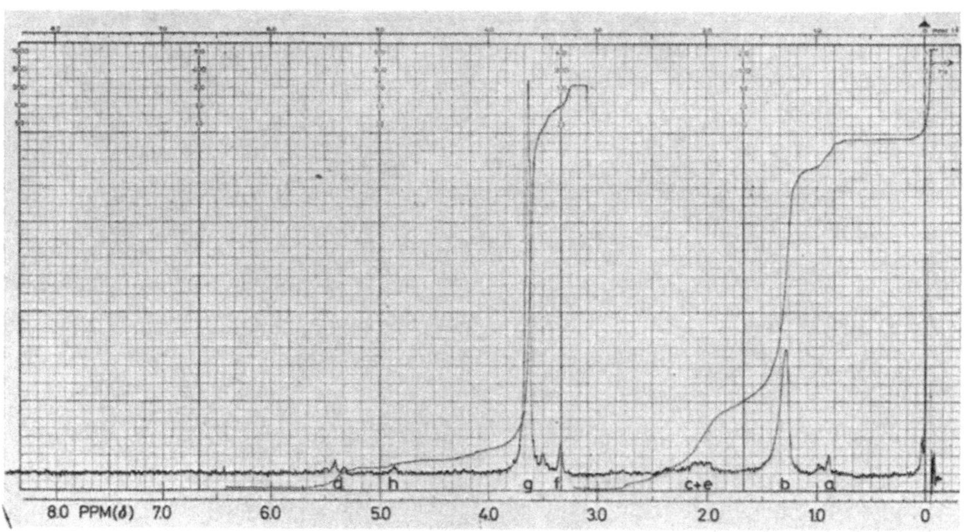

NMR-Spektrum Nr. 48 Dionil SH 100 (in CCl_4)

$CH_3-(CH_2)_6-CH_2-CH=CH-CH_2-(CH_2)_5-CH_2-CO-N\genfrac{}{}{0pt}{}{(CH_2-CH_2-O)_mH}{(CH_2-CH_2-O)_nH}$

(a) (b) (c) (d) (d) (c) (b) (e) (f) (g) (h)

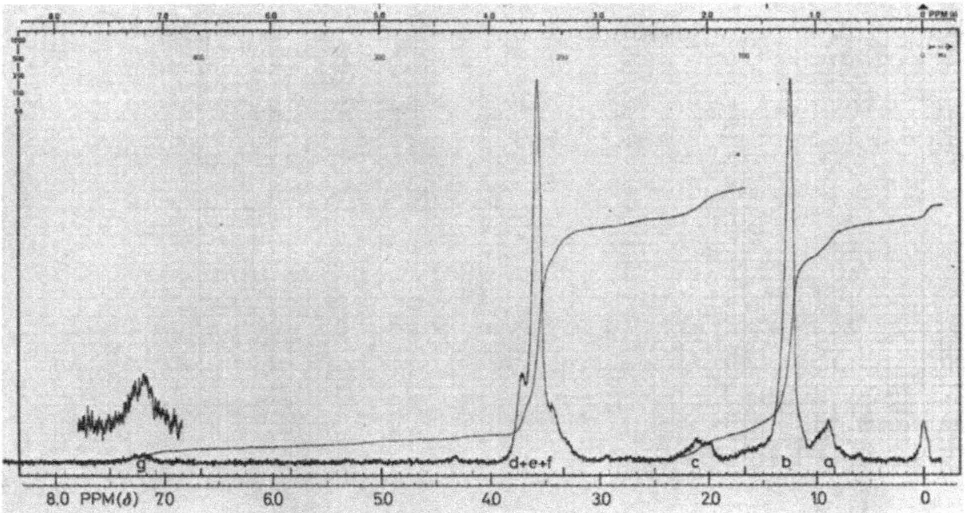

NMR-Spektrum Nr. 49   Eumulgin C 4 (in CCl_4)

Hauptbestandteil:

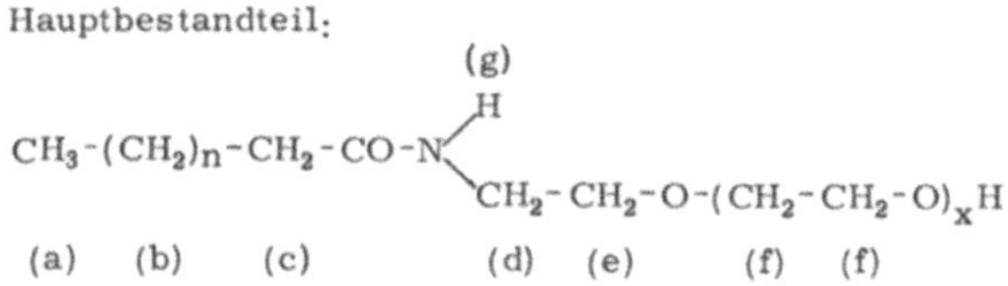

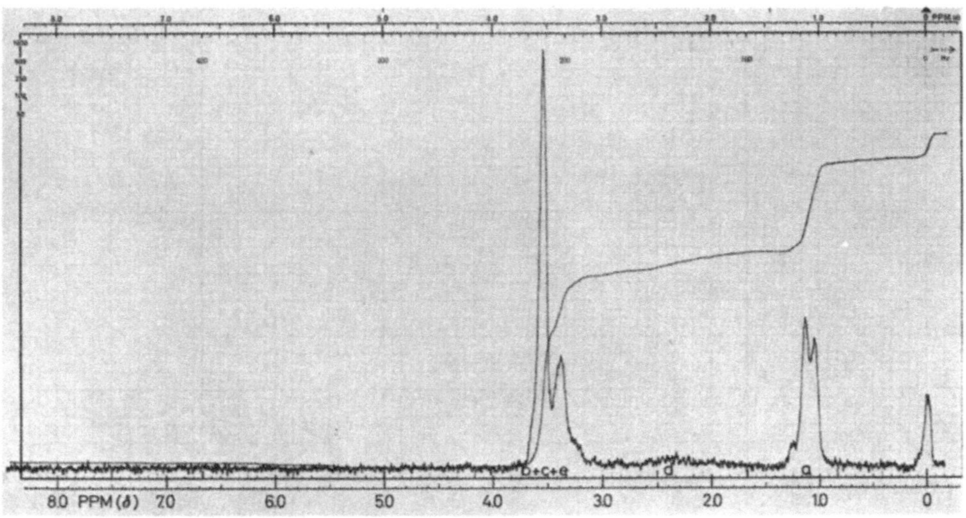

NMR-Spektrum Nr. 50   Tetronic 704 (in CCl_4)

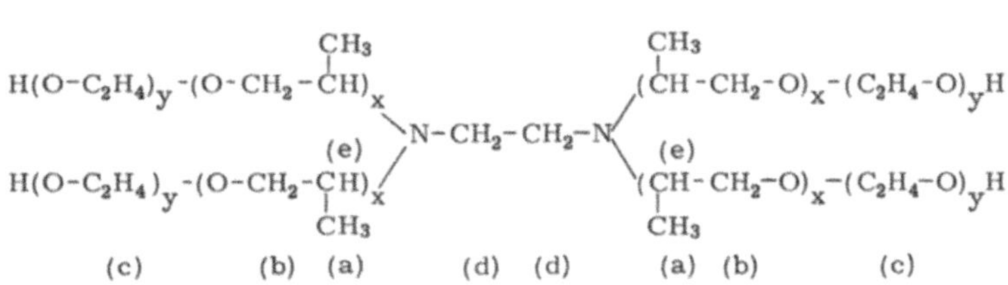

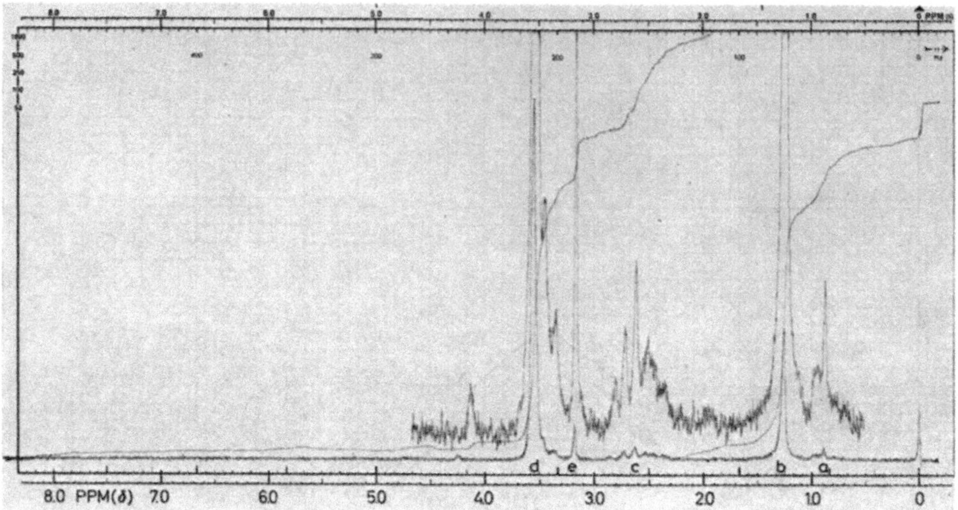

NMR-Spektrum Nr. 51 Ethomeen C/25 (in CCl_4)

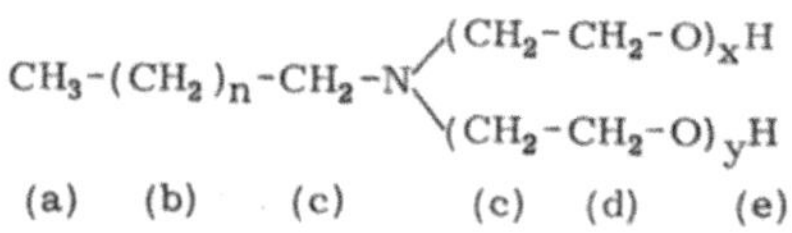

Abtrennung kationaktiver Tenside

Der qualitative Nachweis kationaktiver Tenside wurde bereits beschrieben. Auch ihre qualitative und quantitative Abtrennung mit Ionenaustauschern bereitet keinerlei Schwierigkeiten. Sie werden quantitativ an Kationen-Austauscherharzen adsorbiert und lassen sich mit einem Gemisch von Äthanol und Salzsäure im Verhältnis 1:1 verhältnismäßig gut desorbieren, wobei man den Vorteil hat, daß man im eingedampften Eluat die Hydrochloride der kationaktiven Tenside erhält. Da die kationaktiven Tenside oft als Hydrochloride eingesetzt werden, hat man in vielen Fällen auf diese Weise die Verbindungen in ihrer ursprünglich eingesetzten Form erhalten. Da die kationaktiven Tenside nur für spezielle Zwecke und meist allein oder höchstens im Gemisch mit nichtionogenen Verbindungen eingesetzt werden, braucht auf eine Trennung von Gemischen kationaktiver Verbindungen hier nicht näher eingegangen zu werden. Es sei lediglich erwähnt, daß schon Rosen[128)] festgestellt hat, daß in alkalischem Medium quaternäre Ammoniumsalze wesentlich fester an stark sauren Kationenaustauschern, wie z.B. Dowex 50x4, gebunden werden als nichtquaternäre. Hat man Gemische von quaternären und nichtquaternären kationischen Ammoniumsalzen am Kationenaustauscher adsorbiert, so kann man die letzteren mit einer 10%igen Lösung von Diäthylamin in Benzol desorbieren, da diese genügend basisch ist, um die nichtquaternären Ammoniumverbindungen ersetzen zu können. Die quaternären Ammoniumsalze werden dagegen erst beim Behandeln des Austauschers mit einem Gemisch von konz. Salzsäure/Äthanol (1:1) desorbiert.

Im allgemeinen genügt die Identifizierung der durch Ionenaustauscher abgetrennten Verbindungen mit Hilfe der IR- und Kernresonanzspektroskopie. In dieser Arbeit soll nur auf die wichtigsten quaternären Ammonium- und Pyridiniumsalze (vgl. Tab. 20) eingegangen werden. Es sind die Verbindungen mit der größten praktischen Bedeutung, die in Tab. 21 aufgeführt sind.

Tabelle 20
==========

Systematische Gliederung kationaktiver Tenside

A. Quaternäre Ammoniumsalze
   1. Quaternäre Salze primärer Fettamine
   2. Quaternäre Salze sekundärer Fettamine
   3. Quaternäre Salze tertiärer Amine
   4. Quaternäre Salze äthoxylierter Fettamine

B. Quaternäre Pyridiniumsalze

Tabelle 21
==========

Kationaktive Tenside

Gruppen-Nr.	Handelsname	Chem. Bezeichnung	Hersteller
A.1.	Cetavlon	Cetyltrimethyl-ammoniumbromid	ICI
A.2.	Präpagen WK	Dimethyldistearyl-ammoniumchlorid	Farbwerke Hoechst
A.3.	Zephirol	Dodecyldimethyl-benzylammonium-chlorid	Farbenfabriken Bayer
A.4.	Genamin KS 5	Pentaoxyäthyl-stearylammonium-chlorid	Farbwerke Hoechst
B.	Dehyquart C	Laurylpyridinium-chlorid	Dehydag

Identifizierung kationaktiver Tenside

IR-Spektroskopie kationaktiver Tenside

A.1. Quaternäre Ammoniumsalze primärer Fettamine

Das Spektrum des Cetavlon ist verhältnismäßig einfach. Neben den Absorptionen der Alkylkette treten bei 10,4 μ, 10,55 μ und 11,0 μ scharfe Banden auf, die wahrscheinlich von C-N-Valenzschwingungen herrühren. IR-Spektrum Nr. 53

A.2. Quaternäre Ammoniumsalze sekundärer Fettamine

Ebenfalls bandenarm ist das Spektrum des Präpagen WK. Die Methylgruppen sind an der Schulter bei 3,38 μ (νCH) und an der Bande bei 7,3 μ (δCH einer C-CH_3-Gruppe) zu erkennen. Die Schwingungen der Methylengruppen der Stearylreste geben bei 3,42 μ, 3,51 μ, 6,8 μ und 13,98 μ intensive Banden. Eine weitere Bande erscheint bei ca. 11,0 μ, die wahrscheinlich von der C-N-Valenzschwingung des quaternären Stickstoffatoms herrührt. Bei 6,2 μ tritt eine schwache Bande auf, die von einer aminartigen, nichtionogenen Verbindung herrührt, die als Verunreinigung vorliegt. Bei 2,9 μ bis 2,98 μ und 3,1 μ sind Banden zu sehen, die NH-Streckschwingungen dieser Verbindung zuzuordnen sind. IR-Spektrum Nr. 54

A.3. Quaternäre Ammoniumsalze tertiärer Amine

Im Spektrum des Zephirol sind neben den Absorptionen der Alkylkette bei 3,42 μ, 3,51 μ, 6,85 μ und 7,3 μ die Banden der CH-Schwingungen aus der Ebene des Aromaten am stärksten; sie liegen bei 13,8 μ und 14,25 μ und zeigen die mono-Substitution an. Die CH-Streckschwingungen des Aromaten sind an der Schulter bei 3,3 μ zu erkennen, während sich die Gerüstschwingungen des Aromaten zwischen 6 und 7 μ mit anderen Banden überlagern. Die starke OH-Bande bei 2,95 μ, die Banden bei 4,7 bis 4,8 μ und die Bande bei 6,2 μ rühren wahrscheinlich von adsorbiertem Wasser her, das bei den quaternären Ammoniumverbindungen sehr fest gebunden ist. IR-Spektrum Nr. 55

A.4. Quaternäre Salze äthoxylierter Fettamine

Im Spektrum des Genamin KS 5 sind deutlich die primären OH-Gruppen zu erkennen: bei 3,0 µ die νOH- und bei 9,5 µ die νCO-Schwingung. Die Banden des Stearylrestes sind an den CH-Streckschwingungen bei 3,42 µ und 3,51 µ und den CH-Deformationsschwingungen bei 6,9 µ, 7,4 µ und 13,95 µ zu erkennen. Die Bande der C-O-C-Bindung der Äthylenoxidgruppen erscheint bei 9,0 µ, und auch die Banden um 10,6 µ, bei 11,35 µ sowie die Schultern bei 7,8 µ und 8,0 µ rühren von CO-Streckschwingungen her und zeigen die Ätherstruktur der Verbindung an.
IR-Spektrum Nr. 56

B. Quaternäre Pyridiniumsalze

Im Spektrum des Dehyquart C sind im langwelligen Bereich ebenfalls intensive Banden zu finden, und zwar bei 12,85 µ und 14,6 µ, die von CH-Deformationsschwingungen aus der Ebene des aromatischen Ringes herrühren und den mono-substituierten Benzolring anzeigen. Außerdem sind die Valenzschwingungen des Pyridinringes bei 6,15 µ und 6,8 µ zu sehen. Zwischen 3,2 µ und 3,35 µ treten vier kleine Banden auf, die von CH-Valenzschwingungen des Ringes herrühren. Charakteristisch für aromatische oder aliphatische CH-Deformationsschwingungen sind die Banden bei 8,3 µ und 8,5 µ, die bei den Pyridinverbindungen auftreten. Daneben treten die üblichen Banden des geradkettigen Alkylrestes auf.
IR-Spektrum Nr. 57

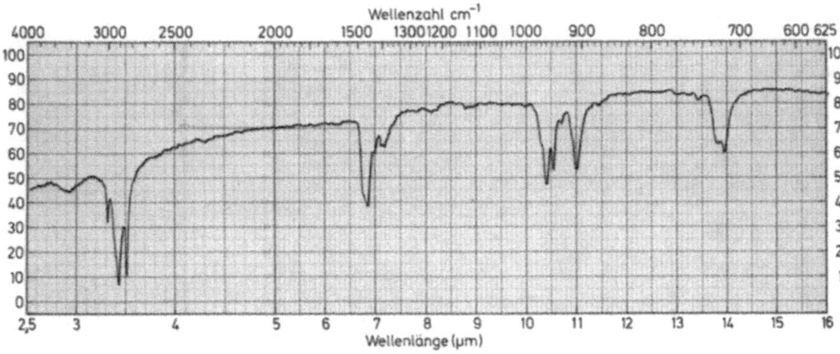

IR-Spektrum Nr. 53 Cetavlon

$$\left[C_{16}H_{33}-\overset{\displaystyle CH_3}{\underset{\displaystyle CH_3}{N}}-CH_3 \right]^{+} Br^{-}$$

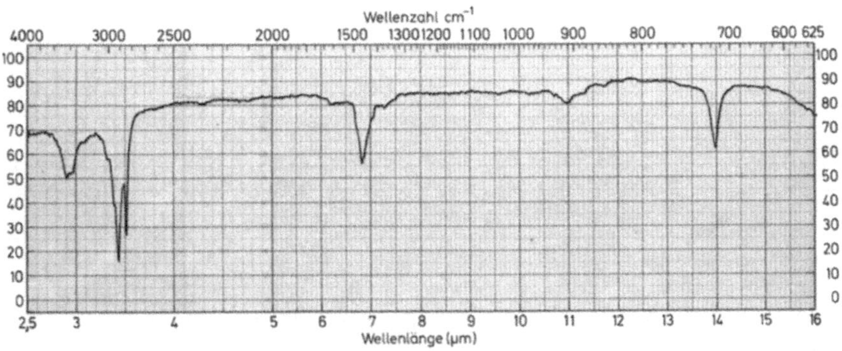

IR-Spektrum Nr. 54 Präpagen WK

$$\left[C_{18}H_{37}-\overset{\displaystyle CH_3}{\underset{\displaystyle CH_3}{N}}-C_{18}H_{37} \right]^{+} Cl^{-}$$

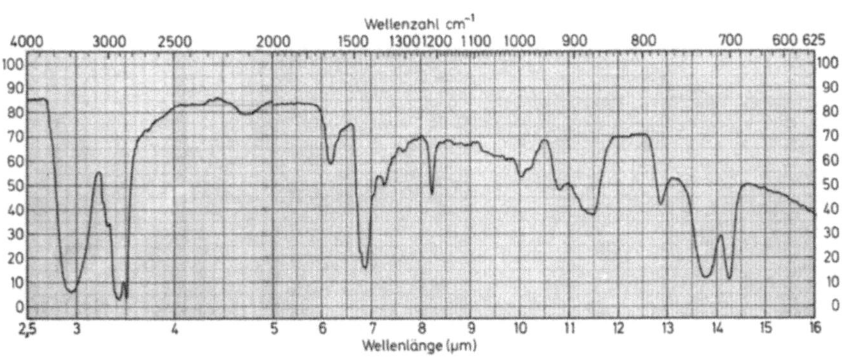

IR-Spektrum Nr. 55 Zephirol

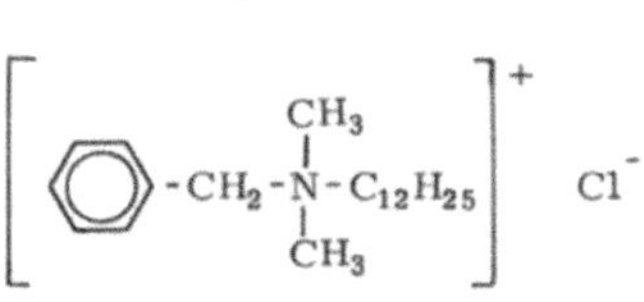

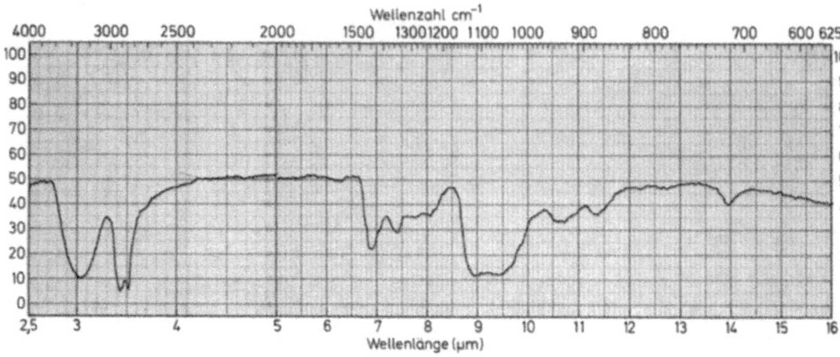

IR-Spektrum Nr. 56 Genamin KS 5

zum Beispiel:

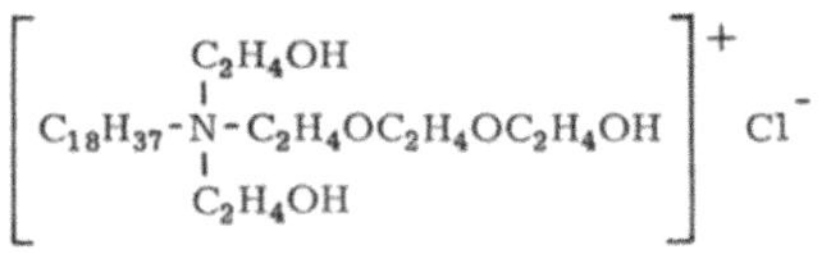

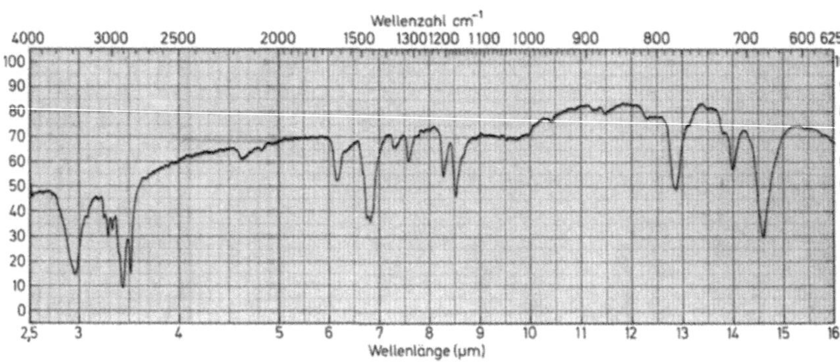

IR-Spektrum Nr. 57 Dehyquart C

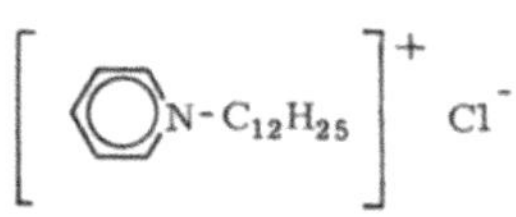

NMR-Spektroskopie kationaktiver Tenside

A.1. Quaternäre Ammoniumsalze primärer Fettamine

Das Spektrum des Cetavlon zeigt neben den Signalen der Protonen der endständigen Methylgruppe der Alkylkette bei 0,8 ppm und den Signalen der Methylenprotonen bei 1,2 ppm ein scharfes, intensives Signal bei 3,1 ppm, das von den Protonen der drei am Stickstoff sitzenden Methylgruppen herrührt. Die Methylengruppe am Stickstoff erscheint wahrscheinlich auch unter dem Signal bei 3,1 ppm. Bei 1,8 ppm tritt ein Signal auf, das bei allen kationaktiven und amphoteren Tensiden mehr oder weniger deutlich erscheint; wahrscheinlich rührt es von den Methylenprotonen der Alkylkette her, die in 2-Stellung am Stickstoff sitzen. NMR-Spektrum Nr. 52

A.2. Quaternäre Ammoniumsalze sekundärer Fettamine

Im Spektrum des Präpagen WK sind neben den Protonen der Stearylreste die Protonen der dem Stickstoff benachbarten Methylengruppen bei 3,8 ppm und die Methylgruppen, die am Stickstoff gebunden sind, bei 3,5 ppm zu finden. NMR-Spektrum Nr. 53

A.3. Quaternäre Ammoniumsalze tertiärer Amine

Beim Zephirol kann man im Spektrum neben den Signalen der Alkylkette die Signale der Methyl- und Methylenprotonen, die dem Stickstoff benachbart sind, bei 3,1 ppm erkennen. Die aromatische Struktur ist an dem Signal bei 7,4 ppm zu erkennen, das gleichzeitig die mono-Substitution anzeigt. Die Methylengruppe am Aromaten gibt wegen der Nachbarschaft des quartären Stickstoffatoms ein stark nach niederen Feldstärken verschobenes Signal bei 4,5 ppm. NMR-Spektrum Nr. 54

A.4. Quaternäre Salze äthoxylierter Fettamine

Im Spektrum des Genamin KS 5 sind neben den Signalen der Methyl- und Methylenprotonen der Alkylkette bei 0,8 ppm und 1,3 ppm die Signale der Methylenprotonen der CH_2-OH-Gruppierung bei 3,9 ppm zu erkennen, und unter dem Signal bei 3,6 ppm liegen die Protonen der Methylengruppen, die dem Stickstoff und Sauerstoff benachbart sind. NMR-Spektrum Nr. 55

B. Quaternäre Pyridiniumsalze

Im Spektrum des Dehyquart C erscheint neben den Signalen der Alkylkette ein breites Signal um 2 ppm, das wahrscheinlich von der CH_2-Gruppe, die dem Stickstoff des Pyridinringes benachbart ist, herrührt. Die Signale der Protonen des Pyridinringes liegen zwischen 8 ppm und 9,2 ppm, wobei die beiden dem Stickstoff benachbarten Protonen bei geringerer Feldstärke liegen. NMR-Spektrum Nr. 56

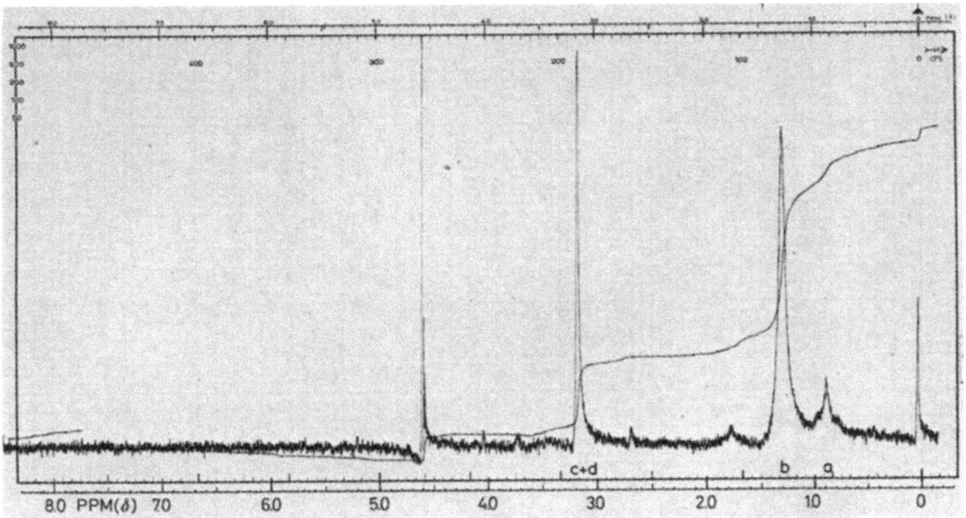

NMR-Spektrum Nr. 52 Cetavlon (in D_2O)

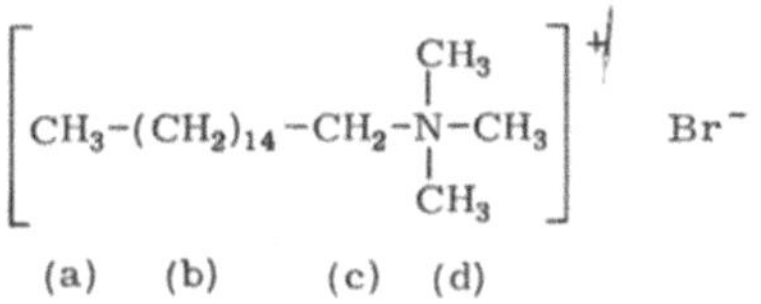

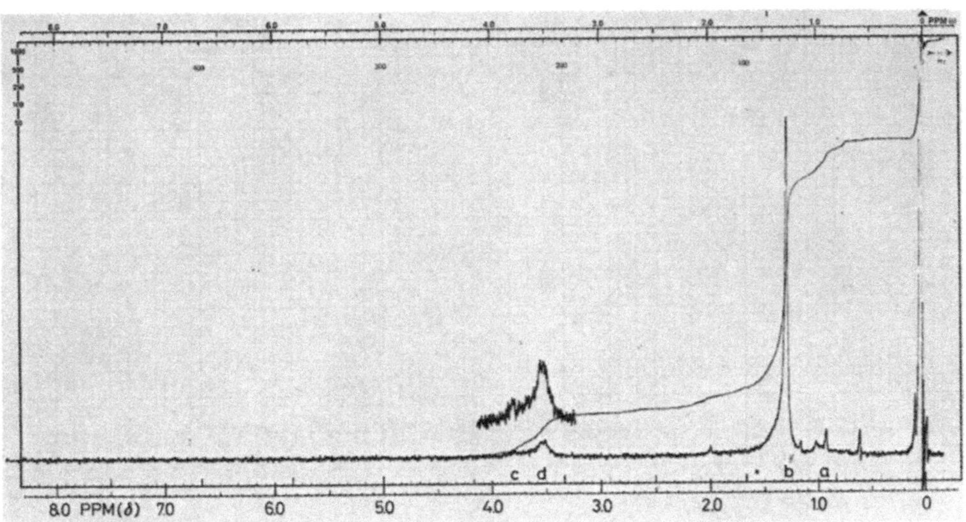

NMR-Spektrum Nr. 53 Präpagen WK (in CCl_4)

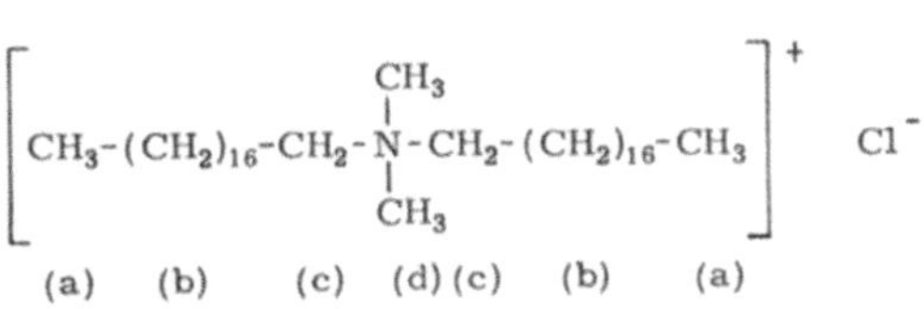

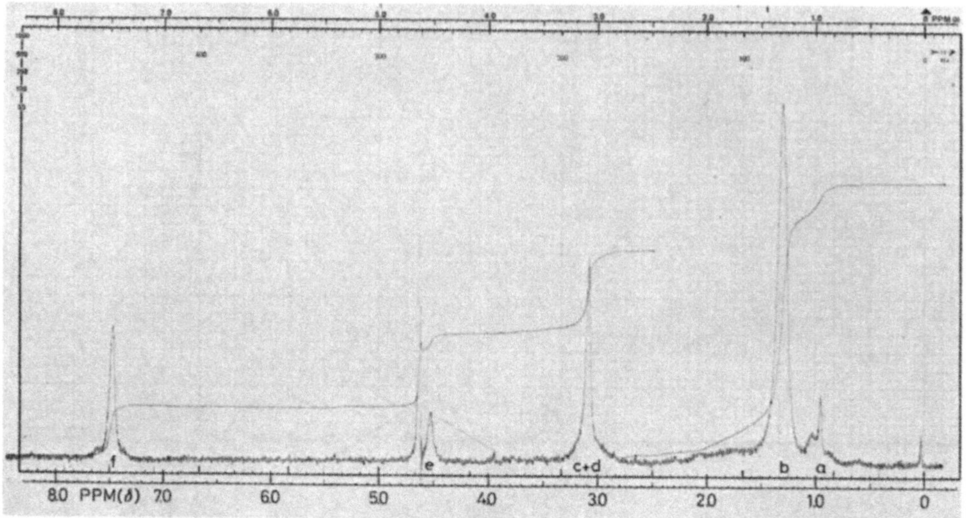

NMR-Spektrum Nr. 54 Zephirol (in D_2O)

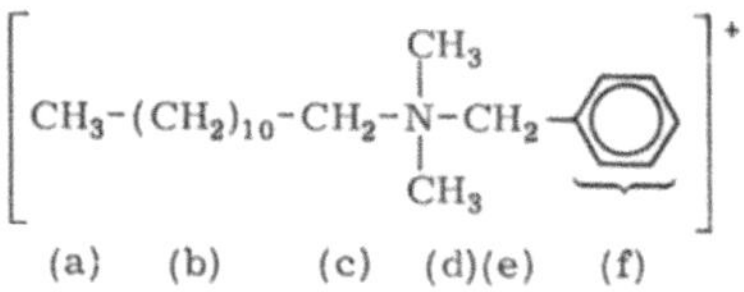

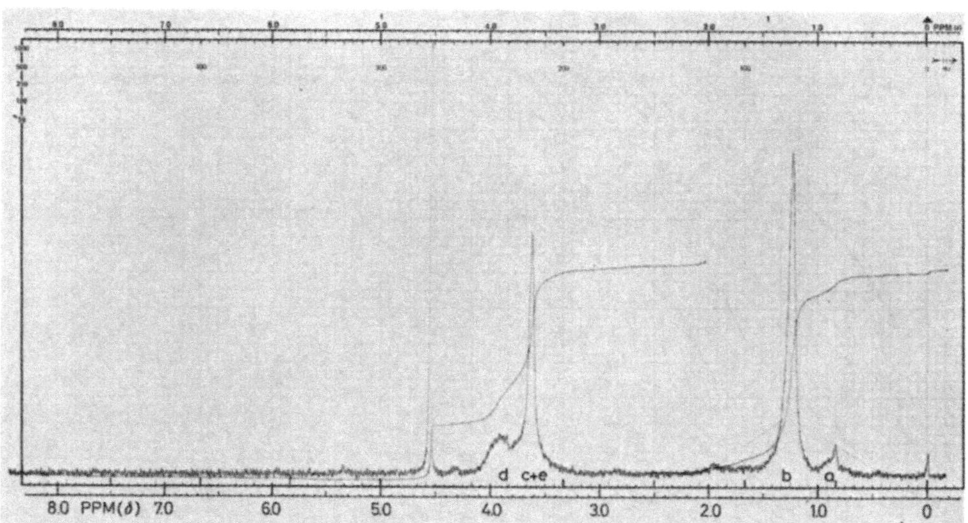

NMR-Spektrum Nr. 55 Genamin KS 5 (in D_2O)
zum Beispiel:

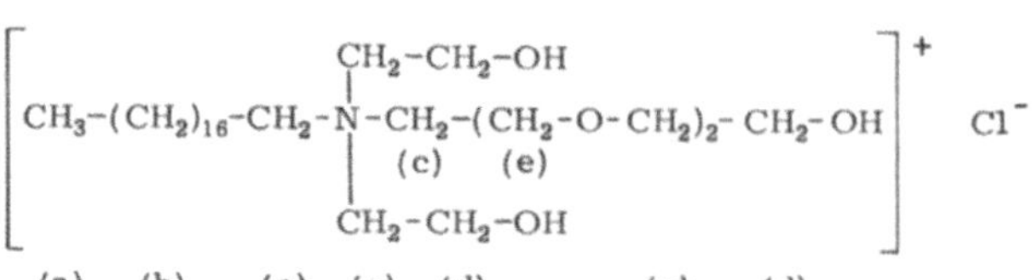

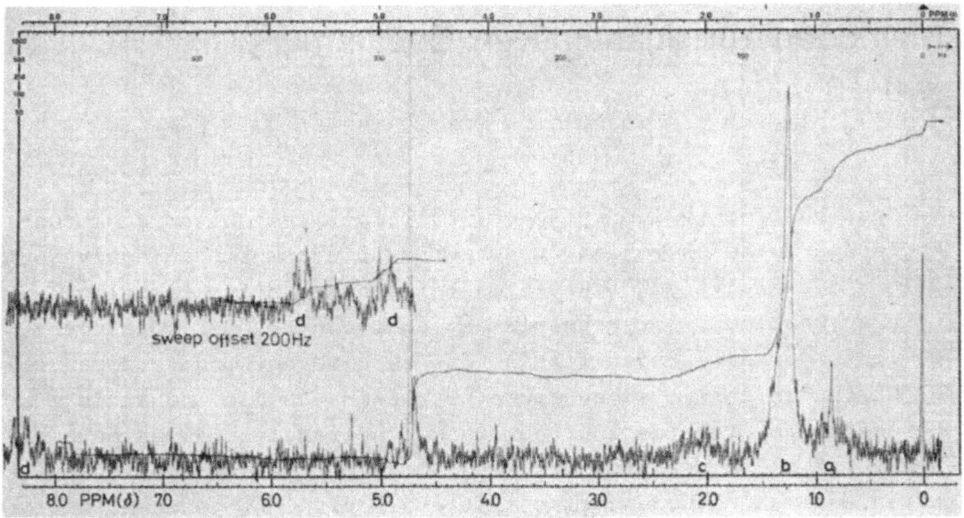

NMR-Spektrum Nr. 56   Dehyquart C (in D_2O)

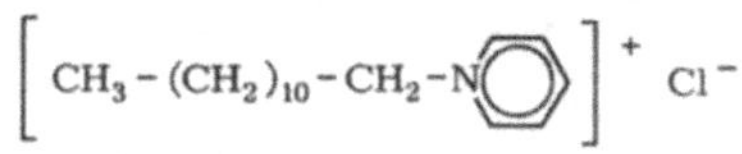

(a)   (b)   (c)   (d)

Methoden zur quantitativen Bestimmung von Tensiden

Bei den üblichen volumetrischen, colorimetrischen und spektroskopischen Methoden werden zunächst nur die anwesenden Äquivalente der an der analytischen Reaktion teilnehmenden funktionellen Gruppen bestimmt. Zur Kenntnis des Äquivalent- oder Molekulargewichts der anwesenden Tenside ist es also notwendig, deren Gewicht in der analytischen Probe zu kennen. Da die industriell hergestellten Tenside aber nur in den seltensten Fällen auch nur annähernd reine Verbindungen sind, bestimmt man bei den quantitativen Analysenmethoden meist mittlere Äquivalent- oder Molekulargewichte.

Quantitative Bestimmung anionaktiver Tenside

Gravimetrische Methoden

Bei der gravimetrischen Bestimmung von Aniontensiden werden üblicherweise die Seifen zuvor abgetrennt, und zwar gewöhnlich durch Abscheidung der freien Fettsäuren mit 2 n Salzsäure und Extraktion mit Petroläther oder Äther.

Die Salze von starken Tensidsäuren mit höhermolekularen organischen Basen sind nahezu stöchiometrisch zusammengesetzt und sehr schwer wasserlöslich, aber leicht löslich in organischen Lösungsmitteln wie Äther und Chloroform. Hierauf beruhen einige einfache quantitative Bestimmungsmethoden, von denen die bekannteste die p-Toluidinmethode ist. Diese wurde von Marron und Schifferli[96)] entwickelt, von Wickbold[167)] entscheidend verbessert und von Bock und Reisinger[12)] bedeutend vereinfacht. Als Fällungsreagenz verwenden Bock und Reisinger[12)] p-Toluidin in schwefelsaurer Lösung, während noch Wickbold[167)] mit p-Toluidin in salzsaurer Lösung arbeitete. Da das mit Äther extrahierte Tensidsalz dabei aber noch freie Tensidsäure enthält, muß ein weiteres Mal mit p-Toluidinhydrochlorid umgesetzt werden. Da jedoch p-Toluidinhydrochlorid im Gegensatz zum -sulfat in Äther etwas löslich ist, muß anschließend mit Silbernitrat das überschüssige Chlorid zurücktitriert werden. Diese Chloridtitration vermeiden Bock und Reisinger[12] durch Fällung mit p-Toluidin in schwefelsaurer Lösung, wobei zugleich durch Filtration durch einen kleinen Wattepfropfen die Verluste an p-Toluidin-Tensidsalz beim Filtrieren gering gehalten werden können. Das bei mäßiger Temperatur getrocknete Tensidsalz kann gewogen und anschließend in äthanolischer Lösung mit 0,1 n Natronlauge gegen o-Kresolrot titriert werden. Auf diese Weise kann man sowohl den Gehalt an Aniontensid als auch dessen Äquivalentgewicht bestimmen. Da größere Mengen anorganischer Salze bei dieser Methode stören, ist es zweckmäßig, von dem Alkoholextrakt (WAS) der Untersuchungssubstanz auszugehen.

Wie bereits Stüpel und Segesser[151] fanden, eignet sich die p-Toluidinmethode durchaus nicht nur zur Bestimmung von Alkylarylsulfonaten, sondern auch für sekundäre Alkylsulfonate und primäre und sekundäre Alkylsulfate. Allerdings verwendeten diese Autoren noch p-Toluidinchlorid und zur Extraktion des p-Toluidin-Tensidsalzes je nach der solvatationsfähigen Gruppe und dem Bau der Hauptvalenzkette statt Äther auch Tetrachlorkohlenstoff.

Wir selbst haben festgestellt, daß nach der vereinfachten Methode von Bock und Reisinger[12] praktisch alle sulfierten Alkyl- und Alkylarylverbindungen bestimmbar sind mit Ausnahme der Sulfobernsteinsäurehalbester und der hydrotropen kurzkettigen Alkylarylsulfonate. Nach Stüpel und Segesser[151] sollen aber nicht nur sulfierte Tenside p-Toluidinium-Tensidsalze bilden, sondern auch Tenside auf der Basis von Carbonsäuren, wie Alkaliseifen und Fettsäurekondensationsprodukte. Bei der Überprüfung dieser Angaben stellten wir fest, daß diese Verbindungen nicht erst Ausfällungen nach Zugabe von p-Toluidinsulfat ergaben, sondern bereits beim Ansäuern mit 2 n Schwefelsäure bis zum Umschlag von Bromphenolblau. Auch diese schon beim Ansäuern erhaltenen Niederschläge waren mit Äther quantitativ extrahierbar und ließen sich wie das p-Toluidinium-Tensidsalz mit Natronlauge gegen o-Kresolrot titrieren. Die IR-spektroskopische Untersuchung der mit und ohne p-Toluidinsulfat erhaltenen Niederschläge ergab, daß beide völlig identisch waren. Es lagen nach der Zugabe von p-Toluidinsulfat ebenso wie nur nach dem Ansäuern mit 2 n Schwefelsäure die in Freiheit gesetzten Säuren der untersuchten Substanzen vor und nicht, wie von Stüpel und Segesser[151)] angegeben, die entsprechenden p-Toluidinsalze.

Jenkins und Kellenbach[71)] fällen sulfierte Tenside aus der neutralen, wässrigen Lösung des Alkohollöslichen bei 40-50°C mit Bariumchlorid. Fettsäuren müssen zuvor entfernt werden. Die wasserunlöslichen Bariumsalze der Tensidsäuren sind nahezu stöchiometrisch. Die durch Veraschen der Tensidsalze in Gegenwart von Schwefelsäure bestimmten Molekulargewichte weichen nicht mehr als maximal 3 % von den nach der p-Toluidinmethode bestimmten Werten ab. Die IR-Spektren der Bariumsalze von Sulfaten und Sulfonaten eignen sich vorzüglich zur Identifizierung der Tenside.

Volumetrische Methoden

Ist das mittlere Molekular- oder Äquivalentgewicht des zu bestimmenden Tensids bekannt, dann liefert die volumetrische Methode direkt die Menge des anwesenden Tensids. Ist das Molekular- oder Äquivalentgewicht unbekannt, dann ergibt eine volumetrische Methode wenigstens die Anzahl der anwesenden Äquivalente eines Tensids.

Am häufigsten wird die Titration ionogener Tenside mit entgegengesetzt geladenen Tensid-Ionen durchgeführt. Zur Erkennung des Äquivalenzpunktes können physikalische Methoden angewandt werden; der Einfachheit halber bedient man sich jedoch meist saurer oder basischer Farbstoffe als Indikatoren. Es existieren 4 Möglichkeiten, die auch alle erprobt wurden:

1. Titration von Tensidanionen mit Tensidkationen in Gegenwart von saurem (anionaktivem) Farbstoffindikator
2. Titration von Tensidanionen mit Tensidkationen in Gegenwart von basischem (kationaktivem) Farbstoffindikator
3. Titration von Tensidkationen mit Tensidanionen in Gegenwart von saurem (anionaktivem) Farbstoffindikator
4. Titration von Tensidkationen mit Tensidanionen in Gegenwart von basischem (kationaktivem) Farbstoffindikator

Wichtig ist, daß der Farbstoff leicht in Wasser löslich ist, jedoch sehr schwer in organischen Lösungsmitteln, wie z.B. Chloroform. Andererseits soll das Farbstoff-Tensidsalz leicht löslich in der organischen Phase, jedoch schwer löslich in der wässrigen Phase sein. Man führt also eine Zweiphasentitration durch. Unterschichtet man die zu titrierende wässrige Phase mit Chloroform, dann ist der Endpunkt bei (1) und (4) daran zu erkennen, daß das gegen Ende gebildete Farbsalz in die organische Phase geht und diese färbt. Umgekehrt bildet sich bei (2) und (3) das Farbsalz gleich bei Zugabe des Indikators und geht in die Chloroformschicht; das Ende der Titration zeigt sich durch Entfärbung der organischen Schicht an. Hummel[68)] hat die theoretischen Aspekte der Zweiphasentitration behandelt und kommt dabei zu dem Schluß, daß man für die Titration von Anion- oder Kation-Tensiden nicht denselben Farbstoff als Indikator nehmen darf, es sei denn, man definiert einen "Äquivalenzpunkt" nach der leichten Erkennbarkeit eines Farbübergangs und bestimmt mit Lösungen bekannten Gehaltes einen Korrekturfaktor zur Errechnung des wirklichen Äquivalenzpunktes. Weiterhin muß sich die Wahl des Farbstoffindikators nach dem Löslichkeitsprodukt des bei der Titration entstehenden Anion-Kation-Tensids richten. Starke Aniontenside werden nämlich mit schwach sauren Indikatoren übertitriert, und umgekehrt gehen stark saure Farbstoffe bei Methode (1) zu früh in die organische Phase. Fettsäuren können nur mit noch schwächer sauren Indikatoren nach Methode (1) titriert werden. Nach Cullum[24)] soll der Indikator den Ladungssinn des zu titrierenden

Tensids haben (Methode 1 und 4). Der Endpunkt ist bei den von Cullum[24] untersuchten Systemen erreicht, wenn der Farbstoff völlig in die organische Phase übergegangen und die wässrige Schicht klar und farblos ist.

Die am weitesten verbreitete und allgemein angewandte Methode ist die Titration nach Epton[32,33] in saurer Lösung mit Methylenblau als Indikator. Man gibt nur eine kleine Menge an Farbstoff zur Analysenlösung zu und unterschichtet mit Chloroform. Bei Vorliegen eines Aniontensids geht das Farbstoffaddukt zu Beginn der Titration in die organische Phase. Beim anschließenden Titrieren mit Kationtensid werden die Tensid-Anionen verbraucht, bis ein Punkt erreicht ist, an dem überschüssiges Tensid-Kation mit dem Farbsalz konkurriert:

$$\left[\text{Tensid}^{-}\ .\ F^{+}\right] + \text{Tensid}^{+} \rightleftharpoons \left[\text{Tensid}^{-}\ .\ \text{Tensid}^{+}\right] + F^{+}$$

Da die Farbstoffionen F^{+} in der organischen Phase unlöslich sind, gehen sie in die wässrige Schicht und zeigen damit den Endpunkt der Titration an. Cullum[24] empfiehlt diese Methode deswegen nicht, weil der Indikator gleichen Ladungssinn wie das titrierende Agens hat. Der größte Nachteil der Epton-Methode[33] ist jedoch ihre Störanfälligkeit gegenüber zusätzlich anwesenden Verbindungen, wobei vor allem Natriumchlorid und Arylsulfonate mit niedrigem Molekulargewicht zu nennen sind. Nach dieser Methode lassen sich nur die sulfierten Tenside bestimmen, weil Carboxylgruppen enthaltende Tenside in saurer Lösung als undissoziierte Fettsäuren in die organische Phase gehen.

Fast zur gleichen Zeit wie Epton veröffentlichten Barr, Oliver und Stubbings[5] eine Zweiphasentitrationsmethode mit einem anionischen Farbindikator, Bromphenolblau, bei der auch in saurer Lösung gearbeitet wird. Hierbei ist der Endpunkt erreicht, wenn sich die ersten blau gefärbten Chloroformtropfen aus der Emulsion absetzen. Barr und Mitarbeiter[5] waren wohl die ersten, die Kationtenside in Gegenwart eines sauren Farbstoffs (Bromphenolblau) und eines Chlorkohlenwasserstoffs titrierten und den Übergang des Farbstoffs in die wässrige Phase als Endpunkt benutzten. Aber auch diese Methode ist bei Anwesenheit von Chloriden und nichtionogenen Tensiden störanfällig. Lew[88] verwendet an Stelle von Bromphenolblau Bromkresolgrün, wobei Arylsulfonate mit niedrigem Molekulargewicht nicht stören. Da es unter alkalischen Bedingungen verwendet wird, stören auch Aminoxide nicht. Außerdem bietet die Anwendung im alkalischen Bereich den Vorteil, daß sich auch Seifen bestimmen lassen. Milwidsky und Holtzman[99] haben deshalb auch eine Methode zur Bestimmung von Seifen in alkalischer Lösung mit Bromkresolgrün als Indikator ausgearbeitet. Dabei werden natürlich auch alle anderen anionaktiven Tenside neben den carboxylgruppenhaltigen erfaßt. Aber alle diese Indikatoren lassen in bezug auf die Schärfe der Endpunktserkennung Wünsche offen.

Von Reid, Longman und Heinerth[124] wurde daher ein schon früher von Herring[55] vorgeschlagenes Zweiphasen-Titrationsverfahren empfohlen, bei dem als Indikator eine Mischung eines kationischen (Dimidium Bromide) und eines anionischen (Disulphine Blue VN 150) Farbstoffs verwendet wird und der Farbwechsel nur in der Chloroformschicht beobachtet wird, welche rot-violett bei Anwesenheit überschüssiger anionischer Tensid-Ionen und blau bei Anwesenheit überschüssiger kationischer Tensid-Ionen gefärbt ist. Am Titrationsendpunkt ist die Chloroformschicht graublau gefärbt; dieser Farbton wird dadurch erzeugt, daß das kationische Dimidium Bromide ganz in die wässrige Schicht übergeht, während eine sehr kleine Menge der Verbindung zwischen kationischem Titrant und Disulphine Blue-Anionen gebildet wird und in die Chloroformschicht wandert. Die Reaktionsgleichungen für die Zweiphasen-Titration nach Herring[55] sind nachstehend in abgekürzter Form wiedergegeben:

1. a) $\text{Tensid}^{-}\,\text{Na}^{+} + \text{F}^{+}\,\text{Br}^{-} \longrightarrow \left[\text{F}^{(+)}\ \text{Tensid}^{(-)}\right] + \text{NaBr}$

	(rot, wasserlöslich)	(rot-violett, in Chloroform löslich)

b) $\left[F^{(+)}\text{Tensid}^{(-)}\right] + \text{Tensid}^{+}Cl^{-} \longrightarrow \left[\text{Tensid}^{(+)}\text{Tensid}^{(-)}\right] + F^{+}Cl^{-}$

2. $F^{-}\,Na^{+} + \text{Tensid}^{+}\,Cl^{-} \longrightarrow \left[\text{Tensid}^{(+)}F^{(-)}\right] + NaCl$

(blau, wasserlöslich) (blau, in Chloroform löslich)

wobei F^{+} = Kation des kationischen (basischen) Indikators (Dimidium Bromide)

F^{-} = Anion des anionischen (sauren) Indikators (Disulphine Blue VN 150)

Die Schärfe dieses Endpunktes übertrifft diejenige aller anderen Indikatoren, die je für die Zweiphasentitration anionischer Tenside vorgeschlagen wurden. Diese Farbindikator-Mischung, die im Gegensatz zur Methylenblau-Methode eine gute Proportionalität zwischen der Aniontensidkonzentration und dem Verbrauch an Titrierlösung zeigt, ist bereits von Holness und Stone[59] als Reagenz für die qualitative Analyse anionischer Tenside beschrieben und von Herring[55] zur Titration anionaktiver Substanzen eingesetzt worden. Gewöhnlich wird die Titration in saurem Medium durchgeführt. Während sowohl Epton[33] als auch Barr und Mitarbeiter[5] als kationischen Titranten Cetylpyridiniumbromid (CPB) verwenden, empfehlen Reid, Longman und Heinerth[124] Hyamine 1622 (p-tert.-Octyl-phenoxyäthoxyäthyl-dimethyl-benzyl-ammoniumchlorid), da es im Gegensatz zum CPB in hohem Reinheitsgrad im Handel erhältlich (Rohm & Haas Comp.) und sehr gut wasserlöslich ist, so daß keine Aktivitätsverluste durch Auskristallisieren zu befürchten sind. Zum Standardisieren der Lösungen des Hyamine 1622, das als erster Lew[88] als kationischen Titranten verwendet hat, benutzen Reid, Longman und Heinerth[124] reines Natriumlaurylsulfat als Bezugssubstanz.

Nach unseren Erfahrungen ist diese Methode zur Bestimmung aller sulfierten anionischen Tenside anwendbar, also gleichermaßen für sulfatierte (Schwefelsäureester) wie für sulfonierte Verbindungen, wobei die kurzkettigen Arylsulfonate nicht stören. Harnstoff und Salze der Äthylendiamintetraessigsäure sowie die typischen anorganischen Komponenten von Waschmittelformulierungen wie Natriumchlorid, Sulfate, Borate, Tripolyphosphate, Perborate und Silikate stören bei der Titration nach Herring nicht. Nur Bleichmittel außer Perboraten sollten vor der Analyse zerstört werden. Wegen der geringen Störanfälligkeit durch Fremdsalze läßt sich auch die Titration nicht-hydrolysierbarer anionischer Tenside in Gegenwart von zuvor hydrolysierten Tensiden genauer als nach anderen Methoden durchführen. Die Zweiphasen-Titration in saurer Lösung bietet nämlich die Möglichkeit, in einem aliquoten Teil der Untersuchungslösung die Summe aller sulfierten Tenside, in einem anderen nach der Hydrolyse der Schwefelsäureester mit 2 n Salzsäure die Sulfonate bestimmen zu können. Auch eine alkalische Hydrolyse von Dialkylsulfosuccinaten oder sulfatierten Fettsäureestern kann durchgeführt und durch Zweiphasen-Titration vor und nach der alkalischen Hydrolyse der Anteil an diesen Verbindungen volumetrisch ermittelt werden. Reid, Longman und Heinerth[125)] haben in einer zweiten Veröffentlichung detaillierte Angaben für die Bestimmung sauer oder alkalisch hydrolysierbarer anionaktiver Tenside gemacht.

Carboxylgruppenhaltige Verbindungen lassen sich in saurer Lösung nicht titrieren. Man titriert solche Tenside in alkalischer Lösung nach Milwidsky und Holtzman[99)] mit Bromkresolgrün als Indikator und erfaßt dann alle anionaktiven Tenside einschließlich aller sulfierten anionaktiven Verbindungen. Diese Methode hat außerdem den Vorteil, daß dabei Aminoxide nicht stören, da diese in alkalischer Lösung als nichtionogene Verbindungen vorliegen. In saurer Lösung dagegen liegen Aminoxide als kationaktive Verbindungen vor und reagieren stöchiometrisch mit in der Analysenprobe vorliegendem anionaktivem Tensid. Die Methode von Milwidsky und Holtzman[99)] wurde von Bareš[4)] durch Einsatz eines anderen kationaktiven Titranten (α- Äthoxypentadecyltrimethylammoniumbromid = Septonex) abgewandelt, außerdem nimmt Bareš[4)] als Titrationsendpunkt den Verbrauch an Titrant, der sich ergibt, wenn die wässrige Phase völlig farblos ist. Der Übergang soll sehr scharf und gut zu erkennen und dieses Verfahren der ursprünglichen Methode von Milwidsky und Holtzman[99] überlegen sein.

Nach Reid, Longman und Heinerth[125] läßt sich aber auch die Zweiphasen-Titration mit dem Mischindikator nach Herring[55] gut in alkalischer Lösung durchführen. Eine volumetrische Bestimmung in alkalischer Lösung läßt sich nach Turney und Cannell[157] auch mit Methylenblau durchführen; dabei wird der Farbstoff zu dem roten Dimethylthionolin oxydiert, das gleichfalls in der Chloroformschicht verbleibt; bei dieser Methode handelt es sich also um keine echte Zweiphasen-Titration, da der Farbumschlag nur in der Chloroformschicht erfolgt. Der Endpunkt ist bei dieser Methode scharf und sehr gut erkennbar.

Colorimetrische Methoden

Die meisten colorimetrischen Methoden zur Bestimmung ionogener Tenside beruhen auf Extinktionsmessungen an gelösten Farbstoff-Tensid-Salzen. Die empfindlichsten Mikromethoden erlauben eine quantitative Bestimmung von wenigen μg Tensid. Wichtig ist, daß der Farbstoff selbst unlöslich in der zur Extraktion verwendeten organischen Phase ist.

Jones[73] hat als erster das Methylenblau zur colorimetrischen Analyse von Aniontensiden benutzt, indem er das Farbstoff-Tensid-Salz aus schwach salzsaurer Lösung mit Chloroform extrahierte und seine Menge durch Messung der Extinktion bei 652 nm bestimmte. Seifen stören dabei nur wenig, können jedoch mit Methylenblau nicht bestimmt werden.

Die Jones'sche[73] Methode hat seither zahlreiche Abwandlungen erfahren, da sie sich besonders bei der Analyse der Tenside von Abwässern als empfindlich gegen einige andere Bestandteile erwies. Heute wird in der Praxis besonders die Methode von Longwell und Maniece[91] angewendet, bei welcher die Extraktion des Methylenblau-Tensid-Salzes aus alkalischer Lösung durchgeführt wird. Die Einstellung des pH-Wertes erfolgt dabei mit alkalischer Lösung von Di-Natriumhydrogenphosphat, die photometrische Messung des Chloroformextraktes bei 650 nm. Damit wird die Methode nicht nur unempfindlich gegen anorganische Ionen, sondern gleichzeitig wird eine bessere Ausbeute der Tensid-Anionen erzielt.

Außer Methylenblau wurden noch zahlreiche andere Farbstoffe für die colorimetrische Bestimmung anionaktiver Tenside vorgeschlagen. Wallin[161)] benutzt basisches Fuchsin (Rosanilin) und gibt als Hauptvorzug an, daß dieser Farbstoff eine sehr viel geringere Löslichkeit in Chloroform besitzt als Methylenblau. Karush und Sonnenberg[74)] benutzten ebenfalls Rosanilin und Pararosanilinhydrat und extrahierten das Farbstoffaddukt mit Chloroform-Essigester (1:1). Loomeijer[92)] verwendete einen Bromkresolpurpur-Proteinkomplex. Powell und Taylor[116)] setzten die anionaktiven Tenside mit Eisen-Dipyridyl- bzw. Eisen-o-Phenanthrolinkomplexen um und extrahierten gleichfalls mit Chloroform. Moore und Kolbeson[100)] empfehlen Methylgrün, das bei Anwesenheit von Fremdsubstanzen genauere Ergebnisse liefern soll als Methylenblau. Auch Ströhl und Kurzak[149)], die sich in neuester Zeit mit den Absorptionsspektren und der Beständigkeit dieser Tensid-Farbstoff-Salze beschäftigt haben, geben dem Methylgrün den Vorzug, da die Farbstabilität der Tensid-Methylgrün-Salze bedeutend höher ist als die der entsprechenden Methylenblau-Salze. Die Extinktion der Methylgrün-Salze wird bei 620 nm gemessen.

Bürger[14)] empfiehlt seinen bei qualitativen Untersuchungen sehr bewährten Mischindikator aus Methylenblau B und Brenzcatechinsulfophthalein auch für die quantitative Bestimmung von Anion- und Kationtensiden im Bereich zwischen 10 µg und 100 µg. Scales und Kemp[134)] beobachteten, daß Alkylbenzolsulfonate mit einer Lösung von o-Toluidin und Natriumhypochlorit eine Blaufärbung entwickeln. Diese Reaktion wurde später von Harris[51)] sowie von Graham und Whitney[46)] zu einer quantitativen colorimetrischen Methode zur Bestimmung von Alkylbenzolsulfonaten und Alkylsulfaten in Mengen bis herab zu 5 µg ausgearbeitet.

Es gibt jedoch keine colorimetrische Methode, mit der alle Aniontenside, ungeachtet ihrer Struktur, in einer Bestimmung erfaßt werden können. Hier spielt wie auch bei den volumetrischen Methoden sowohl die Basizität der Farbstoffe als auch die Acidität der Tensidsäuren eine große Rolle und damit auch der pH-Wert der Lösung, in welcher das Farbstoff-Tensid-Salz gebildet wird. Dies hat andererseits den Vorzug, daß diese Methoden durch geeignete Wahl des Farbstoffs und des pH-Wertes selektiv für bestimmte Tenside gemacht werden können.

Quantitative Bestimmung von Aminocarbonsäureseifen

Da bisher in der Literatur über die quantitative Bestimmung von Aminocarbonsäureseifen keine Angaben vorliegen, haben wir zunächst geprüft, ob sie sich wie Fettsäureseifen durch Zweiphasen-Titration in alkalischer Lösung bestimmen lassen. Bei den echt anionaktiv reagierenden Fettsäuresarkosiden und den Kondensationsprodukten von Aminocarbonsäuren mit Alkylsulfochloriden bestand darüber von vornherein kaum Zweifel. Fraglicher erschien uns dies bei den Fettsäure-Eiweißkondensaten, wie z.B. manchen Lameponen, die nach Hummel[65] schwach amphoter reagieren sollen. Die Molekulargewichte dieser Verbindungen, die vom Hersteller nicht angegeben werden, bestimmten wir durch Isolierung und Auswägung der abgespaltenen Aminocarbonsäuren und anschließende Titration mit Lauge. Setzten wir die auf diese Weise erhaltenen Molekulargewichte bei der Berechnung der Aktivsubstanz ein, wenn wir direkt aus der Originalsubstanz die Zweiphasen-Titration nach Milwidsky und Holtzman[99] in alkalischer Lösung durchführten, dann ergab sich sehr gute Übereinstimmung der auf diese Weise erhaltenen Werte mit den Ergebnissen, die durch Titration der abgeschiedenen freien Säuren erhalten worden waren. Diese Analysenergebnisse sind in Tab. 22 zusammengefaßt.

In Tab. 22 sind in der letzten Zeile für die beiden Lamepone zusätzlich die Mengen angegeben, die bei der Ionenaustauschertrennung am Anionenaustauscher in der Hydroxylform adsorbiert wurden. Wie man sieht, liegen diese Werte ca. 15-20 % höher als die durch Titration erhaltenen Daten. Sie lassen sich durch Anwesenheit von anionischen Verbindungen erklären, die als Nebenprodukte vorliegen und keinen Tensidcharakter besitzen. Gleichfalls Nebenprodukte von der Synthese scheinen die Anteile zu sein, die bei der Ionenaustauschertrennung am Kationenaustauscher adsorbiert wurden. Lamepon A und Lamepon S können nämlich in saurer Lösung mit anionaktivem Titrant weder nach Herring[55,124] noch nach Epton[33] titriert werden; dieser Befund legt den Verdacht nahe, daß die reinen Fettsäure-Eiweißkondensate mit Carbon-

Tabelle 22

Ergebnisse quantitativer Bestimmungen von Tensiden auf der Basis von carbonsauren Salzen

	Seifenmehl	Natrium-Lauroyl-sarkosinat	Lamepon A	Lamepon S
Mol.-Gewichte der freien Säuren	272	275	335	316
Gehalt an Aktivsubstanz				
a) durch Titration der freien Säuren	96,1 %	98,6 %	36,2 %	47,8 %
b) durch Zweiphasentitration nach Milwidsky und Holtzman[99]	95,5 %	98,2 %	35,4 %	48,5 %
c) durch Adsorption am AAT/OH^-	-	-	42,4 %	55,8 %

Die %-Gehalte an Aktivsubstanz sind auf Trockensubstanz = 100 % bezogen.

amidbindung nur anionaktiv reagieren, also keinen amphoteren Charakter besitzen. Wahrscheinlich handelt es sich bei den am Kationenaustauscher adsorbierten Verbindungen um Eiweißhydrolysate und andere Produkte mit freien Aminogruppen, die ähnlich wie Harnstoff am Kationenaustauscher adsorbiert werden, ohne daß Ionenaustauschreaktionen einzutreten brauchen. Damit lassen sich die Befunde zwanglos erklären, daß zwar erhebliche Mengen der Fettsäure-Eiweißkondensate am Kationenaustauscher adsorbiert werden, daß aber nur die Anteile mit Hilfe der Zweiphasen-Titration nach Milwidsky und Holtzman[99)] bestimmbar sind, die bei der Ionenaustauschertrennung am Anionenaustauscher adsorbiert werden.

Bei den Fettsäure-Eiweißkondensaten als Handelsprodukten handelt es sich also um komplizierte Gemische echter Fettsäure-Eiweißkondensate, Eiweißhydrolysate und nichtionische Verbindungen, von denen der Teil ohne Schwierigkeiten bestimmbar ist, der der Struktur der eigentlichen Fettsäure-Eiweißkondensate entspricht.

Quantitative Bestimmung von Sulfobernsteinsäurehalbestern

Die Analytik der Sulfobernsteinsäurediester wirft keine Probleme auf; sie lassen sich selbst in wasserfreiem Isopropanol klar lösen, und die für Sulfonate üblichen quantitativen Bestimmungsmethoden sind auch für die Sulfobernsteinsäurediester ohne weiteres anwendbar. Demgegenüber bereitet die Analyse der Sulfobernsteinsäurehalbester, vor allem ihre quantitative Bestimmung, beträchtliche Schwierigkeiten. Eine typische Eigenschaft der Sulfobernsteinsäurehalbester ist ihre Schwerlöslichkeit in konzentriertem Alkohol. Auf die Problematik, die diese Eigenschaft bei dem üblichen Analysengang für grenzflächenaktive Verbindungen aufweist, hat bereits Hoffmann[58] kurz hingewiesen.

Für unsere quantitativen Untersuchungen[81] setzten wir drei verschiedene Sulfobernsteinsäurehalbester ein, die bereits in Tab. 2 aufgeführt sind. Da wir mit Recht annahmen, daß diese Verbindungen noch in erheblichen Mengen Nebenprodukte enthielten, führten wir zunächst Lösungsversuche mit konzentrierten und wässrigen Alkoholen durch, wobei wie üblich von der Trockensubstanz ausgegangen wurde. Zu diesem Zweck wurden zuerst von den drei aufgeführten Sulfobernsteinsäurehalbestern die Äthanol- und Isopropanol-Extrakte durch mehrfaches Auskochen mit 95%igem Äthanol bzw. 100%igem Isopropanol bestimmt.

Die Löslichkeitsversuche ergaben eine weit größere Löslichkeit in 95%igem Äthanol. Bei dem Versuch, die eingedampften Äthanolextrakte für die Aufgabe auf die Ionenaustauschersäulen wieder in kleineren Mengen Äthanol in Lösung zu bringen, wurden schwerlösliche Restmengen erhalten, deren IR-Spektren jedoch völlig identisch waren mit denen der Äthanolextrakte. Bei Zugabe von etwas Wasser ließen sich diese Restmengen leicht völlig in Lösung bringen.

Von den eingedampften Alkoholextrakten und ihren Rückständen wurden Spektren (Nr. 58-60, 62-64 und 66-68) zur Identifizierung aufgenommen. Dabei zeigte sich bereits eindeutig, daß es sich

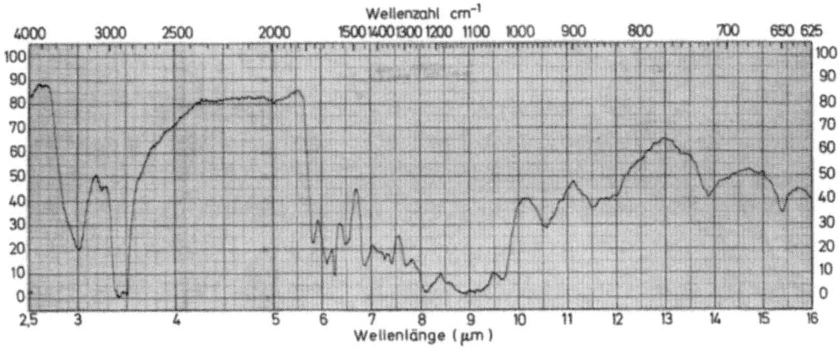

IR-Spektrum Nr. 58 Steinapol SBF A 30:
Äthanolextrakt

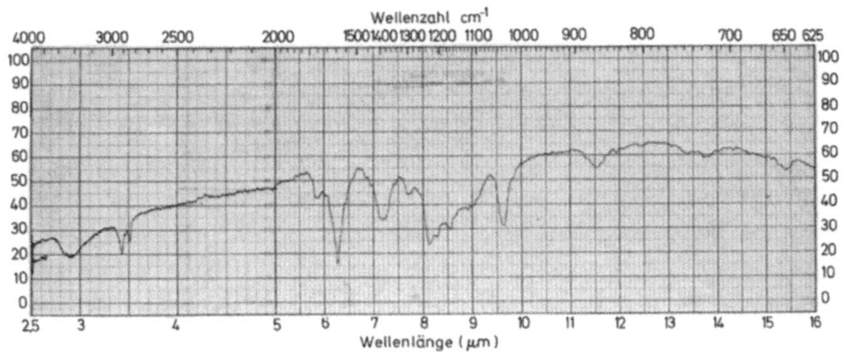

IR-Spektrum Nr. 59 Steinapol SBF A 30:
Rückstand vom Äthanolextrakt

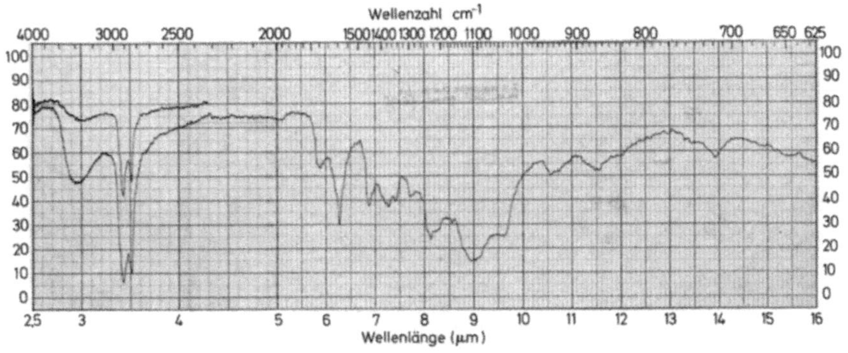

IR-Spektrum Nr. 60 Steinapol SBF A 30:
Isopropanolextrakt

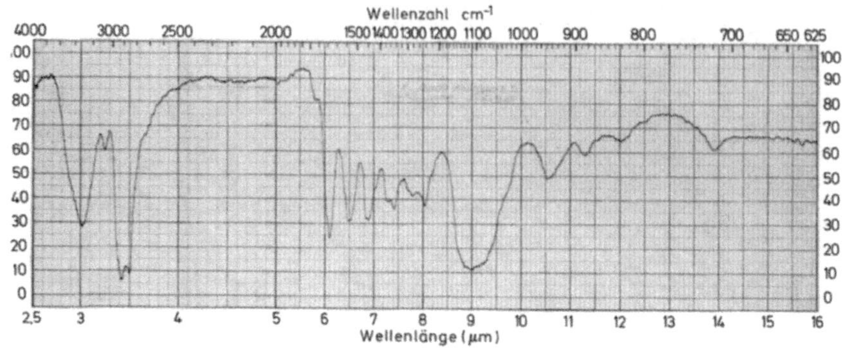

IR-Spektrum Nr. 61 Steinapol SBF A 30:
nichtionogene Anteile

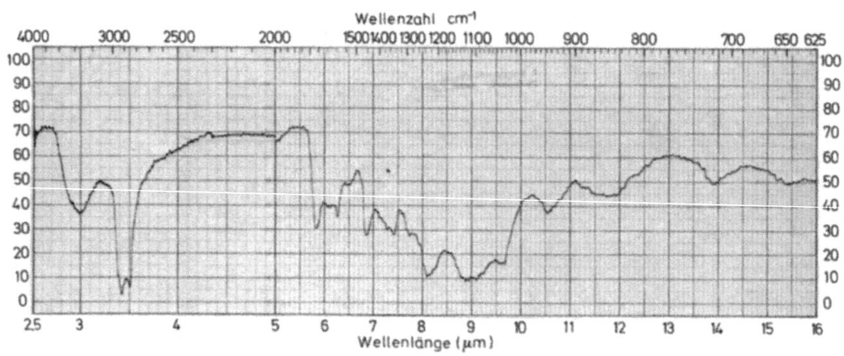

IR-Spektrum Nr. 62 Steinapol SBZ:
Äthanolextrakt

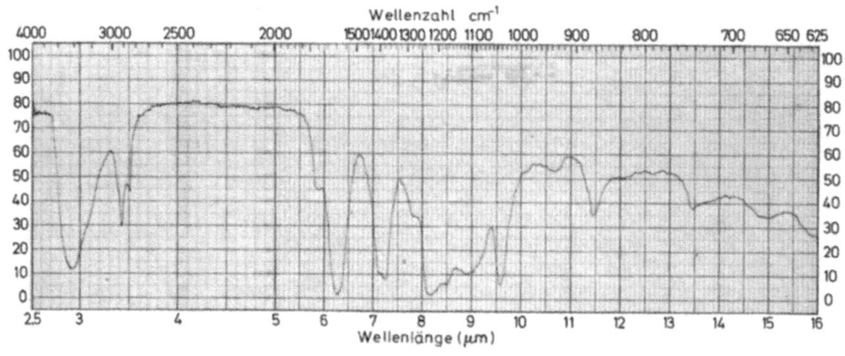

IR-Spektrum Nr. 63 Steinapol SBZ:
Rückstand vom Äthanolextrakt

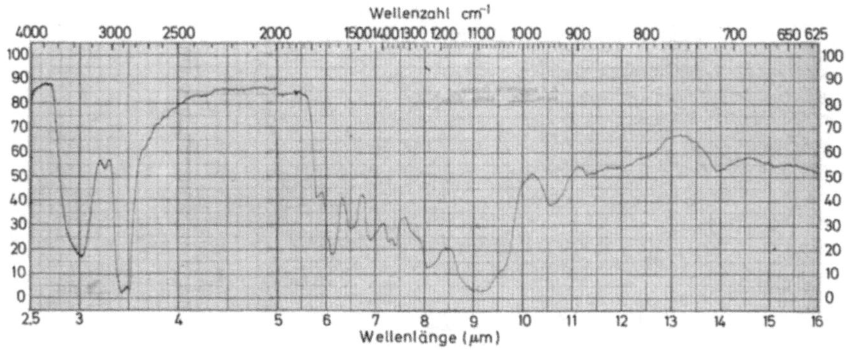

IR-Spektrum Nr. 64 Steinapol SBZ:
Isopropanolextrakt

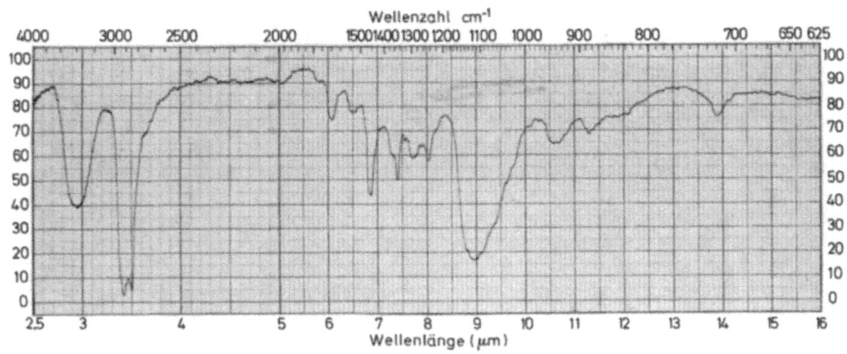

IR-Spektrum Nr. 65 Steinapol SBZ:
nichtionogene Anteile

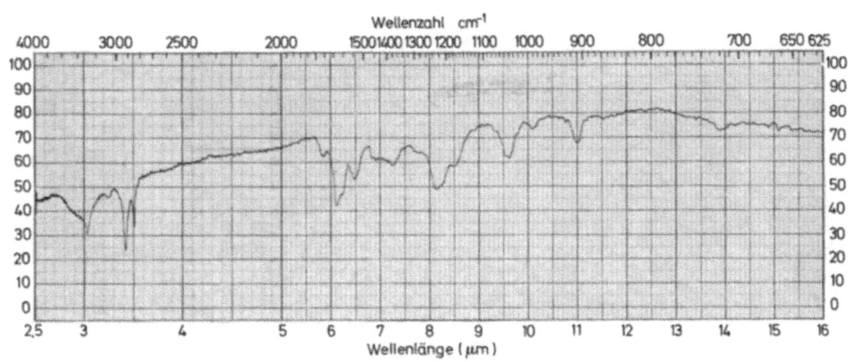

IR-Spektrum Nr. 66 Steinazid SBU 185:
Äthanolextrakt

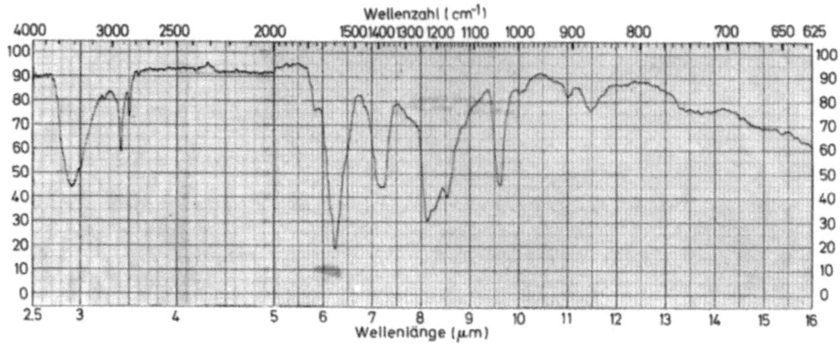

IR-Spektrum Nr. 67 Steinazid SBU 185:
Rückstand vom Äthanolextrakt

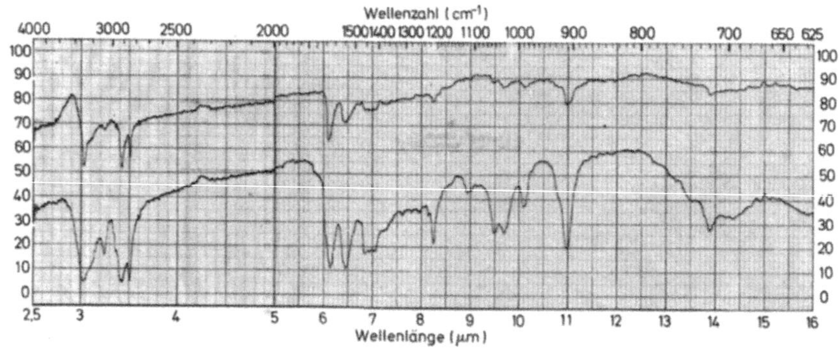

IR-Spektrum Nr. 68 Steinazid SBU 185:
Isopropanolextrakt

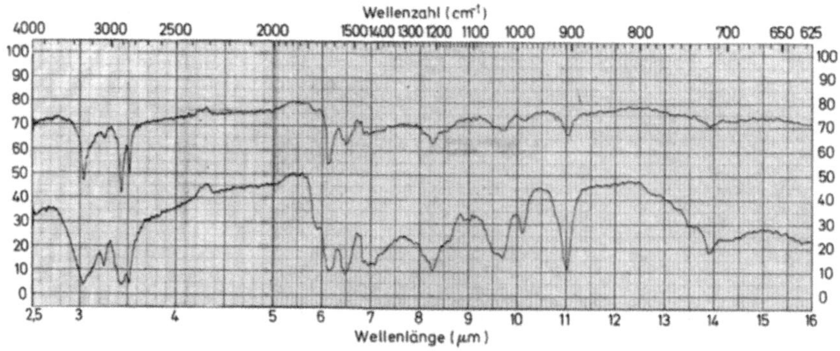

IR-Spektrum Nr. 69 Steinazid SBU 185:
nichtionogene Anteile

bei allen drei Handelsprodukten keineswegs um stöchiometrisch einheitliche Verbindungen handelt; in Tab. 23 haben wir versucht, wenigstens die in den einzelnen Fraktionen aufgetrennten Hauptbestandteile zu deuten. Da die IR-Spektren der Rückstände von den Äthanol- und den Isopropanolextrakten trotz unterschiedlicher Mengen in allen Fällen identisch waren, sind in der Tab. 23 nur die Rückstände von den Äthanolextrakten aufgeführt. Für die folgenden Ionenaustauschertrennungen wurden daher auch nur die Äthanolextrakte und die wässrig-alkoholischen Lösungen ihrer Rückstände eingesetzt, wobei die nichtionischen Anteile bestimmt wurden. Gleichzeitig wurde das Adsorptionsverhalten der Sulfobernsteinsäurehalbester an stark basischen Ionenaustauschern (Dowex 1x2) in der Cl^-- und der OH^--Form geprüft und untersucht, ob diese Verbindungen wie alle anderen sulfierten Tenside von schwächer basischen Anionenaustauschern adsorbiert werden und ob dadurch auch eine Trennung der Sulfobernsteinsäurehalbester von Tensiden auf der Basis von Salzen von Carbonsäuren möglich ist. Die äthanolischen Lösungen wurden zuerst auf Kationenaustauschersäulen mit Dowex 50Wx4 und danach auf Säulen mit dem Anionenaustauscher Dowex 1x2 in der Chlorid-Form gegeben.

Die Eluate vom Anionenaustauscher in der Chlorid-Form (AAT/Cl^-) wurden quantitativ bestimmt. Danach wurde eine äthanolische Lösung vom Eluat des AAT/Cl^- auf den Anionenaustauscher Dowex 1x2 in der Hydroxyl-Form (AAT/OH^-) gegeben. Das Eluat vom AAT/OH^-, das nur noch nichtionogene Anteile enthielt, wurde ebenfalls quantitativ bestimmt. Zur Identifizierung wurden die IR-Spektren dieser nichtionischen Anteile aufgenommen, die gleichfalls in Tab. 23 aufgeführt und gedeutet sind (IR-Spektren Nr. 61, 65 und 69).

Außerdem wurden die Rückstände der Äthanolextrakte in einem Alkohol/Wasser-Gemisch (ca. 3:1) gelöst und ebenfalls auf die

Tabelle 23

Identifizierung der verschiedenen Fraktionen der Sulfobernsteinsäurehalbester

	Steinapol SBF A 30	Steinapol SBZ	Steinazid SBU 185
Äthanolextrakt	Natriumlauryläthoxysulfosuccinat und ein Fettsäure-Alkylolamid	Kokosalkylolaminpolyäthoxysulfobernsteinsäurehalbester	Undecylensäuremonoäthanolamidsulfosuccinat und Undecylensäuremonoäthanolamid
Rückstand vom Äthanolextrakt	wenig oder nichtäthoxyliertes Nebenprodukt	Kokosalkylolamidpolyäthoxysulfosuccinat	Undecylensäuremonoäthanolamidsulfosuccinat
Isopropanolextrakt	Natriumlauryläthoxysulfosuccinat	wie Äthanolextrakt (jedoch weniger Ester)	Undecylensäuremonoäthanolamid
Eluat von den Austauschersäulen	Polyglykole und Fettsäuremonoäthanolamid	Kokosalkylolaminpolyglykoläther	Undecylensäuremonoäthanolamid

Kationenaustauschersäule mit Dowex 50Wx4 und danach auf die Anionenaustauschersäule mit Dowex 1x2/Cl^--Form gegeben. Die Austauschersäulen wurden ebenfalls mit diesem Alkohol/Wasser-Gemisch vor- und nachgewaschen.

In Tab. 24 sind die quantitativen Analysendaten zusammengefaßt. Alle Werte sind auf die Trockensubstanz (gleich 100 %) bezogen.

In Tab. 23 erkennt man aus der Deutung der zugehörigen IR-Spektren, um welche Verbindungen es sich im einzelnen handelt. Besonders auffällig ist das Spektrum des Äthanolextraktes vom Steinapol SBF A 30, das eindeutig auf die Anwesenheit einer stickstoffhaltigen Verbindung hinweist, ein Befund, der sowohl durch die qualitative Analyse (Kaliumaufschluß und Nachweis des Stickstoffs als Kaliumhexacyanoferrat) als auch durch Extraktion mit Tetrachlorkohlenstoff und IR-spektroskopischer Identifizierung als Fettsäureäthanolamid eindeutig bestätigt werden konnte.

Im Steinapol SBZ, das vom Hersteller als Kokosalkylolamidpolyäthoxysulfosuccinat deklariert ist, sind offensichtlich beträchtliche Mengen eines Nebenproduktes enthalten, bei dem es sich hauptsächlich um einen Alkylolaminpolyäthoxysulfobernsteinsäurehalbester handeln dürfte.

Die quantitativen Bestimmungen der Adsorptionsverhältnisse an den Anionenaustauschersäulen in der Cl^-- und in der OH^--Form zeigen, daß tatsächlich die Hauptmengen der sulfierten Verbindungen bereits an Anionenaustauschern in der Cl^--Form adsorbiert werden. Daß auch noch geringe Substanzmengen an Anionenaustauschern in der OH^--Form adsorbiert wurden, ist möglicherweise darauf zurückzuführen, daß noch schwächer saure Verbindungen als Nebenprodukte vorgelegen haben.

Als nichtionogene Anteile sind im Steinapol SBF A 30 Polyglykole und Fettsäuremonoalkylolamid, beim Steinapol SBZ Kokosalkylolaminpolyglykoläther und beim Steinazid SBU 185 Undecylensäure-

Tabelle 24

Analysenergebnisse der aufgetrennten Sulfobernsteinsäurehalbester

	Steinapol SBF A 30	Steinapol SBZ	Steinazid SBU 185
Äthanolextrakt	87,6 %	45,5 %	31,7 %
Isopropanolextrakt	39,4 %	22,6 %	18,5 %
Adsorption am AAT/Cl^-	46,1 %	24,6 %	19,4 %
Adsorption am AAT/OH^-	6,9 %	3,2 %	3,3 %
Eluat vom AAT/OH^-	34,6 %	17,7 %	9,0 %
Rückstand vom Äthanolextrakt	12,4 %	54,5 %	68,3 %
Adsorption am AAT/Cl^-	11,8 %	52,8 %	67,6 %

AAT = Anionenaustauscher

Die Werte beziehen sich auf Trockensubstanzen = 100 %.

monoäthanolamid in relativ großen Mengen gefunden worden. Um festzustellen, ob diese Verbindungen von vornherein als nicht umgesetzte Ausgangsprodukte im Handelsprodukt vorgelegen haben oder ob sie bei der Ionenaustauschertrennung durch saure Hydrolyse entstanden sind, wurden die Trockensubstanzen der drei Handelsprodukte mit Tetrachlorkohlenstoff, einem guten Lösungsmittel für nichtionische Tenside, extrahiert. Es zeigte sich, daß die extrahierten Mengen den Anteilen an nichtionogenen Nebenprodukten entsprachen, die bei der Ionenaustauschertrennung erhalten wurden, und daß auch die IR-Spektren der Extrakte mit den IR-Spektren der nichtionogenen Substanzen der Eluate von den Ionenaustauschersäulen übereinstimmten. Somit ist eindeutig bewiesen, daß die Handelsprodukte von vornherein relativ große Mengen an nichtionogenen Substanzen enthalten.

Die Desorption der an den Anionenaustauschern adsorbierten Verbindungen mit 2%iger wässrig-isopropanolischer Natronlauge führte beim Eindampfen in jedem Fall zu Verseifungsprodukten: Natriumsulfosuccinat und im Fall von Steinapol SBF A 30 Laurylalkoholpolyglykoläther, bei Steinapol SBZ Kokosalkylolaminpolyglykoläther und bei Steinazid SBU 185 Undecylensäuremonoäthanolamid.

Die in 95%igem Äthanol unlöslichen Rückstände bestanden beim Steinapol SBF A 30 aus wenig oder nicht äthoxylierten Nebenprodukten, beim Steinapol SBZ und beim Steinazid SBU 185 im wesentlichen aus dem eigentlichen Sulfobernsteinsäurehalbester. In allen drei Fällen handelt es sich um sulfierte Verbindungen, die sich nach der Auflösung in wässrig-äthanolischer Lösung alle quantitativ am Anionenaustauscher in der Cl^--Form adsorbieren ließen.

Bei der Aufklärung der Zusammensetzung der Sulfobernsteinsäurehalbester mit Hilfe von Ionenaustauschern und IR-spektroskopischen Methoden konnte eine Unterscheidung zwischen Mono- und Diestern nicht getroffen werden, da uns keine reinen definierten Sulfobernsteinsäurehalbester und die dazugehörigen Diester zur Verfügung standen, um aus der Größe der Esterbande im IR-Spektrum eine Bestimmung des Veresterungsgrades durchführen zu können. Es wurde aber versucht, über die Bestimmung der Esterzahl Aufklärung über den Veresterungsgrad der eingesetzten Sulfobernsteinsäurehalbester zu gewinnen.

Die Bestimmung der Esterzahl wurde nach der DGF-Einheitsmethode C-V 4 (53), jedoch mit 0,5 n methanolischer Kalilauge, bei einer Einwaage von 1 g durchgeführt. Die gefundenen Werte, bei denen die Einwaage der Trockensubstanz um die durch Ionenaustauschertrennung bestimmten nichtionogenen Anteile vermindert wurde, sind in der Tab. 25 zusammen mit den theoretischen Esterzahlen für die Mono- und Diester angegeben.

Die Molekulargewichte der äthoxylierten Produkte konnten nicht ohne weiteres rein rechnerisch ermittelt werden. Der durchschnittliche Äthoxylierungsgrad wurde aus den Kernresonanzspektren der Handelsprodukte berechnet und beim Steinapol SBF A 30 zu etwa 3 Molen Äthylenoxid pro Molekül und beim Steinapol SBZ zu 5 Molen Äthylenoxid pro Molekül gefunden. Die mit diesen Werten berechneten Molekulargewichte, die gleichfalls in der Tab. 25 angegeben sind, wurden der Berechnung zugrundegelegt.

Da die Sulfobernsteinsäurehalbester keine reinen Verbindungen sind, sondern Gemische verschiedenster Substanzen mit zum Teil hohen Anteilen an nichtionogenen Verbindungen, muß man bei der Bestimmung der Esterzahl von möglichst reinen definierten Verbindungen ausgehen. Im Fall des Steinapol SBF A 30 muß man von der Trockensubstanz den Anteil an nichtionogenen Verbindungen abziehen, wobei allerdings zu berücksichtigen ist, daß die dann verbleibenden anionaktiven Sulfobernsteinsäureester noch ca. 20 % nichtäthoxylierte Verbindungen enthalten, deren Molekulargewicht entsprechend niedriger ist. Beim Steinapol SBZ kann man von der Trockensubstanz ausgehen, da diese im wesentlichen aus einem Gemisch von Alkylolamid- und Alkylolamin-Sulfosuccinat mit

Tabelle 25

Molekulargewichte und Esterzahlen der Sulfobernsteinsäurehalbester

	Steinapol SBF A 30		Steinapol SBZ (mit 5 AeO)	Steinazid SBU 185
	mit 3 AeO	ohne AeO		
Mol.-Gew. Monoester	542	410	659	451
Mol.-Gew. Diester	688	556	834	638
$EZ_{theoret.}$ Monoester	104	-	85	124
$EZ_{theoret.}$ Diester	137	-	135	176
EZ, bezogen auf TS-NI	118,2	-	97,4	-
EZ des Rückstandes vom IPA-Extrakt	-	-	91,7	95,1

TS = Trockensubstanz

NI = nichtionogene Anteile

gleichen Molekulargewichten besteht. Selbstverständlich sind auch hier die nichtionogenen Anteile zu berücksichtigen (ca. 18 %). Beim Steinazid SBU 185 erhält man das eigentliche Undecylensäuremonoäthanolamidsulfosuccinat am reinsten im Rückstand des Isopropanolextraktes, wobei dann keine zusätzlichen Korrekturen zur Berechnung nötig sind.

Beim Rückstand des Isopropanolextraktes vom Steinazid SBU 185 hat daher sicherlich die reinste Ausgangssubstanz vorgelegen. Die gefundene Esterzahl von 95 liegt deutlich unter der theoretischen Esterzahl des Monoesters von 124, so daß angenommen werden darf, daß im wesentlichen reiner Halbester mit noch geringen Mengen anderer Verunreinigungen vorgelegen hat. Beim Steinapol SBZ liegt die gefundene Esterzahl zwischen den theoretischen Werten für Mono- und Diester und deutet darauf hin, daß ein Anteil von fast 25 % Diester im Halbester vorliegt, wobei allerdings vorausgesetzt ist, daß keine weiteren Verunreinigungen im Steinapol SBZ enthalten sind. Beim Steinapol SBF A 30 liegt die Esterzahl auch zwischen den theoretischen Esterzahlen für Mono- und Diester. Hier muß man aber berücksichtigen, daß nach den früher gefundenen Analysendaten ein Anteil von ca. 20 % nichtäthoxylierter Verbindungen vorliegt. Die theoretisch zu erwartende Esterzahl beträgt 115,6. Die gefundene Esterzahl von 118,2 läßt darauf schließen, daß hier fast reiner Monoester vorliegt.

Für die Versuche zur quantitativen Bestimmung wurden außer den drei Sulfobernsteinsäurehalbestern noch ein Sulfobernsteinsäurediester, das Manoxol OT, eingesetzt. Es sollte geprüft werden, ob sich die Sulfobernsteinsäureester wie andere anionaktive Tenside nach Herring[55,124)] oder Epton[32,33)] in saurer Lösung oder nach Turney und Cannell[157)] oder Milwidsky und Holtzman[99)] in alkalischer Lösung mit quaternären Stickstoffverbindungen bestimmen lassen.

Das Manoxol OT, ein Sulfobernsteinsäurediester, läßt sich nach allen 4 Methoden der Zweiphasen-Titration ohne Schwierigkeiten quantitativ bestimmen. Dagegen lassen sich bei den Sulfobernsteinsäurehalbestern nur die beiden Methoden von Herring[55,124] und Epton[32,33] anwenden, die in saurer Lösung arbeiten, während die beiden in alkalischer Lösung durchzuführenden Methoden von Turney und Cannell[157] sowie von Milwidsky und Holtzman[99] in diesen Fällen versagen. Die erhaltenen Untersuchungsergebnisse sind in der Tab. 26 zusammengestellt.

Es fällt auf, daß die erhaltenen Titrationswerte beim Steinapol SBF A 30 etwa in der Größenordnung der durch Ionenaustausch gefundenen anionaktiven Substanz liegen (es werden ca. 90 % titriert), während bei den beiden Sulfobernsteinsäurehalbestern Steinapol SBZ und Steinazid SBU 185 die Abweichungen wesentlich größer sind (es werden zum Teil durch Zweiphasen-Titration nur ca. 30 % der anionaktiven Substanz gefunden). Auch die Abweichungen zwischen den einerseits nach Herring[55,124] und andererseits nach Epton [32,33] erhaltenen Werten sind zum Teil beträchtlich, während beim Steinapol SBF A 30 die Werte innerhalb der Fehlergrenzen übereinstimmen. Eine Erklärung für diese Abweichungen glauben wir darin zu sehen, daß beim Steinapol SBF A 30 die zu bestimmende Substanz in Isopropanol löslich ist, wie es normalerweise bei allen sulfierten Tensiden der Fall ist, während beim Steinapol SBZ und Steinazid SBU 185 die Hauptmengen, die dem eigentlichen Gehalt an Halbester entsprechen, in Isopropanol unlöslich sind und erst mit einem Anteil an Wasser im Alkohol in Lösung gebracht werden können. Es ist daher anzunehmen, daß bei den letzten beiden Halbestern das Löslichkeitsprodukt aus Tensidanionen und -kationen wesentlich größer ist als normalerweise bei $Tensid^{+}$-$Tensid^{-}$-Salzen, bei denen sich die Zweiphasen-Titration ohne Schwierigkeiten durchführen läßt. Beim Steinapol SBF A 30 hingegen, das in seiner Löslichkeit den sulfierten Tensiden mehr ähnelt, dürfte dieses Löslichkeitsprodukt wesentlich niedriger sein und zu etwa korrekten Titrationswerten führen. Generell glauben wir, sagen zu können, daß Sulfobernsteinsäurehalbester sich mit der Zweiphasen-Titration in saurer Lösung bestimmen lassen, wenn sie in Alkohol gut löslich sind, daß hin-

Tabelle 26

Analysenergebnisse der untersuchten Sulfobernsteinsäureester

	Manoxol OT	Steinapol SBF A 30	Steinapol SBZ	Steinazid SBU 185
% Trocken-substanz (TS)	98,0	42,0	50,1	49,0
% Nichtionogene Anteile (NI)	-	34,6	17,7	9,0
% Anionaktive Substanz, ermittelt durch Ionenaustausch	-	65,4	82,3	91,0
% Monoester durch Titration nach Herring[55,124] (TS - NI)	96,9*)	59,2 mit MG 526	26,6	29,8
% Monoester durch Titration nach Epton[32,33] (TS - NI)	98,3*)	61,0 mit MG 526	36,2	65,0

*) % Diester

Die errechneten Werte sind auf Trockensubstanz = 100 % bezogen.

gegen diese Bestimmung nicht durchführbar ist, wenn ihr hydrophiler Charakter so stark ausgeprägt ist, daß sie in wasserfreiem Alkohol nahezu völlig unlöslich sind.

Außerdem wurde versucht, die Sulfobernsteinsäureester nach der p-Toluidinmethode in der von Bock und Reisinger[12)] verbesserten Form zu bestimmen. Dabei zeigte sich, daß, wie erwartet, auch hier der Sulfobernsteinsäurediester (Manoxol OT) sich einwandfrei quantitativ bestimmen läßt, während alle Sulfobernsteinsäurehalbester, in diesem Fall auch das Steinapol SBF A 30, keine Niederschläge mit p-Toluidinsulfat geben und sich daher nach dieser Methode nicht bestimmen lassen. Hier verhindert der stark hydrophile Charakter der Sulfobernsteinsäurehalbester offensichtlich bereits die Fällung als p-Toluidinsalz.

Quantitative Bestimmung von o-Phosphorsäureestern von (äthoxylierten) Fettalkoholen

Bei der quantitativen Bestimmung dieser Verbindungen (Hostaphat-Marken) muß beachtet werden, daß es sich um technische Produkte handelt, bei denen nicht ausschließlich primäre, sekundäre oder tertiäre Ester vorliegen, sondern daß lediglich die jeweils vom Hersteller angegebene Veresterungsstufe in dem betreffenden Produkt überwiegt. Um eindeutige Aussagen über die quantitativen Verhältnisse machen zu können, mußten wir daher zunächst zu klären versuchen, in welchen Mengen die einzelnen Veresterungsstufen in den jeweiligen Produkten vorlagen. Zu diesen Versuchen wurden Hostaphat KO 280, ein sekundärer o-Phosphorsäureester des Oleyloctaglykoläthers, Hostaphat KL 240, ein sekundärer o-Phosphorsäureester des Lauryltetraglykoläthers, und Hostaphat KL 340, der entsprechende tertiäre Ester, eingesetzt (Hersteller: Farbwerke Hoechst AG). Das oben aufgeführte Hostaphat KW 200 wurde nicht weiter untersucht, da vom Hersteller keine genauen Angaben über die Wachsalkohole gemacht werden.

Äthanolische Lösungen der Trockensubstanzen der Hostaphate wurden auf Ionenaustauschersäulen gegeben, wobei das früher besprochene Drei-Säulen-Verfahren mit Kationenaustauscher Dowex 50Wx4 in der ersten Säule und Anionenaustauscher Dowex 1x2 in der Chlorid- und in der Hydroxylform in den beiden nachgeschalteten Säulen eingesetzt wurde. Um Fehler bei der quantitativen Bestimmung der an den Ionenaustauschersäulen adsorbierten Mengen durch unvollständige Desorption zu vermeiden, wurde der Durchlauf nach jeder Säule aufgefangen, der Alkohol abdestilliert und der Rückstand getrocknet und gewogen. Die ausgewogenen Anteile wurden jeweils erneut in Äthanol gelöst und auf die nächste Säule gegeben, um so durch Differenzwägungen die am Kationenaustauscher und an den beiden Anionenaustauschern adsorbierten Mengen quantitativ bestimmen zu können. Bei den im Durchlauf der letzten Säule erhaltenen Anteilen handelt es sich im wesentlichen um die tertiären Ester.

Wir nahmen an, daß an dem schwächer basischen Anionenaustauscher in der Chloridform in der Hauptsache die primären Ester adsorbiert würden. Die sekundären Ester erwarteten wir wegen der schwach sauren Reaktion der Dialkylphosphorsäuren ähnlich wie die Tensidcarbonsäuren am stark basischen Anionenaustauscher in der Hydroxylform adsorbiert zu erhalten. Die Desorption der Kationen von den Kationenaustauschern ergab, daß bei den 3 untersuchten Hostaphaten die Natriumsalze der Teilester vorlagen. Beim Hostaphat KO 280 wurden jedoch größere Mengen (ca. 12 %) an nicht weiter identifizierten Nebenprodukten am Kationenaustauscher adsorbiert. Die gefundenen Mengen an adsorbierten und nichtionischen Anteilen sind in Tab. 27 zusammengestellt.

Um zu überprüfen, ob die anionaktiven primären und sekundären Anteile der Handelsprodukte sich wie andere anionaktive Tenside quantitativ durch Titration bestimmen lassen, wurden Zweiphasen-Titrationen in saurer Lösung mit Mischindikator nach Herring[55,124] und mit Methylenblau nach der Methode von Epton[33] durchgeführt. Dabei zeigte sich, daß weder die primären noch die sekundären o-Phosphorsäureester erfaßt werden; man erhält bei allen untersuchten Hostaphaten praktisch keinen Verbrauch an kationaktivem Tensid. Auch Zweiphasen-Titrationen in alkalischer Lösung mit Mischindikator nach Herring[55,125] und mit Bromkresolgrün nach Milwidsky und Holtzman[99] ließen sich bei allen eingesetzten Hostaphat-Typen zwar durchführen; eine genaue Bestimmung des Endpunktes der Titration war aber wegen der starken Emulsionsbildung nicht möglich.

Auch die Fällung der anionaktiven o-Phosphorsäureester mit p-Toluidin in schwefelsaurer Lösung nach Bock und Reisinger[12] ergab keine brauchbaren Werte.

Eine weitere Möglichkeit zur Bestimmung der primären Veresterungsstufen schien uns die alkalimetrische Titration auf Grund der verschiedenen Dissoziationskonstanten der Phosphorsäure zu sein. Dazu wurden die Hostaphate in Wasser gelöst (die Lösung

Tabelle 27

Analysenergebnisse der untersuchten o-Phosphorsäureester von (äthoxylierten) Fettalkoholen

	Hostaphat KO 280	Hostaphat KL 240	Hostaphat KL 340
Am AAT/Cl^- adsorbiert[+)] (primärer Ester)	15,1	16,1	17,5
Am AAT/OH^- adsorbiert[+)] (sekundärer Ester)	33,4	52,8	32,2
Nichtionische Anteile (tertiärer Ester)	39,5	31,1	50,3
Titration mit Natronlauge gegen Thymolphthalein (berechnet als primärer Ester)	19,3	18,4	14,3

[+)] berechnet als Natriumsalze

Die Werte sind in %, bezogen auf Trockensubstanz = 100%, angegeben.

AAT/Cl^- = Anionenaustauscherharz in der Chloridform
AAT/OH^- = Anionenaustauscherharz in der Hydroxylform

blieb trüb) und mit 0,5 n Natronlauge gegen Thymolphthalein titriert. Die dabei erhaltenen Werte sind ebenfalls in Tab. 27 aufgeführt und weisen eine hinreichende Übereinstimmung mit den Werten für die primären Ester auf, die nach den Ionenaustauscher-Verfahren erhalten wurden. Damit dürfte bewiesen sein, daß die an den schwächer basischen und stark basischen Ionenaustauscherharzen adsorbierten Verbindungen den Anteilen an primären und sekundären Estern in den Handelsprodukten entsprechen.

Quantitative Bestimmung kationaktiver Tenside

Da die quantitative Bestimmung der amphoteren Tenside wie auch von den nichtionogenen Tensiden die der Äthylenoxid-Addukte in vielen Fällen mit denselben Methoden erfolgt, die bei den kationischen Tensiden zuerst erprobt und angewendet wurden, sollen zunächst die Bestimmungsmethoden für die kationaktiven Tenside besprochen werden.

Gravimetrische Methoden

Bei der Fällung von Kationtensiden durch anionaktive Reagentien stören in den meisten Fällen Äthylenoxid-Addukte, da sie ebenso wie die freien Poly(oxy)äthylenglykole in mineralsaurer Lösung und in Gegenwart von Schwermetallsalzen wie Polyoxonium-Kationen reagieren und daher mit ausfallen. Sie müssen deshalb entweder vorher abgetrennt werden, oder man bestimmt die Summe von AeO-Addukten und Kationtensiden durch gemeinsame Fällung, bestimmt dann die AeO-Addukte separat durch Ionenaustausch und die Kationtenside aus der Differenz, wie von Barber, Chimick und Lincoln[3] beschrieben worden ist.

Quartäre Ammoniumverbindungen lassen sich nach Wurzschmitt[176] mit Phosphorwolframsäure $H_3[P(W_3O_{10})_4]$ quantitativ fällen, wobei ein Salz der Formel $T_3[P(W_3O_{10})_4]$ entsteht. Diese Methode wurde daher auch von Yoshimura und Morita[178] sowie von Lincoln und Chimick[89] zur Halbmikrobestimmung von quartären Ammoniumverbindungen vorgeschlagen. Der entstandene Niederschlag kann direkt gewogen werden; durch anschließendes Lösen und durch Titration mit Aniontensid-Standardlösung erhält man wie üblich das Äquivalentgewicht. Der Phosphorwolframat-Niederschlag kann auch verglüht werden; die zurückbleibende Phosphorwolframsäure eignet sich nach Lincoln und Chimick[89] besser zur gravimetrischen Bestimmung. Ein Nachteil der Phosphorwolframat-Methode ist, daß sie mit einer reinen quartären Ammoniumverbindung bekannter Zusammensetzung standardisiert werden muß.

Umstritten ist die von Wilson[171,172] vorgeschlagene Methode der Fällung von quartären Kationtensiden mit Reineckat-Anionen $(Cr(NH_3)_2(SCN)_4)^-$, die zu nahezu stöchiometrischen Salzen führen soll, was allerdings von Lincoln und Chimick[89] nicht bestätigt werden konnte.

Volumetrische Methoden

Häufig werden Kationtenside so titriert, daß man zunächst einen definierten Überschuß an Aniontensid zugibt und diesen - nach den bei den Aniontensiden beschriebenen Methoden - mit einer kationischen Standardlösung zurücktitriert.

Barr, Oliver und Stubbings[5] waren wohl die ersten, die Kationtenside in Gegenwart eines sauren Farbstoffs (Bromphenolblau oder Dichlorfluorescein) und eines Chlorkohlenwasserstoffs titrierten und den Übergang des Farbstoffs in die wässrige Phase als Endpunkt benutzten. Harper, Elliker und Moseley[50] titrierten mit Dioctylsulfosuccinat gegen Eosin und unterschichteten mit Tetrachloräthan. Dolezil und Bulandr[30] benutzten ebenfalls Eosin und stellten fest, daß bei pH 3,5-4,5 auch Aminsalze bestimmt werden können, während in schwächer sauren oder neutralen Lösungen nur quartäre Ammoniumsalze titriert werden können. Kupfer[85] titriert Kationtenside in alkalischer Lösung mit Natriumlaurylsulfat gegen Thymolphthalein bis zur Entfärbung der Chloroformlösung.

Eine der am weitesten verbreiteten Methoden dürfte analog der Methode von Epton[32,33] die Zweiphasen-Titration des Kationtensids mit Natriumlaurylsulfat-Standardlösung gegen Methylenblau sein. Cullum[24] variiert diese Methode, indem er mit 1 ml n Salzsäure angesäuerte Kationtensidlösung vorlegt und so lange gegen Methylenblau titriert, bis die wässrige Schicht farblos geworden ist. Allerdings ist die Lösung dann etwas übertitriert, der Faktor liegt bei 1,022.

Wir wenden in unserem Laboratorium auch für die Titration kationaktiver Tenside die von Reid, Longman und Heinerth[124] angegebene Zweiphasen-Titration mit dem Indikatorgemisch von Herring[55] an, indem wir als anionaktiven Titranten standardisierte Natriumlaurylsulfatlösung einsetzen.

Eine weitere Zweiphasen-Titration kationaktiver Tenside beschreibt Cross[22], der die Titration mit 0,01 M Natriumtetraphenyloborat bei drei verschiedenen pH-Werten (3, 10 und 13) durchführt und neben der Gehaltsbestimmung bereits einen Hinweis auf die Struktur erhält. Nach Cross[22] lassen sich drei Gruppen kationaktiver Tenside auch in Mischungen miteinander quantitativ bestimmen: Gruppe A enthält die quaternären Ammoniumverbindungen, entsprechend unserer Einteilung in Tab. 4, A.1-4, Gruppe B quaternäre Salze von Alkyl-Chinolin-, -Isochinolin- und -Pyridinverbindungen (vgl. Tab.4, B) und Gruppe C nicht quaternäre Ammoniumverbindungen. Durch Titration bei pH 3 erfaßt man alle drei Gruppen kationaktiver Tenside, bei pH 10 die Gruppen A und B und bei pH 13 nur die Gruppe A. Auch Cross[22] arbeitet mit dem System Wasser/Chloroform. Für die Titration bei pH 3 nimmt er als Indikator Methylorange, bei den beiden alkalischen pH-Werten Bromphenolblau. Die Einstellung des pH 13 erfolgt mit Natriumhydroxid.

Vielfach lassen sich die zum Teil schon beschriebenen gravimetrischen Methoden auch volumetrisch zur Analyse von Kationtensiden durchführen, eine Möglichkeit, die besonders dann wichtig ist, wenn das Äquivalentgewicht der Tenside nicht bekannt ist. So hat Flotow[36] schon 1942 Tensidkationen mit überschüssigen Bichromationen gefällt und den Überschuß an Bichromat zurücktitriert. Anstelle von Bichromat kann nach Wilson[170] auch Hexacyanoferrat(II) benutzt werden. Der Überschuß an Ferrocyanid im Filtrat wird jodometrisch in Gegenwart von Zinksulfat zurücktitriert. Jedoch ist es hierbei notwendig, eine Blindprobe nebenher zu titrieren und den Blindwert vom Analysenwert abzuziehen.

Beide Methoden sind nur bei Vorliegen größerer Mengen an Kationtensiden anwendbar, sie eignen sich auch nicht für sehr verdünnte Lösungen. Pifer und Wollish[113] haben die Schwerlöslichkeit der Perchlorate quartärer Kationtenside zu ihrer volumetrischen Bestimmung benutzt. Eine Lösung der Probe in Eisessig wird dabei mit Quecksilberacetat versetzt und potentiometrisch mit einer eingestellten Lösung von Perchlorsäure in Dioxan titriert.

Colorimetrische Methoden

Die colorimetrischen Methoden zur Bestimmung von Kationtensiden entsprechen denen für die anionaktiven Verbindungen, jedoch muß nun ein saurer (anionaktiver) Farbstoff verwendet werden.

Ballard, Isaacs und Scott[2] führten sehr eingehende Untersuchungen über die optimalen Bedingungen bei der colorimetrischen Bestimmung von Kationtensiden durch und fanden Bromthymolblau als Farbstoff mit Chloroform als Extraktionsmittel für das Tensid-Farbstoff-Salz als besonders geeignet. Für besonders empfindliche Analysen verwendeten Fogh, Rasmussen und Skadhauge[37] Bromkresolpurpur und colorimetrierten bei 620 nm. Few und Ottewill[34] stellten fest, daß der Farbstoff Orange II (Natriumsalz des p-(2-Hydroxy-1-naphthylazo)-benzolsulfonats) mit quartären Ammonium- und Pyridiniumverbindungen äquimolare Salze liefert. Sie extrahierten mit Chloroform und bestimmten die Extinktion bei 485 nm. Diese Methode wurde in jüngster Zeit von Scott[139] noch einmal überarbeitet und erweitert. Durch Extraktion bei verschiedenen pH-Werten konnte die Bestimmung auf Salze von Fettaminen, Aminoxide und amphotere Tenside und auf Mischungen von Aminen und quaternären Ammoniumverbindungen ausgedehnt werden. Die Farbstoffsalze von kationaktiven Tensiden können in saurer (pH 3,6) wie alkalischer Lösung (pH 9,2) ausgeschüttelt werden, diejenigen von höheren Fettaminen nur in saurer Lösung. Ein Vergleich der Extinktionen bei Extraktion der Salze technischer Kationtenside aus saurer oder alkalischer Lösung läßt daher Rückschlüsse auf etwa anwesendes, unquaternisiertes Material zu. Scott[139] konnte außerdem nachweisen, daß Orange II mit Kationtensiden stöchiometrisch im Verhältnis 1:1 reagiert und daß sowohl die Wellenlänge des Absorptionsmaximums als auch die molare Extinktion der Farbstoff-Tensid-Salze unabhängig vom reagierenden Tensid sind. Mit gereinigten Tensiden wurden Eichfaktoren, bezogen auf die molare Extinktion, bestimmt, mit deren Hilfe Analysen von Handelsprodukten ausgeführt werden konnten.

Quantitative Bestimmung nichtionogener Tenside

Gravimetrische Methoden

Poly(oxy)äthylenglykole und Äthylenoxid-Addukte reagieren in mineralsaurer Lösung und in Gegenwart von Schwermetallsalzen wie Polyoxonium-Kationen. Wie Wurzschmitt[176] fand, bilden sie mit den Anionen zahlreicher Heteropolysäuren schwerlösliche Salze. Die Polyoxonium-Kationen verhalten sich analytisch wie ein Alkaloid, d.h. alle für Alkaloide geeigneten Fällungsreagentien wie Silikowolframsäure, Phosphormolybdän- und Phosphorwolframsäure, Kaliumjodobismutat (Dragendorffs Reagenz) oder Kaliumjodomerkurat (Magers Reagenz) ergeben mit den Äthylenoxid-Addukten analytisch mehr oder weniger gut zu verarbeitende Niederschläge, sofern man zuvor für die Kationisierung sorgt. Nach Barber und Mitarbeitern[3] eignet sich für die gravimetrische Bestimmung am besten die Fällung als Phosphorwolframat-Salz.

Nach Neu[109] eignet sich Natriumtetraphenyloborat $Na(B(C_6H_5)_4)$ in Gegenwart von Barium-Ionen gut zur Fällung von Äthylenoxid-Addukten; auf dieser Basis arbeitete Seher[140] eine Methode zu ihrer quantitativen Bestimmung aus, die sich auch auf Mischungen von Aniontensiden mit AeO-Addukten anwenden läßt.

Volumetrische Methoden

Nach Shiraeff[143] lassen sich Alkylphenolpolyglykoläther aus wässrigen Lösungen durch Zugabe einer 25%igen Ammoniumsulfatlösung im Babcock-Zylinder abscheiden; die Menge des abgeschiedenen Polyglykoläthers ist direkt ablesbar. Ein für ppm-Mengen geeignetes volumetrisches Verfahren gibt Bürger[16,18] an. Er kationisiert mit Bariumchlorid und fällt mit Dragendorffs Reagenz, wobei er speziell geformte Zentrifugenröhrchen verwendet, die das Absetzen der roten Fällung in einem kapillar verengten Rohr ermöglichen. In diesem wird die Höhe des unter standardisierten Bedingungen zentrifugierten Niederschlags gemessen.

Proteinartige Verunreinigungen stören allerdings bei der Untersuchung in Abwässern bzw. bei der Prüfung des biologischen Abbaus. Bürger[16,18] überwindet diese Schwierigkeit, indem er eine Extraktion der nichtionogenen Tenside mit Methyläthylketon vorschaltet.

Auch die Fällbarkeit der AeO-Addukte mit Heteropolysäuren und die Rücktitration des Überschusses an Fällmittel können zur quantitativen Bestimmung genutzt werden. So benutzt Schönfeldt[137] zur Fällung Ferrocyanid und titriert den Überschuß mit Zinksulfat gegen Diphenylamin als Indikator zurück. Beim Äquivalenzpunkt schlägt die Farbe nach Blauviolett um. Die Zinksulfatlösung muß für jedes Addukt standardisiert werden.

Nach einer anderen Methode von Schönfeldt[138] lassen sich AeO-Addukte mit einer Standardlösung von Silikowolframsäure titrieren. Die wässrige Lösung wird mit Xylol oder einem aliphatischen Kohlenwasserstoff überschichtet und mit einem Azofarbstoff versetzt, der in der organischen Phase unlöslich ist. Das ausfallende Polyoxoniumsalz belädt sich mit Farbstoff und wandert zur Grenzfläche. Der Endpunkt wird durch die Entfärbung der wässrigen Phase gekennzeichnet.

Auch durch Phenol und phenolartige Verbindungen sind Polyäthylenglykole und AeO-Addukte fällbar, worauf Wurzschmitt[176] bereits hingewiesen hat. Davis, Wattman und Speel[25] titrieren wässrige Lösungen von Alkylphenol-, Fettalkohol- und Alkylaminpolyglykoläthern mit 2 bzw. 8%igen wässrigen Phenollösungen, eventuell unter Zusatz von Natriumchlorid, bis die Trübung nicht mehr zunimmt. Diese Methode muß jedoch für das zu bestimmende Produkt geeicht werden.

Für die Analyse von Polyglykoläthern und Polyglykolestern hat Morgan[101] als erster die Zeiselsche Methode[179,180] der Ätherspaltung angewendet. Der Abbau der Polyoxyäthylenketten, die sich nur durch sehr energische Mittel spalten lassen, verläuft ungefähr nach folgender Gleichung:

$$-CH_2-CH_2-O- \; + \; 2\,HJ \longrightarrow J-CH_2-CH_2-J \; + \; H_2O$$

$$\longrightarrow CH_2{=}CH_2 \; + \; J_2 \; + \; H_2O$$

Die Reaktion verläuft aber nicht ganz glatt und ist insbesondere temperaturempfindlich. Durch Reaktion des Dijodäthans mit Jodwasserstoffsäure kann sich nämlich Äthyljodid bilden, weswegen Morgan[101)] auch das gebildete Äthylen und Äthyljodid bestimmte. Siggia, Starke, Garis und Stahl[144)] verbesserten die Methode, so daß sie nicht nur für AeO-Addukte, sondern auch für Derivate des Polyoxypropylens anwendbar wurde, indem sie nicht wie Morgan[101)] das entstandene Äthyljodid und Äthylen bestimmten, sondern das in Freiheit gesetzte Jod. Dabei muß das Reaktionssystem unter Kohlendioxid gehalten werden.

Die Titration des nach obiger Gleichung entstandenen Jods erfolgt wie üblich mit Thiosulfat. Äthoxylierte Amine lassen sich allerdings auf diese Weise nicht bestimmen, da man zu niedrige Werte erhält. Nach Blomeyer[10)] hat eine statistische Auswertung mehrerer Ringversuche, die von der C.I.A. durchgeführt wurde, ergeben, daß bedeutend kleinere Fehler bei der Methode nach Siggia[144)] auftreten, wenn der Jodwasserstoff in situ aus Kaliumjodid und Phosphorsäure erzeugt wird.

Bei der Reaktion von AeO-Addukten mit Jodwasserstoffsäure wird nur die Polyoxyäthylenkette abgebaut, wodurch eine Identifizierung der äthoxylierten Verbindung ermöglicht wird, wie bereits im qualitativen Teil beschrieben ist.

Die Analyse von Äthylenoxid-Addukten sekundärer Alkohole hat Puschmann[119)] durchgeführt. Durch Umsetzung dieser Verbindungen mit Essigsäureanhydrid und Bortrifluorid tritt eine Spaltung an der Ätherbrücke zwischen dem sekundären Alkohol und der Polyäthylenglykolkette auf. Die dabei entstehenden Spaltprodukte, Alkoholacetate und Polyäthylenglykoldiacetate, können nach der Trennung gaschromatographisch identifiziert und in Verbindung mit einer Äthylenoxidbestimmung im Ausgangsprodukt quantitativ erfaßt werden.

Colorimetrische Methoden

Die Methoden zur colorimetrischen Bestimmung von Polyäthylenglykol und äthoxylierten Verbindungen beruhen auf zwei Prinzipien:

1. Bildung von Polyoxoniumsalzen mit anorganischen Komplexsäuren und
2. Bildung eines Komplexes mit Stärke, der stärker ist als die Jod-Stärke-Einschlußverbindung.

Zu der ersten Gruppe gehört die Methode von Shaffer und Critchfield[142)], nach der Polyoxyäthylenglykole mit Phosphormolybdänsäure gefällt, die Polyoxoniumverbindungen mit Phenylhydrazin reduziert und die blauen Lösungen colorimetrisch bestimmt werden. Auf dieser Basis entwickelte Stevenson[147)] später eine Methode zur Bestimmung von Nonylphenol-Äthylenoxid-Addukten. Die Extinktion maß er bei 520 nm und verglich den Wert mit einer Eichkurve, die er nach demselben Verfahren und mit den gleichen Äthylenoxid-Addukten erhalten hatte. Hummel[68)] beschreibt eine Variante dieser Methode, bei welcher der Niederschlag der Phosphormolybdänpolyoxoniumverbindung mit Ammoniumrhodanid und salzsaurer Zinn(II)-chloridlösung versetzt wird und die Reduktion mit elementarem Zinn in schwefelsaurer Lösung durchgeführt wird. Die Extinktion des Molybdänthiocyanats wird bei 470 nm gemessen; man kann es auch mit Butylacetat extrahieren, das man zuvor mit Ammoniumrhodanid und Zinnchlorid gesättigt hat. Bei beiden Methoden stören jedoch Alkylsulfate und Carboxymethylcellulose.

Brown und Hyes[13)] bestimmten Poly(oxy)äthylenglykolmonooleat durch Umsetzung mit Ammoniumcobaltothiocyanat, Extraktion des blauen Komplexes mit Chloroform und Colorimetrieren der Lösung.

Coppini und Cameroni[21)] bestimmten Poly(oxy)äthylenglykole (Carbowax 1500 und 4000) durch Fällen mit einem Überschuß an Kaliumferrocyanid, Überführen des Überschusses in Berlinerblau und Colorimetrieren des letzteren.

Eine in dem Untersuchungslaboratorium der Chemischen Werke Hüls[64] angewendete Spurenmethode beruht auf der Fällung mit Dragendorffs Reagenz. Man extrahiert zunächst die nichtionogenen Tenside durch Ausschütteln mit Butanol, überführt sie in eine wässrige Lösung und fällt dann in Anwesenheit von anionaktiver Substanz mit modifiziertem Dragendorff-Reagenz (Kaliumjodobismutat, Bariumchlorid, Essigsäure). Der Niederschlag wird in ammoniakalischer Tartratlösung wieder gelöst und das in der Lösung enthaltene Wismut als gelbes Pyrrolidindithiocarbamat bestimmt. Diese Komplexverbindung wird durch Zusatz von Aceton in Lösung gehalten, deren Extinktion bei 405 nm gemessen wird.

Äthylenoxid-Addukte bilden, sofern sie unsulfatiert sind, mit Stärke sehr feste Komplexe und können dadurch die normale Jod-Stärke-Reaktion unterdrücken. Dies kann auf verschiedene Weise für die quantitative Bestimmung der AeO-Addukte ausgewertet werden. So geben MacAllister und Lisk[93] zu der Analysenlösung eine Amylase-Standardlösung im Überschuß und etwas Jod zur Bildung der Einschlußverbindung zu und colorimetrieren die blaue Farbe. Diese Methode wurde von Takayama und Kaneki[154] so modifiziert, daß sie allgemein für ester- und ätherartige AeO-Addukte verwendet werden kann. Sie bestimmten jedoch die Extinktion des unverbrauchten Jods bei 372 nm. Nach Fishman und Miller[35] wird diese Methode sowohl durch Anion- als auch durch Kationtenside gestört; auch bei phosphatierten Produkten ist sie nicht anwendbar.

Durch Pyrolyse von Äthylenoxid- oder Propylenoxid-Addukten oder Mischkondensaten beider Verbindungen in Anwesenheit von Phosphorsäure werden nach Williams und Graham[169] die entsprechenden Aldehyde, Acetaldehyd und Propionaldehyd, gebildet. Diese können entweder colorimetrisch bestimmt oder direkt durch gaschromatographische Analyse ermittelt werden.

IR- und NMR-spektrometrische Methoden

Bereits 1946 hat Voogt[159] gefunden, daß die Absorptionsbande bei 2485 nm im nahen Infrarot charakteristisch für die Äthoxygruppe ist und daß gleichzeitig die spezifische Extinktion dieser Absorption für eine Anzahl von Äthylenoxid-Addukten von Fettalkoholen, Alkylphenolen und Polyglykolen eine lineare Funktion des Gehaltes an Äthylenoxidgruppen ist. Voogt[159] benutzte als Basislinie die Tangente an die Minima bei 2360 und 2605 nm und als Eichsubstanz ein Polyäthylenglykol genau bekannter Zusammensetzung. Als Lösungsmittel wurde Tetrachlorkohlenstoff verwendet.

Am schnellsten und genauesten läßt sich die Anzahl vorhandener Äthylenoxidgruppen durch Aufnahme des Kernresonanzspektrums bestimmen, wobei die für die Protonen der Äthylenoxidgruppen charakteristische chemische Verschiebung bei 3,6 ppm erscheint. Dividiert man die durch Integration gefundene Anzahl der Protonen durch 4, so erhält man direkt die Anzahl der im Mittel vorhandenen Äthylenoxidgruppen. Auch hierbei hat sich Tetrachlorkohlenstoff als geeignetes Lösungsmittel erwiesen, da es keine störenden Protonen besitzt.

Ein relativ neues Gebiet ist die Analyse von Äthylenoxid-Propylenoxid-Mischpolymerisaten. Hier hat Weis[166] erfolgreiche Versuche mit IR-spektrophotometrischen Methoden durchgeführt. Er benutzte die Intensität der Absorption im Bereich von 7,25 und 7,41 μ, die durch CH_3- bzw. OCH_2-Gruppen verursacht werden. Das Verhältnis dieser Intensitäten im Vergleich mit einer Eichkurve erlaubt die Berechnung des Gehaltes an Propylenoxid. Dabei wird angenommen, daß das IR-Spektrum der Mischung eines Polypropylen- und eines Polyäthylenglykols zwischen 6,25 und 7,70 μ einem Mischpolymerisat von Propylen- und Äthylenoxid entspricht, welches dasselbe Verhältnis von Propylen- und Äthyleneinheiten aufweist.

Mit dem gleichen Problem haben sich schon früher Mathias und Mellor[97] beschäftigt. Sie nahmen entweder Kernresonanzspektren auf oder spalteten die Verbindungen durch zweistündiges Kochen mit 45–50%iger Bromwasserstoffsäure in Essigsäure in Äthylen- und Propylendibromide, die dann gaschromatographisch bestimmt wurden.

Die Methode von Mathias und Mellor[97] haben in jüngster Zeit Stead und Hindley[146] überarbeitet und verbessert. Durch Anwendung von Standardmischungen homopolymerer Polyoxyäthylenglykole und Polyoxypropylenglykole unter jeweils gleichen Analysenbedingungen gelang es ihnen, die von Mathias und Mellor[97] benutzten Faktoren zu eliminieren, welche der teilweisen Zersetzung des Propylendibromids unter den Reaktionsbedingungen der Spaltung Rechnung trugen. Ihre Ergebnisse sind gut reproduzierbar und unabhängig vom Molekulargewicht und der Verteilung der Oxyalkylengruppen der zu analysierenden Verbindung.

Quantitative Bestimmung amphoterer Tenside

Da die Amphotenside mit Betainstruktur wie auch die Imidazolinderivate selbst in stark alkalischer Lösung als Zwitterionen vorliegen, erschien uns von vornherein nur eine Bestimmung der Amphotenside in saurer Lösung erfolgversprechend zu sein, da in saurer Lösung alle Amphotenside kationaktiv reagieren.

Gravimetrische Methoden

So lassen sich auch tatsächlich alle Amphotenside, die in Tab. 10 aufgeführt sind, ohne Schwierigkeiten in saurer Lösung mit Heteropolysäuren, wie z.B. Phosphormolybdänsäure, Phosphorwolframsäure oder Silikowolframsäure, analog den kationaktiven Tensiden fällen.

Volumetrische Methoden

Dagegen bereitet die Zweiphasen-Titration in saurer Lösung mit anionaktivem Tensid unerwartete Schwierigkeiten. Bei der Titration in Gegenwart von Mischindikator nach Herring[55] blieb die starke Emulsionsbildung auch am Umschlagspunkt erhalten und dadurch trat keine Chloroform-Wasser-Phasentrennung ein wie bei der Titration kationaktiver Tenside, so daß der Endpunkt der Titration nicht deutlich zu erkennen war. Bei der Titration nach Epton[33] erhielten wir zwar klare Phasentrennungen, die wässrige Schicht war aber trüb und erschien dadurch heller als der tatsächlichen Farbe der Wasserschicht entsprach, so daß ein viel zu früher Endpunkt der Titration vorgetäuscht wurde. Eine völlig klare Phasentrennung wurde erst nach 30 bis 90 Minuten erzielt.

Die bei unseren Titrationsversuchen erhaltenen Werte sind in Tab. 28 zusammen mit den Ergebnissen der Fällung mit Phosphormolybdänsäure aufgeführt. Sie zeigen, daß die Titrationsergebnisse nach der Methode von Epton[33] völlig unbrauchbar sind, während die durch Zweiphasen-Titration mit Mischindikator nach Herring[55,124] erhaltenen Werte immerhin noch in der Größenordnung der durch Fällung mit Phosphormolybdänsäure ermittelten

Tabelle 28

Vergleich verschiedener Bestimmungsmethoden bei amphoteren Tensiden

Amphotensid	Deriphat 160 C	Empigen BB	Tego Betain L 10	Miranol C 2 M konz.	Miranol SM konz.
Mol.-Gew.	351	285	342	420	306
Gehalt in %					
1. durch Fällung mit Phosphormolybdänsäure	90,6	65,6	84,8	41,8	36,0
2. durch Zweiphasen-Titration					
a) nach Herring[55]	76,5	59,3	80,0	31,2	33,9
b) nach Epton[33]	14,3	35,9	17,2	2,6	1,5

Die Prozentgehalte sind auf Trockensubstanz = 100 % bezogen.

Werte liegen. Da man wegen der Ungenauigkeit der Endpunktserkennung bei der Titration einen größeren Fehler berücksichtigen muß, ist die Übereinstimmung mit den gravimetrisch erhaltenen Werten noch hinreichend.

In alkalischer Lösung war eine Zweiphasen-Titration mit kationaktivem Titrant erwartungsgemäß weder nach der Methode von Milwidsky und Holtzman[99)] mit Bromkresolgrün als Indikator noch nach der Methode von Turney und Cannell[157)] mit Methylenblau erfolgreich durchführbar. Bei der letztgenannten Methode erfolgt der Indikatorumschlag bereits vor Titrationsbeginn. Dies ist wahrscheinlich darauf zurückzuführen, daß zwischen den in alkalischer Lösung in anionischer Form bzw. in Zwitterionform vorliegenden Amphotensiden und dem kationaktiven Farbstoff keine Tensid-Farbstoff-Salzbildungen stattfinden, so daß das Methylenblau in der alkalischen Lösung schon vor Titrationsbeginn zu N,N-Dimethyl-thionolin oxidiert wird.

Vergleicht man die durch Fällung mit Phosphormolybdänsäure erhaltenen Analysenwerte mit unseren Ergebnissen der Ionenaustauschertrennungen (Tab. 11), so fällt auf, daß die gravimetrisch bestimmten Gehalte an Aktivsubstanz zum Teil erheblich niedriger liegen als die am Kationenaustauscher adsorbierten Substanzmengen. Wahrscheinlich enthalten die im Handel befindlichen Amphotenside noch teilweise beträchtliche Mengen an Nebenprodukten, die bei der Synthese mit anfallen und auch am Kationenaustauscher adsorbiert werden. Die amphoteren Verbindungen, die der vom Hersteller angegebenen chemischen Zusammensetzung entsprechen, lassen sich nach unseren Versuchsergebnissen jedoch in saurer Lösung quantitativ mit Heteropolysäuren fällen, gegebenenfalls auch unter Berücksichtigung der schwierigen Endpunktserkennung durch Zweiphasen-Titration mit Mischindikator nach Herring[55)] bestimmen.

Literaturverzeichnis

1) Arpino, A., und A.V. de Rosa:
Proc. IVth Int. Congr. on Surface Active Substances. Brüssel 1964, 1, 497-506

2) Ballard, C.W., J. Isaacs und P.G.W. Scott:
J. Pharmac. Pharmacol. 1954, 971-984

3) Barber, A., C.C.T. Chimick und P.A. Lincoln:
Analyst 81, 18-25 (1956)

4) Bareš, M.:
Tenside 6, 312-316 (1969)

5) Barr, F., J. Oliver und W.V. Stubbings:
J. Soc. Chem. Ind. 67, 45-48 (1948)

6) Bey, K.:
Fette-Seifen-Anstrichmittel 67, 25-30 (1965)

7) Bey, K.:
Fette-Seifen-Anstrichmittel 67, 217-221 (1965)

8) Beukenkamp, J., und W. Riemann:
Analytic. Chem. 22, 582-585 (1950)

9) Blandin, S., und R. Desalme:
Bull. Mens. ITERG 8, 69-73 (1954)

10) Blomeyer, K.F.:
Fette-Seifen-Anstrichmittel 71, 240-246 (1969)

11) Blumer, N.:
Schweizer Archiv 29, 171-180 (1963)

12) Bock, R., und H. Reisinger:
Z. analyt. Chem. 241, 10-18 (1968)

13) Brown, E.G., und T.J. Hayes:
Analyst 80, 755-767 (1955)

14) Bürger, K.:
III. Int. Kongr. Grenzfl. akt. Stoffe 3, 37-41 (1960)

15) Bürger, K.:
Z. analyt. Chem. 196, 22-26 (1963)

16) Bürger, K.:
Z. analyt. Chem. 196, 251-258 (1963)

17) Bürger, K.:
Z. analyt. Chem. 196, 259-268 (1963)

18) Bürger, K.:
Z. analyt. Chem. 199, 434-438 (1964)

19) Calzolari, C., L. Favretto und B. Stancher:
J. Chromatog. 43, 207-214 (1969)

20) Caswell, R.L.:
J. Assoc. off. agric. Chemists 38, 304 (1955)

21) Coppini, D., und R. Cameroni:
Boll. chim. Farmac. 92, 363 (1953)

22) Cross, J.T.:
Analyst 90, 315-324 (1965)

23) Crutchfield, M.M., R.R. Irani und J.T. Yoder:
J. Amer. Oil Chemists' Soc. 41, 129-132 (1964)

24) Cullum, D.C.:
III. Int. Kongr. Grenzfl. akt. Stoffe 3, 42-50 (1960)

25) Davis, B.F., K.E. Wattmann und H.C. Speel:
Soap chem. Specialties 31, Nr. 12, 73-79 (1955)

26) Davison, P.K., und R. Young:
J. Chromatog. 41, 12-21 (1969)

27) Delsemme, A.H.:
Meded. vlaamsche chem. Vereen. 13, 152-158 (1951)

28) Desmond, C.T., und W.F. Borden:
J. Amer. Oil Chemists' Soc. 41, 552-557 (1964)

29) DGF-Einheitsmethoden, Stuttgart 1950, H III 4 (65)

30) Dolezil, M., und J. Bulandr:
Chem. Listy 51, 255-258 (1957)

31) Dunn, E., und P. Robson:
J. Chromatog. 27, 300-302 (1967)

32) Epton, S.R.:
Nature 160, 795-796 (1947)

33) Epton, S.R.:
Trans. Faraday Soc. 44, 226-230 (1948)

34) Few, A.V., und R.H. Ottewill:
J. Colloid Interface Sci. 11, 34-38 (1956)

35) Fishman, M.M., und R.S. Miller:
J. Colloid Sci. 15, 232-235 (1960)

36) Flotow, E.:
Pharmaz. Zentralhalle Deutschland 83, 181-185 (1942)

37) Fogh, J., P.O.H. Rasmussen und K. Skadhauge:
Analytic. Chem. 26, 392-395 (1954)

38) Franks, F.:
Nature 176, 693-694 (1955)

39) Franks, F.:
Analyst 81, 390-393 (1956)

40) Galbo, U.:
Bull. galentea 16, 98-102 (1953)

41) Galbo, U.:
Bull. chim. farmac. 92, 332-338 (1953)

42) Galbo, U.:
Bull. chim. farmac. 93, 160 (1954)

43) Gildenberg, L., und J.R. Trowbridge:
J. Amer. Oil Chemists' Soc. 42, 69-71 (1965)

44) Ginn, M.E., und C.L. Church
Analytic. Chem. 31, 551-555 (1959)

45) Goldstein, H.B.:
Amer. Dyestuff Reporter 36, 629-640 (1947)

46) Graham, H.D., und R.M. Whitney:
Analytic. Chem. 31, 1673-1676 (1959)

47) Green, T., R.P. Harker und F.O. Howitt:
Analyst 80, 470-475 (1955)

48) Greff, A.R., jr., und P.W. Flanagan:
J. Amer. Oil Chemists' Soc. 40, 118-120 (1963)

49) Gross, F.C., und J.H. Jones:
J. Amer. Oil Chemists' Soc. 49, 1192-1197 (1966)

50) Harper, W.J., P.R. Elliker und W.K. Moseley:
Soap Sanit. Chemicals 24, Nr. 2, 159, 161, 163 (1948)

51) Harris, J.C.:
Ind. Engng. Chem., analyt. Ed. 15, 254-256 (1943)

52) Harris, J.C.:
J. Amer. Oil Chemists' Soc. 34, 199-203 (1957)

53) Hempel, H., und A. Hintermaier:
Fette-Seifen-Anstrichmittel 57, 185-190 (1955)

54) Hempel, H., und H. Kirschneck:
Fette-Seifen-Anstrichmittel 61, 369-374 (1959)

55) Herring, D.E.:
Lab. Pract. 11, 113-115 (1962)

56) Hoeve, J.A.v.d.:
Rev. Trav. chim. Pays-Bas 67, 649-664 (1948)

57) Hoeve, J.A.v.d.:
J. Soc. Dyers Colourists 70, 145-154 (1954)

58) Hoffmann, H.:
J. Soc. Cosmet. Chemists 14, 591-602 (1963)

59) Holness, H., und W.R. Stone:
Analyst 82, 166-176 (1957)

60) Hopkins, C.Y., und H.J. Bernstein:
Can. J. Chem. 37, 775-782 (1959)

61) Hopkins, C.Y.:
J. Amer. Oil Chemists' Soc. 38, 664-668 (1961)

62) House, R., und J.L. Darragh:
Analyt. Chem. 26, 1492-1497 (1954)

63) Hoyt, L.F.:
J. Amer. Oil Chemists' Soc. 24, 54-56 (1947)

64) Hüls, Chemische Werke:
Loseblattsammlung Waschrohstoffe der Chemische Werke Hüls AG
Jan. 1967

65) Hummel, D.:
Analyse der Tenside.- München: Hanser 1962

66) Hummel, D.:
Tenside 1, 50-59 (1964)

67) Hummel, D.:
Tenside 1, 73-80 (1964)

68) Hummel, D.:
Tenside 1, 116-125 (1964)

69) Izawa, Y.:
Yukagaku 11, 627-630 (1962)

70) Jenkins, J.W.:
J. Amer. Oil Chemists' Soc. 33, 225-226 (1956)

71) Jenkins, J.W., und K.O. Kellenbach:
Analytic. Chem. 31, 1056-1059 (1959)

72) Johansson, A.:
Finska Kemitsamfundets Medd. 72, Nr. 3 (1963)

73) Jones, H.J.:
J. Assoc. off. agric. Chemists 28, 398-409 (1945)

74) Karush, F., und M. Sonnenberg:
Analyt. Chem. 22, 175-177 (1950)

75) Kelly, J., und H.L. Greenwald:
J. Physic. Chem. 62, 1096-1098 (1958)

76) Knight, J.D., und R. House:
J. Amer. Oil Chemists' Soc. 36, 195-200 (1959)

77) König, H.:
Z. analyt. Chem. 235, 255-261 (1968)

78) König, H.:
Z. analyt. Chem. 251, 167-171 (1970)

79) König, H.:
Z. analyt. Chem. 251, 225-262 (1970)

80) König, H.:
Z. analyt. Chem. 251, 359-368 (1970)

81) König, H.:
Z. analyt. Chem. 254, 198-209 (1971)

82) König, H.:
Z. analyt. Chem. 254, 337-345 (1971)

83) Kortland, C., und H.F. Dammers:
Chem. Weekbl. 49, 341-348 (1953)

84) Kortland, C., und H.F. Dammers:
J. Amer. Oil Chemists' Soc. 32, 58-64 (1955)

85) Kupfer, W.:
III. Int. Kongr. Grenzfl. akt. Stoffe 3, 62-65 (1960)

86) Kupfer, W., J. Jainz und H. Kelker:
Tenside 6, 15-21 (1969)

87) Lee, S., und N.A. Puttnam:
J. Amer. Oil Chemists' Soc. 44, 158-159 (1967)

88) Lew, H.Y.:
J. Amer. Oil Chemists' Soc. 41, 297-300 (1964)

89) Lincoln, P.A., und C.C.T. Chimick:
Analyst 81, 100-104 (1956)

90) Linsenmeyer, K.M.:
Melliand Textilber. 21, 468-469 (1940)

91) Longwell, J., und W.D. Maniece:
Analyst 80, 165-171 (1955)

92) Loomeijer, F.J.:
Analytica chim. Acta 10, 147-150 (1954)

93) MacAllister, R.V., und R.T. Lisk:
Analytic. Chem. 23, 609-610 (1951)

94) Malkemus, J.D., und J.D. Swan:
J. Amer. Oil Chemists' Soc. 34, 342-344 (1957)

95) Mangold, H.K., und R. Kammereck:
J. Amer. Oil Chemists' Soc. 39, 201-206 (1962)

96) Marron, T.U., und J. Schifferli:
Ind. Engng. Chem., anal. Ed. 18, 49 (1946)

97) Mathias, A., und N. Mellor:
Analytic. Chem. 38, 472-477 (1966)

98) Milster, H., L. Meckel und W. Schimming:
Z. ges. Textilind. 69, 555-559 (1967)

99) Milwidsky, B.M., und S. Holtzman:
Soap chem. Specialties 42, Nr. 5, 83-86 und 154-158 (1966)

100) Moore, W.A., und R.A. Kolbeson:
Analytic. Chem. 28, 161-164 (1956)

101) Morgan, P.W.:
Ind. Engng. Chem., anal. Ed. 18, 500-504 (1946)

102) Mutter, H., und K.W. Han:
Chromatographia 2, 172-175 (1969)

103) Nadeau, H.G., D.M. Oaks, W.A. Nichols und L.P. Carr:
Analytic. Chem. 36, 1914-1917 (1964)

104) Nadeau, H.G., und P.H. Waszniak
in: Nonionic Surfactants. Hrsg. von M.H. Schick.-
New York: Dekker 1967, S. 915

105) Nagai, S.:
J. chem. Soc. Japan, ind. Chem. Sect. (Kogyo Kagaku Zasshi)
69, 1950-1953 (1966)

106) Nakagawa, T., K. Miyajima und T. Uno:
Bull. Chem. Soc. Japan 41, 2899-2903 (1968)

107) Nakagawa, T., K. Miyajima und T. Uno:
J. Gaschromatog. 6, 292-294 (1968)

108) Neu, R.:
Fette und Seifen 52, 349-352 (1950)

109) Neu, R.:
Fette-Seifen-Anstrichmittel 59, 823-826 (1957)

110) Newburger, S.H., J.K. Jones, Ch.M. Kottemann, H.W. Stevenson, F.X. Demers, M.H. Champion und H.M. Davis:
Joint Conf. on Cosmet. Sciences 1968, 147-157

111) Obruba, K.:
Collect. Czechoslov. chem. Commun. 27, 2968-2972 (1962)

112) Papariello, G.J., S. Chulkaratana, T. Higuchi, J.E. Martin und V.P. Kuceski:
J. Amer. Oil Chemists Soc. 37, 396-399 (1960)

113) Pifer, C.W., und E.G. Wollish:
Analytic. Chem. 24, 300-306 (1952)

114) Pollerberg, J.:
Fette-Seifen-Anstrichmittel 69, 179-181 (1967)

115) Pollerberg, J., und E. Heinerth:
III. Int. Kongr. Grenzfl. akt. Stoffe 3, 89-91 (1960)

116) Powell, R., und C.G. Taylor:
Chem. and Ind. 1954, 726-727

117) Privett, O.S., L. Blank und W.O. Lundberg:
J. Amer. Oil Chemists' Soc. 38, 312-316 (1961)

118) Püschel, F., und D. Prescher:
J. Chromatog. 32, 337-345 (1968)

119) Puschmann, H.:
Tenside 5, 207-210 (1968)

120) Puthoff, M.E., und J.H. Benedict:
Anal. Chem. 33, 1884-1887 (1961)

121) Quinlin, P., und H.J. Weiser:
J. Amer. Oil Chemists' Soc. 35, 325-327 (1958)

122) Ravin, L.V., R.J. Meyer und T. Higuchi:
J. Amer. Oil Chemists' Soc. 34, 261-263 (1957)

123) Reid, V.W., T. Alston und B.W. Young:
Analyst 80, 682-689 (1955)

124) Reid, V.W., G.F. Longman und E. Heinerth:
Tenside 4, 292-304 (1967)

125) Reid, V.W., G.F. Longman und E. Heinerth:
Tenside 5, 90-96 (1968)

126) Rosen, M.J.:
Analytic. Chem. 29, 1675-1676 (1957)

127) Rosen, M.J.:
Analytic. Chem. 35, 2074-2077 (1963)

128) Rosen, M.J.:
J. Amer. Oil Chemists' Soc. 38, 218-220 (1963)

129) Rosen, M.J., und H.A. Goldsmith:
Systematic Analysis of Surface Active Agents.-
New York: Interscience Publ. 1960

130) Sadtler, P.:
ASTM Bull. 190, 51-53 (1953)

131) Sahasrabudhe, M.R., und J.J. Legari:
J. Amer. Oil Chemists' Soc. 44, 379-380 (1967)

132) Sahasrabudhe, M.R., und J.J. Legari:
J. Amer. Oil Chemists' Soc. 45, 148-151 (1968)

133) Saus, A., F. Asinger und L. Loh:
Tenside 7, 3-7 (1970)

134) Scales, F.M., und M. Kemp:
Assoc. Bull., int. Assoc. Milk Dealers 31, 187-208 (1939),
C.A. 33, 7403 (1939)

135) Scoggins, M.W., und J.W. Miller:
Analyt. Chem. 40, 1155-1157 (1968)

136) Schlenk, H., und J.L. Gellermann:
Analyt. Chem. 32, 1412-1414 (1960)

137) Schönfeldt, N.:
J. Amer. Oil Chemists' Soc. 32, 77-79 (1955)

138) Schönfeldt, N.:
Kolloid-Z. 142, 164 (1955)

139) Scott, G.V.:
Analytic. Chem. 40, 768-773 (1968)

140) Seher, A.:
Fette-Seifen-Anstrichmittel 63, 617-622 (1961)

141) Selden, G.L., und J.H. Benedict:
J. Amer. Oil Chemists' Soc. 45, 652-655 (1968)

142) Shaffer, C.B., und F.H. Critchfield:
Ind. Engng. Chem., analyt. Edit. 19, 32-34 (1947)

143) Shiraeff, D.A.:
Proc. Chem. Specialties Manuf. Assoc. 1950, 117-122

144) Siggia, S., A.C. Starke, J.J. Garis und C.R. Stahl:
Analytic. Chem. 30, 115-116 (1958)

145) Stahl, E.:
Arch. Pharmaz. 292, 411-416 (1959)

146) Stead, J.B., und A.H. Hindley:
J. Chromatog. 42, 470-475 (1969)

147) Stevenson, D.G.:
Analyst 79, 504-507 (1954)

148) Storey, W.H., jr.:
J. Amer. Oil Chemists' Soc. 37, 676-678 (1960)

149) Ströhl, G.W., und D. Kurzak:
Tenside 6, 74-76 (1969)

150) Stuck, W.:
Tenside 7, 7-10 (1970)

151) Stüpel, H., und A. v. Segesser:
Helv. chim. Acta 34, 1362-1368 (1951)

152) Sweeley, C.C., R. Bentley, M. Makita und W.W. Wells:
J. Amer. Chem. Soc. 85, 2497-2507 (1963)

153) Tajiri, H.:
Kogyo Kagaku Zasshi 64, 1024 (1961)

154) Takayama, Y., und N. Kaneki:
J. chem. Soc. Japan, ind. Chem. Sect. 59, 661-665 (1956)

155) Taulli, Th.A.:
J. gaschromatogr. Science 7, 671-673 (1969)

156) Törnquist, J.:
Acta chem. scand. 20, 572-573 (1966)

157) Turney, M.E., und D.W. Cannell:
J. Amer. Oil Chemists' Soc. 42, 544-546 (1965)

158) Verhaar, L.A.Th., und H.G.J. de Wilt:
J. Chromatog. 41, 168-179 (1969)

159) Voogt, P.:
Ind. Engng. Chem., anal. Ed. 18, 500 (1946)

160) Voogt, P.:
Rec. Trav. chim. Pays-Bas 77, 889 (1958)

161) Wallin, G.R.:
Analyt. Chem. 22, 616-617 (1950)

162) Walz, H., und H. Kirschnek:
III. Int. Kongr. Grenzfl. akt. Stoffe 3, 92-98 (1960)

163) Weeks, L.E., M.E. Ginn und C.E. Baker:
Soap Chem. Specialties 33, Nr. 8, 47-50, 113, 115 (1957)

164) Weibull, B.:
III. Int. Kongr. Grenzfl. akt. Stoffe 3, 121-124 (1960)

165) Weiss, F.T., A.E. O'Donnell, R.J. Shreve und E.D. Peters:
Analyt. Chem. 27, 198-205 (1955)

166) Weis, G.:
Fette-Seifen-Anstrichmittel 70, 355-359 (1968)

167) Wickbold, R.:
Fette-Seifen-Anstrichmittel 57, 164-168 (1955)

168) Wickbold, R.:
Seifen-Öle-Fette-Wachse 86, 79-82 (1960)

169) Williams, J.L., und H.D. Graham:
Analytic. Chem. 36, 1345-1349 (1964)

170) Wilson, J.B.:
J. Assoc. off. agric. Chemists 29, 310-311 (1946)

171) Wilson, J.B.:
J. Assoc. off. agric. Chemists 35, 455-458 (1952)

172) Wilson, J.B.:
J. Assoc. off. agric. Chemists 37, 379-381 (1954)

173) Winterscheidt, H.:
Seifen-Öle-Fette-Wachse 81, 408-410 (1955)

174) Winterscheidt, H.:
Seifen-Öle-Fette-Wachse 83, 361-367, 392-393 (1957)

175) Withers, M.K.:
J. Gaschromatog. 6, 242-244 (1968)

176) Wurzschmitt, B.:
Z. anal. Chem. 130, 105-185 (1950)

177) Wurzschmitt, B.:
Fette und Seifen 53, 209-213 (1951)

178) Yoshimura, K., und M. Morita:
Pharmac. Bull. 3, 432-434 (1955)

179) Zeisel, S.:
Mh. Chem. 6, 989-996 (1885)

180) Zeisel, S.:
Mh. Chem. 7, 406-409 (1886)

GPSR Compliance

The European Union's (EU) General Product Safety Regulation (GPSR) is a set of rules that requires consumer products to be safe and our obligations to ensure this.

If you have any concerns about our products, you can contact us on ProductSafety@springernature.com

In case Publisher is established outside the EU, the EU authorized representative is:

Springer Nature Customer Service Center GmbH
Europaplatz 3
69115 Heidelberg, Germany

Batch number: 10683525

Printed by Printforce, the Netherlands